“十四五”职业教育新形态教材

市政工程造价软件应用

SHIZHENG GONGCHENG ZAOJIA RUANJIAN YINGYONG

主编　尚杨明珠
主审　李利君　马立群

中南大學出版社
www.csupress.com.cn
·长沙·

内容简介

本书内容分为计价文件编制、市政案例分析、市政工程实务 3 个模块，共 21 个任务。本书各单元后提供了课堂实训、课后实训、课程思政，以及相关数字化教学资源，以便学生学习使用。

计价文件编制模块主要介绍了软件生成市政计价文件的流程和操作步骤；市政案例分析模块是软件操作的所有任务整合，使读者熟练掌握不同软件的计价文件编制流程；市政工程实务模块包括土石方工程、道路工程、桥涵工程、管网工程、交安工程等 5 个任务，主要介绍如何运用造价软件将分部分项工程的设计图纸工程量转化为市政工程计价文件数据，是计价文件编制模块和市政案例分析模块的实际应用。

本书紧扣工程专业知识，能够带领读者熟悉软件的运用，识读市政工程结构，特别适合作为高职类大专院校造价、公路、市政、建筑、土木及相关专业的教材使用，也可作为广大从事市政造价相关工作的工程技术人员的参考书。

出版说明 INSTRUCTIONS

为了深入贯彻党的二十大精神和全国教育大会精神，落实《国家职业教育改革实施方案》（国发〔2019〕4号）和《职业院校教材管理办法》（教材〔2019〕3号）有关要求，深化职业教育“三教”改革，全面推进高等职业院校土建类专业教育教学改革，促进高端技术技能型人才的培养，依据教育部高职高专教育土建类专业教学指导委员会《高等职业教育土建类专业教学基本要求》，以及国家教学标准、职业标准要求，通过充分的调研，在总结吸收国内优秀高职高专教材建设经验的基础上，我们组织编写和出版了这套高职高专土建类专业新形态教材。

高职高专教学改革不断深入，土建行业工程技术日新月异，相应国家、行业、企业的标准、规范不断更新，作为课程内容载体的教材也必然要顺应教学改革和新形势，适应行业的发展变化。教材建设应该按照最新的职业教育教学改革理念构建教材体系，探索新的编写思路，编写出版一套全新的、高等职业院校普遍认同的、能引导土建专业教学改革的系列教材。为此，我们成立了教材编审委员会。教材编审委员会由全国30多所高职院校的权威教授、专家、院长、教学负责人、专业带头人及企业专家组成。编审委员会通过推荐、遴选，聘请了一批学术水平高、教学经验丰富、工程实践能力强的骨干教师及企业专家组成编写队伍。

本套教材具有以下特色：

1. 教材遵循《“十四五”职业教育规划教材建设实施方案》的要求，以习近平新时代中国特色社会主义思想为指导，注重立德树人，在教材中有机融入中国优秀传统文化、“四个自信”、爱国主义、法治意识、工匠精神、职业素养等思政元素。

2. 教材依据教育部高职高专教育土建类专业教学指导委员会《高等职业教育土建类专业教学基本要求》，以及国家教学标准、职业标准（规范）编写，体现科学性、综合性、实践性、时效性等特点。

3. 体现“三教”改革精神，适应高职高专教学改革的要求，以职业能力为主线，采用行动导向、任务驱动、项目载体、教学做一体化模式编写，按实际岗位所需的知识能力来选取教材内容，实现教材与工程实际的零距离“无缝对接”。

4. 体现先进性特点，将土建学科发展的新成果、新技术、新工艺、新材料、新知识纳入教材，结合最新国家标准、行业标准、规范编写。

5. 产教融合，校企双元开发，教材内容与工程实际紧密联系。教材案例选择符合或接近真实工程实际，有利于培养学生的工程实践能力。

6. 以社会需求为基本依据，以就业为导向，有机融入“1+X”证书内容，融入建筑企业岗位(八大员)职业资格考试、国家职业技能鉴定标准的相关内容，实现学历教育与职业资格认证的衔接。

7. 教材体系立体化。为了方便教师教学和学生学习，本套教材建立了多媒体教学电子课件、电子图集、教学指导、教学大纲、案例素材等教学资源支持服务平台；部分教材采用了“互联网+”的形式出版，读者扫描书中的二维码，即可阅读丰富的工程图片、演示动画、操作视频、工程案例、拓展知识等。

高职高专土建类专业新形态教材

编审委员会

前言 PREFACE

本书以2020版《湖南省建设工程计价办法》及《湖南省市政工程消耗量标准》为依据组织编写。本书以湖南省实际市政案例项目为载体，结合最新的行业规范，融入课程思政元素，详细地介绍了目前通过湖南省建设工程造价管理总站检测合格的以及湖南省市政项目正在运用的造价软件的应用技巧。本书具有以下特点：

(1)内容具有实用性。

(2)内容结合实际工程项目，讲解整个项目的计价文件编制操作流程。

(3)提供学习视频等相关学习资料，可加入学习通班级群自行查阅。

本书由湖南交通职业技术学院尚杨明珠主编，湖南交通职业技术学院李利君、湖南兴烨工程咨询有限责任公司马立群主审。其中，课程导入、任务1~9由湖南交通职业技术学院尚杨明珠编写；任务10~12由湖南交通职业技术学院李南西、彭丹、黄蓓蕾编写；任务13~15由湖南工程职业技术学院熊亚军、湖南智多星软件有限公司闫虹池编写；任务16~18由湖南交通职业技术学院严林、肖颜、罗萍编写；任务19~21由湖南金衢工程咨询有限公司司马博、湖南交通职业技术学院尚杨明珠、艾冰编写；全书由湖南交通职业技术学院尚杨明珠统稿。

本书在编写过程中，参阅了国内同行多部教材和规范资料，得到了湖南智多星软件有限公司、湖南金衢工程咨询有限公司、湖南兴烨工程咨询有限责任公司等单位的技术支持。由于编者水平有限，编写时间匆忙，书中难免存在不足和疏漏之处，欢迎读者批评指正(邮箱916006692@qq.com)。

编　者

2023年8月

目 录 CONTENTS

课程导入　工程造价软件应用基本知识

【知识目标】

认识目前市面上用于编制市政工程造价文件的软件。
了解各种软件应用的共性。

【能力目标】

能正确下载及安装市政工程造价软件。
能拓展知识面，了解其他专业工程造价软件有哪些。

【素质目标】

具备规范化编制市政工程造价文件的能力。
传承工匠精神、职业精神，增强职业素养。

导入1　建筑工程造价软件初识

【学习提要】

市面上常见的市政工程造价软件有哪些？各有什么区别与联系？

随着工程行业的发展，在工程造价管理中，需运用造价软件编制项目的工程造价。工程造价管理软件可快速、精确地处理大量数据，能保证计算结果的一致性，实现数据共享，且可以代替手工的预算，从而快速地完成工程量的计算，快速完成定额的套用及数据统计分析、数据分类及汇总、生成报表等工作，最终得出工程的造价。

1. 建筑工程造价管理软件概述

目前，行业习惯把建筑工程造价软件统称为造价管理软件。专业性、实用性、操作性都很强的造价管理软件在复杂的工程建设中，能进行工程项目的估算、概算、预算、招标、投标、项目审计、审核、竣工结算，从全过程到全生命周期的一系列造价管理工作；能很好地辅助造价人员快速处理庞大的数据，减少重复计算等，迅速得到规范的工程造价文件。特别是招投标电子化推广以来，涌现出了数量众多的工程造价软件，且覆盖了工程造价活动的各个方面。

为贯彻执行湖南省建设工程计价办法和相关消耗量标准，规范建设工程造价计价行为，提高建设工程造价计算机应用、管理水平，提供专业性管理解决方案，要求所有造价管理软件必须通过湖南省建设工程造价管理总站组织专家进行的符合性测试，方可在工程造价计价工作中使用。

根据湖南省建设工程造价管理总站 2022 年 10 月发布《关于建设工程计价软件符合性测试情况的通报》文件内容，湖南省为推动《湖南省房屋建筑工程造价文件数据编制标准》（以下简称《数据编制标准》）贯彻执行，根据《住房城乡建设部关于加强和改善工程造价监管的意见》（建标〔2017〕209 号）和《湖南省建设工程造价管理办法》精神，湖南省建设工程造价管理总站于 2022 年 9 月对省内 5 家企业开发的建设工程计价软件进行了符合性测试。

经测试，广联达科技股份有限公司广联达云计价平台 GCCP6.0、湖南大商帮科技股份有限公司湖南 2022 智能云造价软件 V1.0、深圳市斯维尔科技股份有限公司斯维尔智能云计价湖南版 11.0.0.9、长沙靖越信息技术有限公司 CSPK 全过程云造价管理系统 V14.1 版、国泰新点软件股份有限公司新点清单造价湖南版 V10.X 等 5 家软件企业的建设工程计价软件符合《数据编制标准》要求。

这些软件都广泛地运用于湖南省市政工程中。本门课程主要讲述湖南大商帮科技股份有限公司湖南 2022 智能云造价软件 V1.0（简称智多星），其他计价软件为接触性讲解。

2. 建筑工程造价软件的共性

建筑工程造价软件相对工程算量软件而言更易上手，使用频率更高，同时计价更高效，在提升造价结果的准确性、数据运用和管理上更加便捷，软件计算工程造价是对手工造价编制的模拟。造价软件是根据工程手工编制的过程，设计成几大功能模块，并将几大模块做成独立的窗口界面，由操作者根据具体需要自由切换进行编辑。

造价软件是以工程文件的形式来记录和管理工程的具体信息的。每承接一个工程项目，首先都要新建一个工程文件，选择将要使用的清单或定额，输入必要的工程特征信息并储存，这些信息既方便以后查考，也便于输出报表时引用。建立的工程文件会保存在电脑上，可以反复查阅、编辑，并能转存到其他位置，也可通过移动磁盘或电子邮件交流。工程文件建立之后，能在其中添加具体的工程内容，包括用到的清单、定额子目及工程量。如果有了同家软件公司的算量、钢筋的数据，也可以直接导入进来，快速生成清单文件与组价文件。有了基本的界面计算表，就可运用软件提供的各项功能进行编辑、换算、调整。软件会根据具体操作，自动计算出清单或定额子目的单价、合价，适时汇总出人工、材料、机械等资源的用量。界面形成人工、材料、机械等统计数据，可以根据市场价格、企业定额和招投标要求针对性地调整工程内的具体人工、材料、机械台班的单价，软件会自动汇总出，并即时按新价格重新计算清单或定额的单价和合价，及时更新供决策者参考。那些以具体子目的工料机费用为基数，再乘以百分比或系数的项目(如措施费用等)，也会随时更新结果，这些都是手工计价时最为烦琐和重复的工作，恰恰是计价软件自动计算的优势。在完成清单和组价编车以及工料机调整后，软件会根据内置的常规取费表(即取费模板)汇总计算出工程的各项费用和造价。可按实际需要修改取费表，保存自有工程的取费数据为模板，并据此用于下一次计算。

至此，工程造价文件的编辑工作基本结束，可直接调用软件内置的报表样式，或做适当修改后，通过打印机打印输出，也可将工程另存后传送或转为其他格式(如 Excel)的文件用于打印和交流。上述过程，常常是穿插进行的，其显示、计算的方式也可通过软件提供的参数设计功能进行控制，这样，就能得到精准高效符合需要的工程造价文件。

导入2　编制造价文件的软件操作流程

【学习提要】

思考建筑安装工程费用的组成。

根据2020版《湖南省建设工程计价办法》的规定，建筑安装工程费用的组成如下。

1. 建筑安装工程费用按费用构成要素划分

建筑安装工程费用按费用构成要素划分，由人工费、材料费、施工机具使用费、企业管理费、利润和增值税组成。

(1)人工费：指按工资总额构成规定，支付给从事建筑安装工程施工的生产工人和附属生产单工人的各项费用。其包括：

①计时工资或计件工资：指按计时工资标准和工作时间或对已做工作按计件单价支付给个人的劳动报酬。

②奖金：是指对超额劳动和增收节支支付给个人的劳动报酬。如节约奖、劳动竞赛奖等。

③津贴补贴：是指为了补偿职工特殊或额外的劳动消耗和其他特殊原因支付给个人的津贴，以及为了保证职工工资水平不受物价影响支付给个人的物价补贴。如流动施工津贴、特殊地区施工津贴、高温(寒)作业临时津贴、高空津贴等。

④加班加点工资：是指按规定支付的在法定节假日工作的加班工资和在工作日工作时间外延时工作的加点工资。

⑤特殊情况下支付的工资：是指根据国家法律、法规和政策规定，因病、工伤、产假、计划生育假、婚丧假、事假、探亲假、定期休假、停工学习、执行国家或社会义务等按计时工资标准或计时工资标准的一定比例支付的工资。

⑥五险一金：是指按规定支付的养老保险、失业保险、医疗保险、生育保险、工伤保险和住房公积金。

(2)材料费：指施工过程中耗费的原材料、辅助材料、构配件、零件、半成品或成品、工程设备的费用。其包括：

①材料原价：是指材料的出厂价格或商家供应价格(或者由厂商负责运到工地指定地点的供应价格)。

②运杂费：是指材料自来源地运至工地仓库或指定堆放地点所发生的全部费用。

③运输损耗费：是指材料在运输装卸过程中不可避免的损耗。

④采购及保管费：是指为组织采购、供应和保管材料的过程中所需要的各项费用，包括采购费、仓储费、工地保管费、仓储损耗。

(3)施工机具使用费(简称机械费)：是指施工作业所发生的施工机械、仪器仪表使用费或其租赁费。内容包括：

①施工机械使用费：以施工机械台班耗用量乘以施工机械台班单价计算。施工机械台班单价由下列费用组成：

a. 折旧费：指施工机械在规定的使用年限内，陆续收回其原值的费用。

b. 检修费：指施工机械按规定的大修理间隔台班进行必要的大修理，以恢复其正常功能所需的费用。

c. 维护费：指施工机械除大修理以外的各级保养和临时故障排除所需的费用，包括为保障机械正常运转所需替换设备与随机配备工具附具的摊销和维护费用，机械运转中日常保养所需润滑与擦拭的材料费用及机械停滞期间的维护和保养费用等。

d. 安拆费及场外运费：安拆费指施工机械在现场进行安装与拆卸所需的人工、材料、机械和试运转费用以及机械辅助设施的折旧、搭设、拆除等费用；场外运费指施工机械整体或分体自停放地点运至施工现场或由一施工地点运至另一施工地点的运输、装卸、辅助材料及架线等费用。

e. 人工费：指机上司机(司炉)和其他操作人员的人工费。

f. 燃料动力费：指施工机械在运转作业中所消耗的各种燃料及水、电等。

g. 其他费用：指施工机械按照国家规定应缴纳的车船使用税、保险费及检测费等。

②仪器仪表使用费：是指工程施工所需使用的仪器仪表的摊销及维修费用。

(4)企业管理费：是指建筑安装企业组织施工生产和经营管理所需的费用。其包括：

①管理人员工资：是指按规定支付给管理人员的计时工资、奖金、津贴补贴、加班加点工资及五险一金，以及特殊情况下支付的工资。

②办公费：是指企业管理办公用的文具、纸张、账表、印刷、邮电、书报、办公软件、现场监控、会议水电、烧水和集体取暖降温(包括现场临时宿舍取暖降温)等费用。

③差旅交通费：是指职工因公出差、调动工作的差旅费、住勤补助费，市内交通费和误餐补助费，职工探亲路费，劳动力招募费，职工退休、退职一次性路费，工伤人员就医路费，工地转移费以及管理部门使用的交通工具的油料、燃料等费用。

④固定资产使用费：指管理和试验部门及附属生产单位使用的属于固定资产的房屋、设备、仪器等的折旧、大修、维修或租赁费。

⑤工具用具使用费：是指企业施工生产和管理使用的不属于固定资产的工具、器具、家具、交通工具和检验、试验、测绘、消防用具等的购置、维修和摊销费。

⑥劳动保险和职工福利费：职离干部经费，集体福利费夏季防暑降温、冬季取暖补贴、上下班交通补贴等。

⑦劳动保护费：是企业按规定发放的劳动保护用品的支出。如工作服、手套、防暑降温饮料以及在有碍身体健康的环境中施工的保健费用等。

⑧自检试验费：是指承包人按照有关标准规定，对建筑以及材料、构件和建筑安装物进行一般鉴定、检查所发生的费用，包括自设试验进室进行试验所耗用的材料等费用。

⑨工会经费：是指企业按《中华人民共和国工会法》规定的全部职工工资总额比例计提的工会经费。

⑩职工教育经费：是指按职工工资总额的规定比例计提，企业为职工进行专业技术和职业技能培训专业技术人员继续教育、职工职业技能鉴定、职业资格认定以及根据需要对职工

进行各类文化教育所发生的费用。

⑪财产保险费：是指施工管理用财产、车辆等的保险费用。

⑫财务费：是指企业为施工生产筹集资金或提供预付款担保、履约担保、职工工资支付担保等所发生的各种费用。

⑬税金及附加：是指企业按规定缴纳的房产税、车船使用税、土地使用税、印花税以及城市维护建设税、教育费附加和地方教育附加等。

⑭其他：包括技术转让费、技术开发费、投标费、业务招待费、绿化费、广告费、公证费、法律顾问费、审计费、咨询费、保险费等。

(5)利润：承包人完成合同工程获得的盈利。

(6)增值税：是以商品(含应税劳务)在流转过程中产生的增值额作为计税依据而征收的一种流转税。增值税条件下，计税方法包括一般计税法和简易计税法。

2. 建筑安装工程费用按工程造价形成划分

建筑安装工程费按工程造价形成，由分部分项工程费、措施项目费、其他项目费和增值税组成，其中分部分项工程费、措施项目费、其他项目费包含人工费、材料费、施工机具使用费、企业管理费和利润。

(1)分部分项工程费：是指各专业工程(或单位工程)的分部分项工程应予列支的各项费用。

①专业工程：是指按现行国家计量规范划分的房屋建筑与装饰工程、仿古建筑工程、通用安装工程、市政工程、园林绿化工程、矿山工程、构筑物工程、城市轨道交通工程、爆破工程等各类工程。

②分部工程：是指按工程的部位、结构形式的不同等划分的工程，是单位工程的组成部分，可分为多个分项工程。分部工程按现行国家计量规范划分，如房屋建筑与装饰工程划分的土石方工程、地基处理与桩基工程、砌筑工程、钢筋及钢筋混凝土工程等。

③分项工程：是指根据工种、构件类别、设备类别、使用材料不同划分的工程项目，是分部工程的组成部分。分项工程按国家计量规范划分，工程量清单项目设置原则与其保持一致。

(2)措施项目费：是指为完成工程项目施工，发生于该工程施工准备和施工过程中的技术、生活、安全、绿色施工(节能、节地节水、节材、环境保护)等方面的费用。其包括：

①单价措施项目。

a. 大型机械设备进出场及安拆费：是指机械整体或分体自停放场地运至施工现场或由一个施工地点运至另一个施工地点，所发生的机械进出场运输及转移费用及机械在施工现场进行安装、拆卸所需的人工费、材料费、机械费、试运转费和安装所需的辅助设施的费用。

b. 大型机械设备基础：包括塔吊、施工电梯、龙门吊、架桥机等大型机械设备基础的费用，如桩基础、固定式基础制安等费用。

c. 脚手架工程费：是指施工需要的各种脚手架搭、拆、运输费用及脚手架购置费的摊销(或租赁)费用，以及建筑物四周垂直、水平的安全防护。

d. 二次搬运费：是指因材料超运距或施工场地条件限制而发生的材料、构配件、半成品等一次运输不能到达堆放地点，必须进行二次或多次搬运所发生的费用。

e. 排水降水费：除冬雨季施工增加费以外降水费用。

f. 各专工程措施项目及其包含的内容详见国家工程量计算规范。

②总价措施项目。

a. 夜间施工增加费：是指因夜间施工所发生的夜班补助费、夜间施工降效、夜间施工照明设备摊销及照明用电等费用。

b. 冬雨季施工增加费：是指在冬季或雨季施工需增加的临时设施、防滑、排除雨雪，人工及施工机械效率降低等费用。

c. 压缩工期措施增加费：在工程招投标时，要求压缩定额工期采取措施所增加的相关费用。

d. 已完工程及设备保护费：是指竣工验收前，对已完工程及设备采取的必要保护措施所发生的费用。

e. 工程定位复测费：是指工程施工过程中进行全部施工测量放线和复测工作的费用。

f. 专业工程中的有关措施项目费。

注：冬雨季施工增加费是指冬雨季施工时，为确保施工安全及工程质量所提供的防寒、防雨等施工件的人工、材料增加费用，不包括构配件中使用材料，如混凝土中掺用外加剂。冬雨季施工增加费在施工措施项目费中列项。冬雨季施工增加费按分部分项工程费和单价措施项目费之和的 1.60‰计取。(参见 2020 版《湖南省建设工程计价办法》执行)

③绿色施工安全防护措施项目费。

a. 安全文明施工费。

Ⅰ. 安全生产费：是指施工现场安全施工所需要的各项费用。

Ⅱ. 文明施工费：是指施工现场文明施工所需要的各项费用。

Ⅲ. 环境保护费：指施工现场为达到环保部门要求所需要的，除绿色施工措施项目以外的各项费。

Ⅳ. 临时设施费：指施工企业为进行建设工程施工所应搭设的生活和生产用的临时建筑物、构筑物和其他临时设施费用，包括临时设施的搭设、维修、拆除、清理费或摊销费等。

临时设施费仅包括离建筑物边沿 50 m 以内的临时水源、电源、动力管线，超过者，另行计算。

注：市政道路工程的临时设施费，接入市政的水源电源以红线为界，红线以内的部分包括在临时设施费中，超出红线范围内属于建设单位“三通一平”费用，应按实另计。临时设施费不包括施工便道和便桥。(参见 2020 版《湖南省建设工程计价办法》执行)

b. 绿色施工措施费：是指施工现场为达到环保部门绿色施工要求所需要的费用，包括扬尘控制推施费(场地硬化、扬尘喷淋、雾炮机、扬尘监控和场地绿化)、施工人员实名制管理及施工场地视频控制系统、场内道路、排水沟及临时管网、施工围挡等费用。

绿色施工安全防护措施项目费所包含的具体内容详见表 0-1。

表 0–1　绿色施工安全防护措施项目费

安全文明施工费（固定费率）	安全生产费	1. 完善、改造和维护安全防护设施设备费用，配备、维护、保养应急救援器材、设备费用和应急演练费用
		2. 配备和更新安全帽、安全绳等现场作业人员安全防护用品及用具费用
		3. 安全施工专项方案及安全资料的编制费用
		4. 建筑工地安全设施及起重机械等设备的特种检测检验费用
		5. 开展重大危险源和事故隐患评估、监控和整改及远程监控设施安装、使用及设施摊销等费用
		6. 安全生产检查、评价、咨询和标准化建设费用，安全生产培训、教育、宣传费用，安全生产适用的新技术、新标准、新工艺、新装备的推广应用费用，治安秩序管理费用及其他安全生产费用
	文明施工费及环境保护费	1. 五牌一图
		2. 现场施工机械设备降低噪声、防扰民措施
		3. 现场厕所内部美化，建筑物内临时便溺设施
		4. 符合卫生要求的饮水设备、淋浴、消毒等设施
		5. 生活用洁净燃料
		6. 防蚊虫、四害措施
		7. 现场配备医药保健器材、物品费用和急救人员培训，防煤气中毒，治安综合治理措施
		8. 现场工人的防暑降温电风扇、空调等设备及用电
		9. 现场污染源的控制、生活垃圾清理外运、建筑垃圾外运（不含土石方及拆除垃圾）、其他环境保护费
		10. 扬尘控制设备用水、用电
		11. 裸土覆盖
	临时设施费	1. 施工现场临时建筑物、构筑物的搭设、维修、拆除，如临时宿舍、办公室、食堂、厨房、厕所、诊疗所、临时文化福利用房、临时仓库、加工场、搅拌台、临时简易水塔、水池等
		2. 施工现场临时设施的搭设、维修、拆除，如临时供水管道、临时供电管线、小型临时设施等
		3. 其他临时设施的搭设、维修、拆除
绿色施工措施费（按工程量计量）	扬尘控制措施费	施工场地硬化、扬尘喷淋系统、雾炮机、扬尘在线监测系统、场地绿化
	场内道路	施工道路
	排水	排水沟、管网，以及与其相连的构筑物
	施工围挡（墙）	围挡或围墙
	智慧管理设备及系统	施工人员实名制管理设备及系统
		施工场地视频监控设备及系统
		人工智能、传感技术、虚拟现实等高科技技术设备及系统

注：扬尘控制及智慧管理建设的费用，一年工期及以内的按 60%计算摊销费用；两年工期及以内的按 80%计算摊销费用；两年工期以上的按 100%计算摊销费用。

注：绿色施工安全防护措施项目费，其费率由省级建设行政主管部门发布，其在招投标阶段和竣工结算阶段的计取具体要求如下：

①招标投标文件、招标控制价及各类施工图预算编制时，绿色施工安全防护措施费均按《绿色施工安全防护措施项目费(总费率)》表中规定费率(参见2020版《湖南省建设工程计价办法》执行)，不得作为竞争性费用。

②竣工结算阶段，绿色施工安全防护措施项目费包含固定费率部分和按工程量计算部分。其中固定费率按《绿色施工安全防护措施项目费(固定费率)》表中规定费率(参见2020版《湖南省建设工程计价办法》执行)，不得优惠；按工程量计算部分则依据实际发生的工作内容计算工程量，套用相应定额或按项计算，并根据专业工程取费表计算管理费、利润，不得优惠。

(3)其他项目费：包括暂列金额、暂估价、计日工、总承包服务费、优质工程增加费、安全责任险、环境保护税、提前竣工措施增加费、索赔签证。

①暂列金额应根据工程特点按招标文件的要求列项并估算，一般包含不可预见费和检验试验费，也可以只列暂列金额总额。

②暂估价项目应分不同材料、专业工程和分部分项工程估算，列出明细表及其包括的内容、单价、数量等。

③计日工应列出项目名称、计量单位和暂估数量。

④总承包服务服务费应列出服务项目及其内容、要求、计算公式等，一般包含发包人发包专业工程服务费以及发包人提供材料采保费。

⑤优质工程增加费按招标文件要求列项。

⑥安全责任险、环境保护税应按国家或省级、行业建设主管部门的规定列项。

⑦提前竣工措施增加费。

⑧索赔与现场签证。

注：①暂列金额应根据工程特点按有关规定估算，但不应超过分部分项工程费的15%。

②发包人提供的材料(包括半成品、成品)，其费用作为取费基数时不能扣除；在招标控制价或预算编制时，甲供材料按信息价或市场价计入综合单价，结算时依据实际成交价计入综合单价。

③招投标阶段材料设有暂估的，应在招标工程量清单中列出其数量和单价明细表，投标人按要求填报工程结算时，根据发承包双方确认的工程量和单价按实调整。

④企业管理费中的自检试验费，不包括委托第三方检测机构进行检测的费用。招标人(工程项目建设单位)明确检验试验费在建筑安装工程造价中列支的，可按分部分项工程费的0.50%~1.00%计取入暂列金额内，具体金额可在招标文件中明确，同时要求投标人在投标报价中按照招标文件明确的金额填报计入工程总造价。强夯地基、加固工程等特殊工程的检测费用须根据现行检测费用标准增加暂列金额。

⑤总承包服务费应根据招标文件列出的内容和要求在其他项目清单中计取，该费用由发包人向总承包人支付计入工程造价。其中，专业工程服务费可按分部分项工程费的2%计算。

⑥工程配套费是指在建设单位依法分包的专业工程中，专业工程分包单位利用总承包单位脚手架施工及生活用水用电、临时设施等所发生的费用，应由专业工程分包单位与总承包单位自行协商，并由分包单位支付给总承包单位，不应在各阶段工程造价列项。工程配套费可按分部分项工程费为计算基础，参考费率：空调专业3%，其他专业2%。

⑦建设工程产品质量标准是按合格产品考虑的，如发包方要求且经评定其质量达到优良工程

或鲁班工程者，发包单位与承包单位双方应在合同中就奖励费用予以约定。费用标准可参照以下规定计取：

优质工程奖或年度项目考评优良工地按分部分项工程费与措施项目费之和的 1.60%；芙蓉奖按分部分项工程费与措施项目费之和的 2.20%；鲁班工程奖按分部分项工程费与措施项目费之和的 3.0%。同时获得多项的按最高奖项计取。

⑧压缩工期措施增加费的计取：建设工程招标阶段确定的工期，按照工期定额［建筑安装工程工期定额(TY01-89—2016)］标准压缩工期在 5%内(含 5%)不计算压缩工期措施增加费。压缩工期超过工期定额的 5%者，发包单位与承包单位双方应在合同中明确压缩工期措施增加费的计费标准。其计费标准可按分部分项工程费与单价措施项目费中的人工费和机械费之和分别乘以系数确定，参考系数如下：

a. 压缩工期在 5%以上 10%内(含 10%)者，乘系数 1.05。

b. 压缩工期在 15%内(含 15%)者，乘系数 1.10。

c. 压缩工期在 20%内(含 20%)者，乘系数 1.15。

d. 当招标人要求压缩工期超过 20%者，招标人应组织相关专业的专家对施工方案进行可行性论证并承担保证工程质量和安全的责任，压缩工期所增加的人工、材料、机械用量依据专家论证的施工方案计算计人工程造价。

以上内容均按 2020 版《湖南省建设工程计价办法》执行。

(4)增值税：是以商品(含应税劳务)在流转过程中产生的增值额作为计税依据而征收的一种流转税。增值税条件下，计税方法包括一般计税法和简易计税法。(参见 2020 版《湖南省建设工程计价办法》执行。)

3. 软件编制计价文件的操作流程

软件编制计价文件的操作流程为：新建工程项目/单位工程→工程信息编辑/费率参数选择→分部分项工程量清单组价→措施项目清单组价→其他项目清单组价→工料机汇总计算→确定取费计算的计算基础和费率→调价→数据导出/报表输出，如图 0-1 所示。

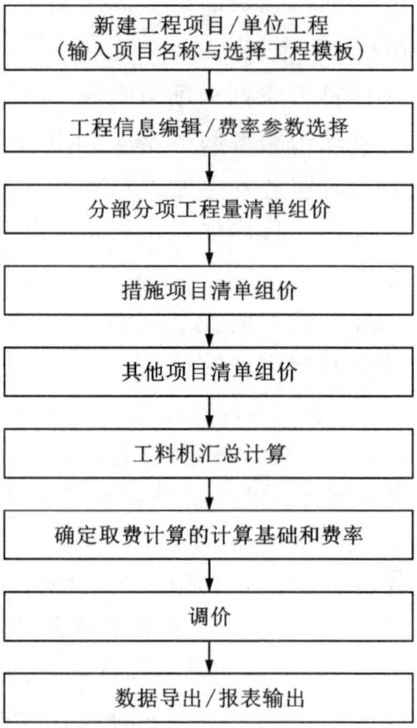

图 0-1 软件编制计价文件操作流程图

课程思政

杨学山：追求卓越的典范

内容导引	他被称为青海交通行业的“活规范”，先后被授予省级技术能手、优秀青年岗位能手、优秀高技能人才、全国交通运输系统先进工作者、第一届“最美公路人”等荣誉称号。他就是青海省交通运输工程技术中心副主任杨学山。 “知者不如好知者，好知者不如乐知者。”这句话是杨学山善于学习、乐于学习的生动体现。面对自己学历低、底子薄、基础差，他坚持“笨鸟先飞”。通过“做中学，做中学”的学习和“一人为上，我为上”的努力，先后取得长沙理工大学交通与土木工程专业自学考试学士学位、青海实验室 CMA 评审员资格和 CNAS 评审员资格、交通运输部公路水运试验检测工程师、监理工程师。 “杨学山是一个真正把工作视为毕生事业的人。他在工作中追求卓越，善于思考和感悟，能从复杂的表象中梳理出存在的问题，并有针对性地采取措施。”从事工程质量监督工作 7 年多，杨学山在处理监督检查中发现的重大问题时，坚持原则，敢于直言，准确总结质量监督存在的问题和工程建设质量监督监管的薄弱环节，及时提出意见和建议。杨学山非常热爱公路工程试验检测工作。2011 年，他独立开发完成了《青海省公路工程试验检测管理表格系统》和 117 种试验检测表格的修订编辑工作，并于 2011 年 5 月投入使用，首次实现了青海省公路试验检测表格的统一，为试验检测的规范化发挥了积极作用。杨学山不仅擅长学习，而且乐于助人，无论是工作日还是休息日，无论是在工作中还是在野外，只要有人求教，他总是给予最大的帮助和解答，甚至详细地告诉大家这个问题的答案在书的哪一章哪一页，因此被检测人员称为“活规范”。
思考问题	1. 工匠精神的内涵是什么？ 2. 职业精神的内涵是什么？ 3. 面对榜样的力量，你会怎么做？ 4. 你是否也能体会到“路”的意义？
思政素养	传承工匠精神、职业精神，争做路桥人的榜样

学习参考资料

学习参考资料二维码。

湖南省住房和城乡建设厅关于发布《湖南省建设工程计价依据动态调整汇编(2022年度第一期)》的通知

建筑安装工程造价组成内容的计算

复习思考题

1. 建设项目是如何划分的？
2. 工程造价由哪些费用构成？
3. 定额计价与清单计价的区别是什么？

模块一　计价文件编制

【知识目标】

熟练掌握软件的操作流程和使用技巧。

能熟练地运用软件编制计价文件。

【能力目标】

熟练掌握市政造价软件的应用。

熟练地运用造价软件对成本进行有效的管理。

【素质目标】

增强职业自豪感，提升专业技能。

传承推动行业发展，增强岗位技能。

任务 1　[新建项目]设置

【学习提要】

1. 在[新建项目]向导中，关于建设项目的新建问题，注意模板的选用。

2. 重难点：运用造价软件，正确完成[新建]建设项目的计价文件操作以及合理填写与选择[项目信息]和[计价依据]的内容。

当对某项目进行造价编制时，首先要在造价软件里建立好该项目的计价文件相关信息。故[新建项目]设置流程如表 1-1 所示。

表 1-1　[新建项目]设置流程

流程	具体内容
第一步	根据软件窗口提示，设置[新建项目]
第二步	根据软件窗口提示，设置[项目管理]
第三步	根据软件窗口提示，设置[工程信息]

1.1　设置[新建项目]

(1)在[新建项目]向导的主窗体中，有四种模板可供选择，如图 1-1 所示。

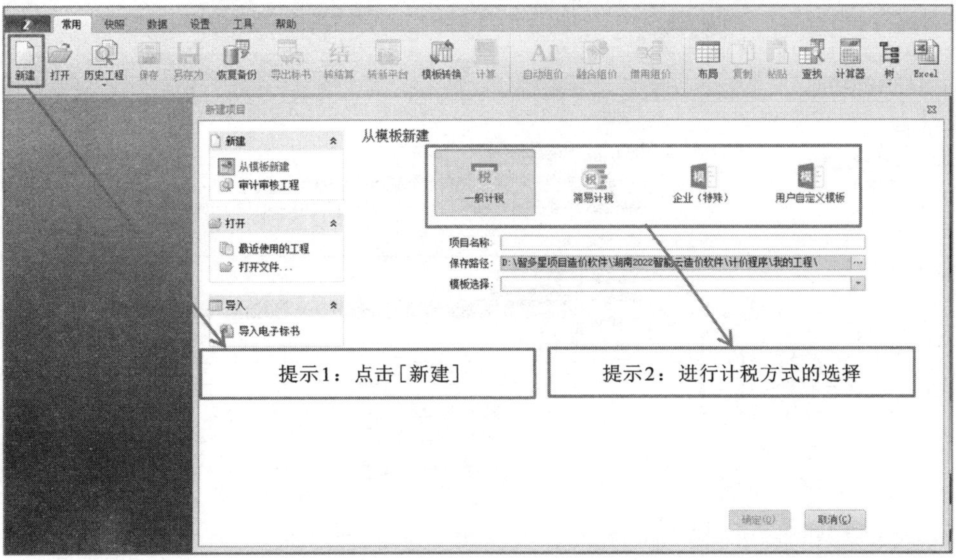

图 1-1

①模板包括一般计税、简易计税、企业(特殊)、用户自定义模板。

②选择其中任何一种要完成的功能，双击窗体中与之对应的按钮，系统会提示完成所需要的操作。

(2)在[从模板新建]对话框中填写好项目名称，选择好保存路径，在[模板选择]下拉列表中选择工程项目适用的模板，如图 1-2 所示。

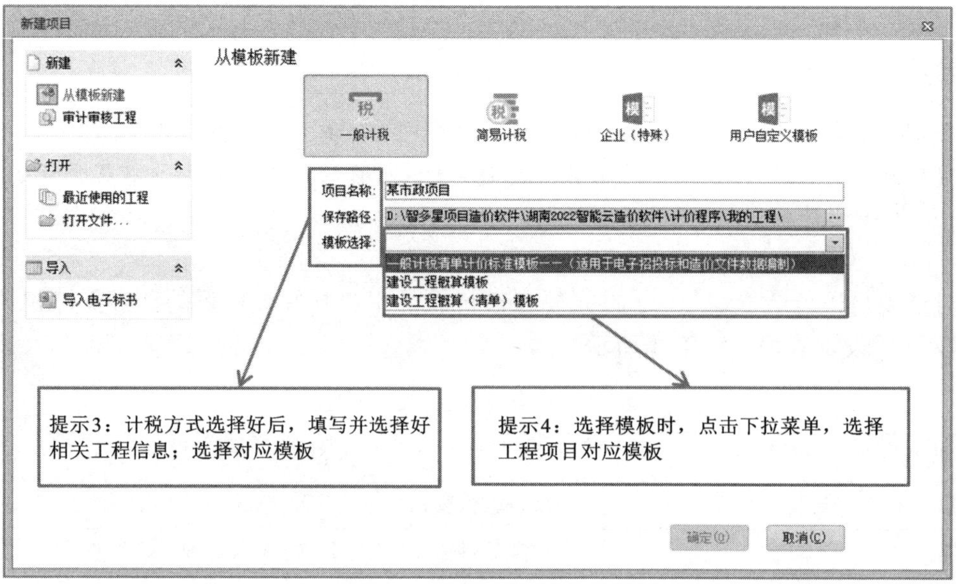

图 1-2

(3)新建的工程文件：输入[项目名称]，选择工程模板，输入[项目编码]，根据工程实际情况下拉选择或者填写[编制类型]、[建设单位]、[文件用途]、[计税方式]，如图 1-3 所示。

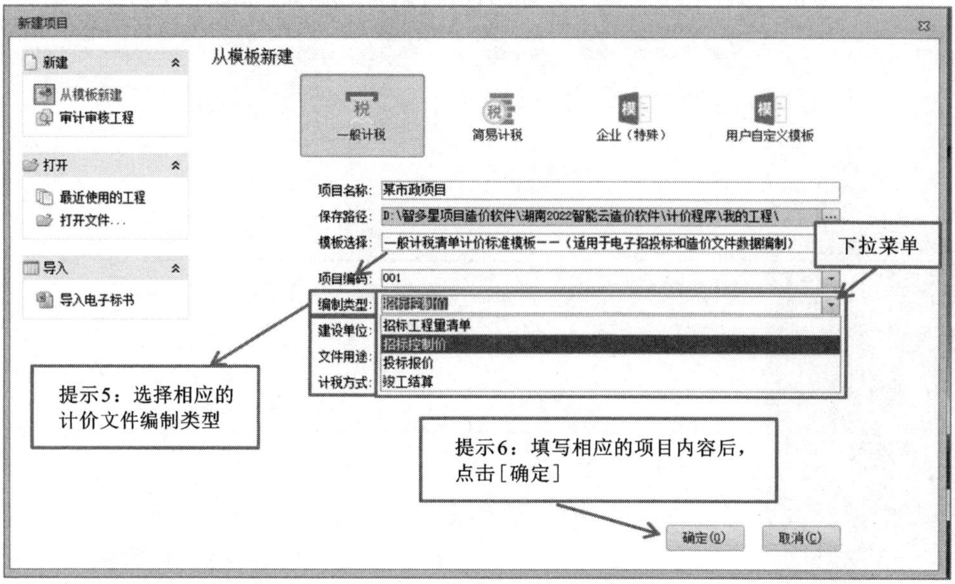

图 1-3

(4)确认以上信息无误后，点击下方[确定]按钮，进入[项目管理]的主界面窗口。

1.2　设置[项目管理]

在第一步[新建项目]操作中，输入工程的基本信息后点击[确定]按钮，即可进入[项目管理]操作界面。

(1)项目组成：[工程项目组成列表]中已经根据专业类别预设了不同专业的单项工程，如果需要增加新的单项工程，可以执行右键快捷菜单命令，插入单项工程节点，如图 1-4 所示。

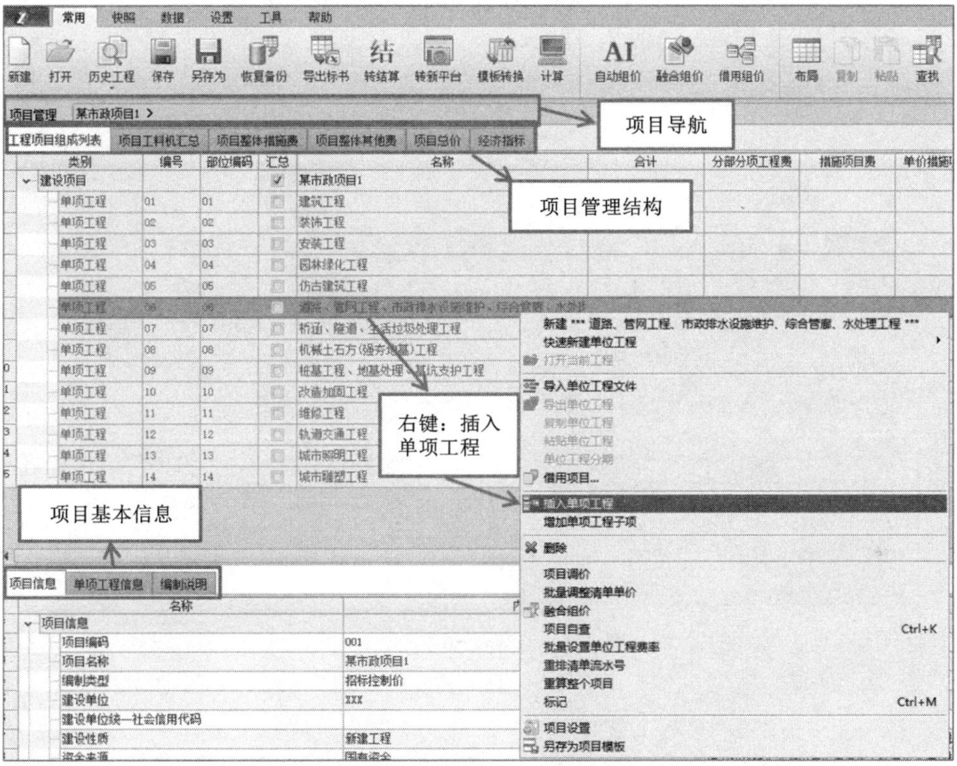

图 1-4

(2)项目工料机：汇总当前项目工程中所有的工料机，如图 1-5 所示。

(3)项目整体措施费和整体其他费如图 1-6 和图 1-7 所示。

(4)项目总价：如图 1-8 所示。

(5)项目报表：点击项目管理导航右侧[报表]按钮，进入报表窗口，如图 1-9 所示。

(6)通过项目导航进入单位工程。然后点击鼠标右键，选择[新建单位工程]。单位工程必须建立在相应的单项工程节点之下，在软件中预设的单项工程上，点击鼠标右键，执行快捷菜单命令[快速新建单位工程]，新建单位工程名称默认与单项工程同名，可以根据实际进行改写。如图 1-10 所示。

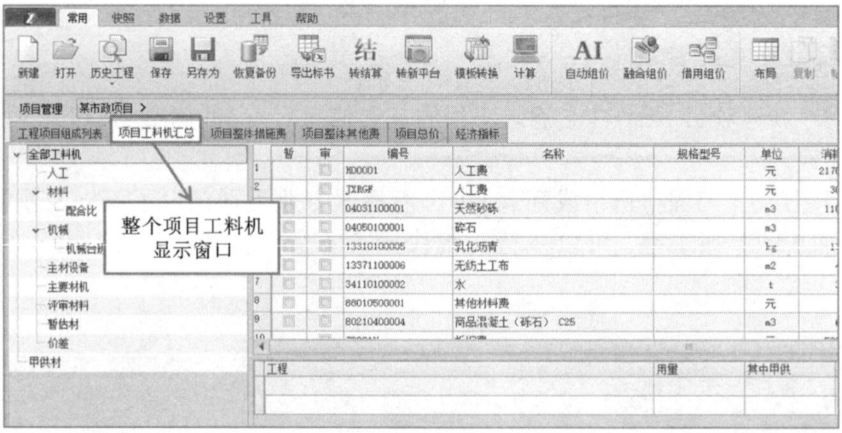
常用
快照
数据
设置
工具
帮助
新建
打开
历史工程
保存
另存为
恢复备份
导出标书
转结算
转新平台
模板转换
计算
自动组价
融合组价
借用组价
布局
项目管理
某市政项目 >
工程项目组成列表
项目工料机汇总
项目整体措施费
项目整体其他费
项目总价
经济指标
整个项目工料机显示窗口

图 1-5

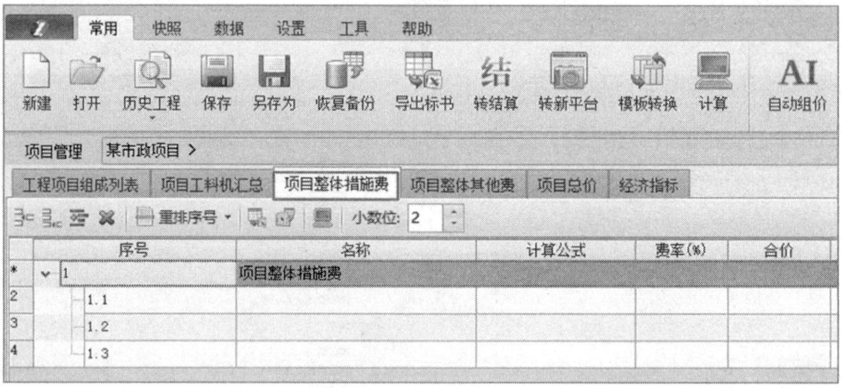
常用
快照
数据
设置
工具
帮助
新建
打开
历史工程
保存
另存为
恢复备份
导出标书
转结算
转新平台
模板转换
计算
自动组价
项目管理
某市政项目 >
工程项目组成列表
项目工料机汇总
项目整体措施费
项目整体其他费
项目总价
经济指标
重排序号
小数位: 2
序号
名称
计算公式
费率(%)
合价
项目整体措施费

图 1-6

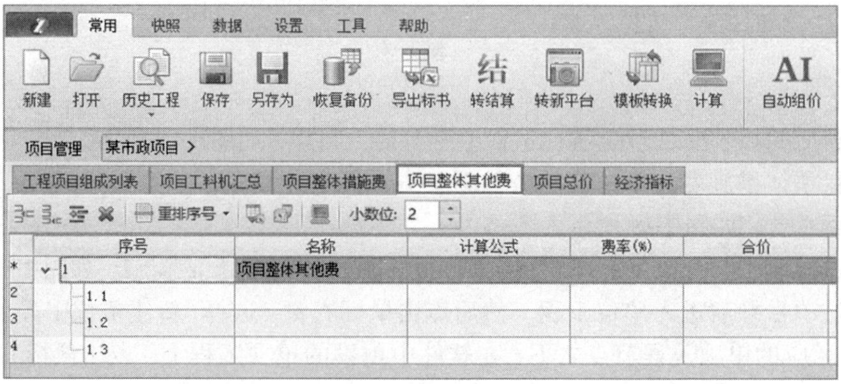
常用
快照
数据
设置
工具
帮助
新建
打开
历史工程
保存
另存为
恢复备份
导出标书
转结算
转新平台
模板转换
计算
自动组价
项目管理
某市政项目 >
工程项目组成列表
项目工料机汇总
项目整体措施费
项目整体其他费
项目总价
经济指标
重排序号
小数位: 2
序号
名称
计算公式
费率(%)
合价
项目整体其他费

图 1-7

项目总价
项目总价组成

图 1-8

报表
点击报表按钮，选择需要导出的报表内容
确认无误后，点击导出Excel表格
E. 14：单位工程招标控制价汇总

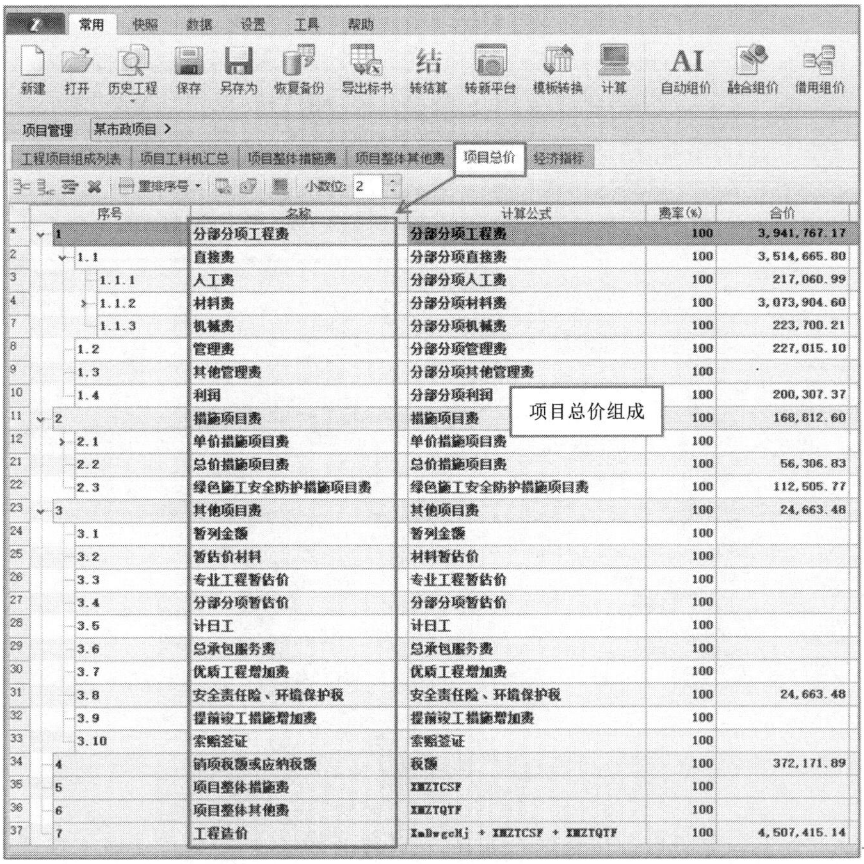

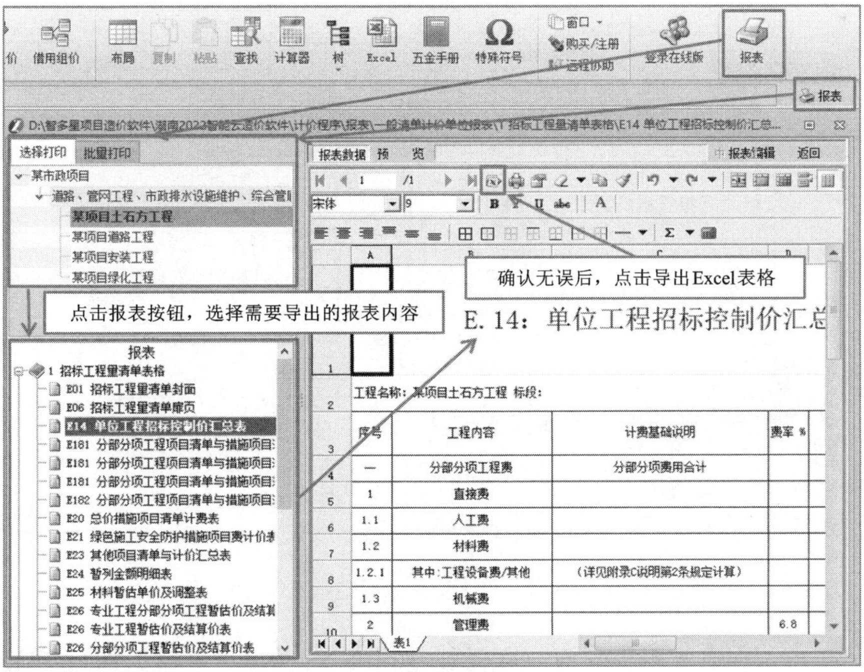

图 1-9

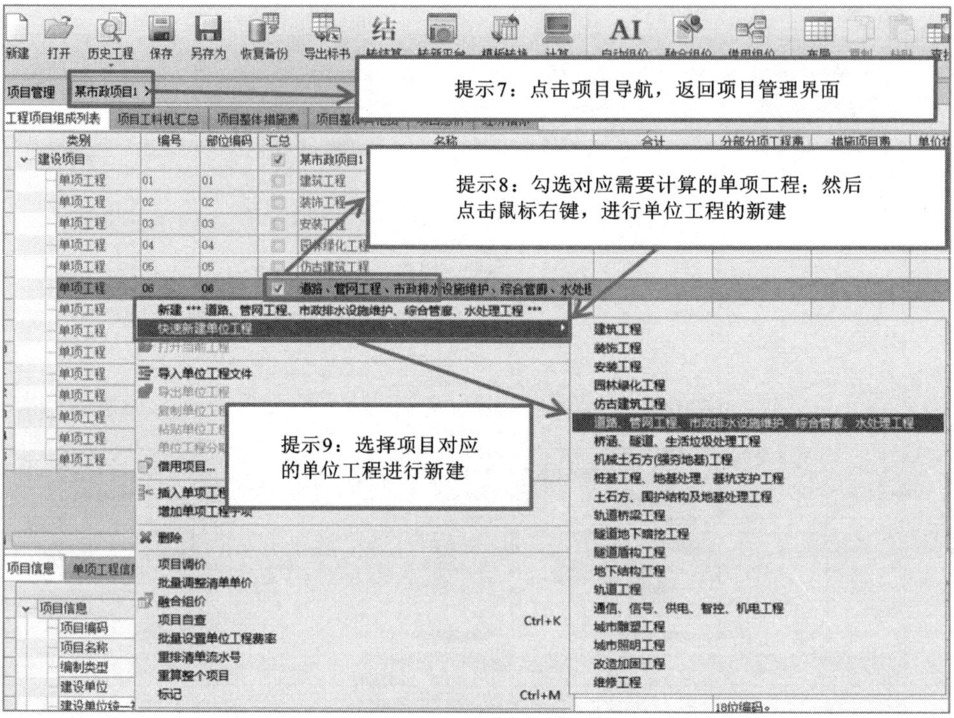

图 1-10

（7）新建单位工程完成后，注意结合工程项目修改单位工程名称；当工程项目有多个单位工程时，可新建多个单位工程，如图 1-11 所示。

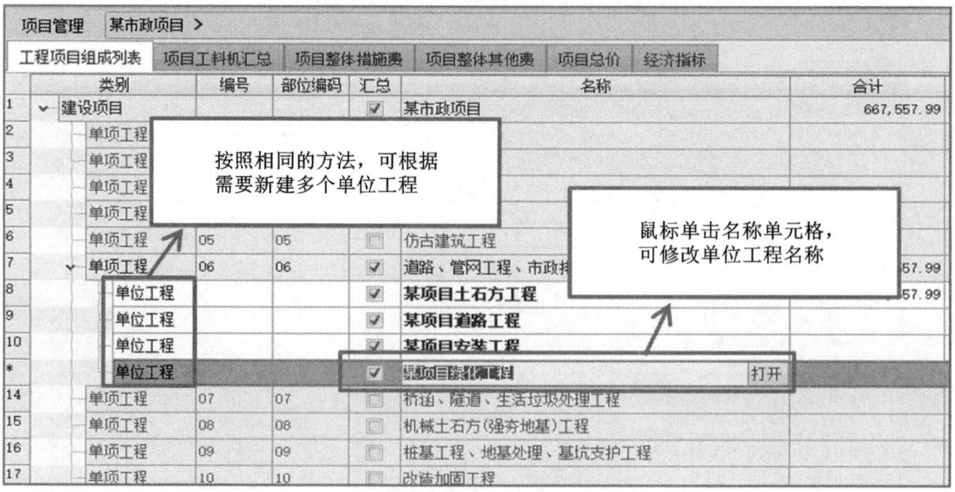

图 1-11

（8）进入单位工程造价编辑界面。有三种方式进入：双击[单位工程]；单击[打开]按钮；鼠标右键选择[打开当前工程]。具体如图 1-12 所示。

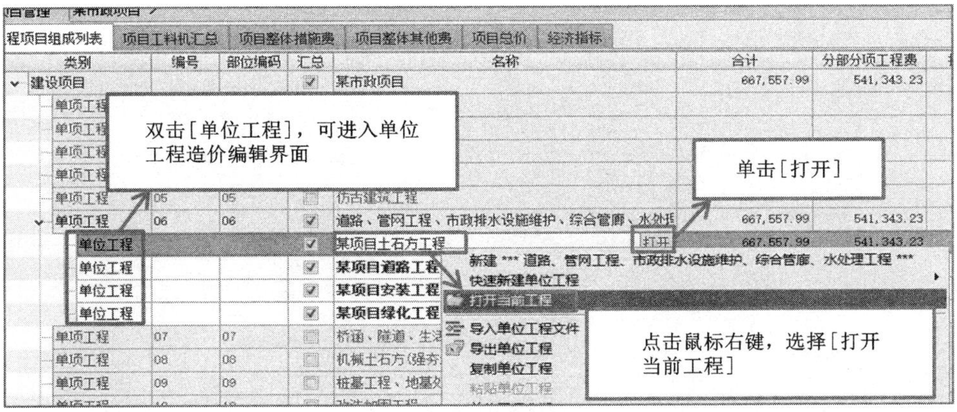

图 1-12

(9)进入单位工程，界面如图 1-13 所示。

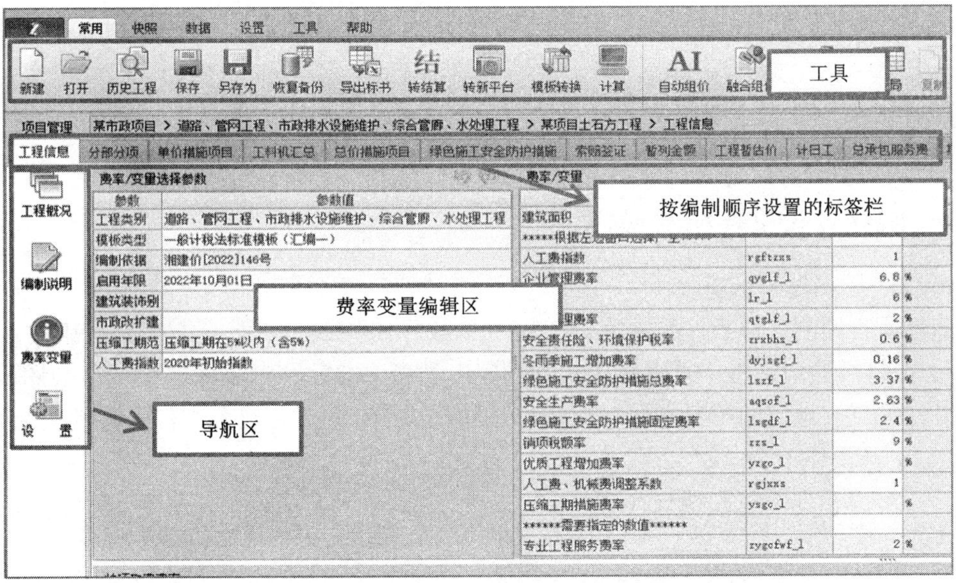

图 1-13

1.3　设置[工程信息]

[工程信息]是软件的第一个标签页，其界面由[工程概况]、[编制说明]、[费率变量]、[设置]四个子导航窗口组成，如图 1-13 所示。所以在编制计价文件时，需先熟悉图纸文件，并按照要求填写和设置好相应的信息。

[工程概况]子插页中包含了工程编号、工程名称、工程地点等内容，在新建工程时工程名称、工程编号可直接引用新建向导中所填写的内容，其余内容根据工程的实际情况填写并保存，这些信息可以在后面的报表中直接调用，如图 1-14 所示。

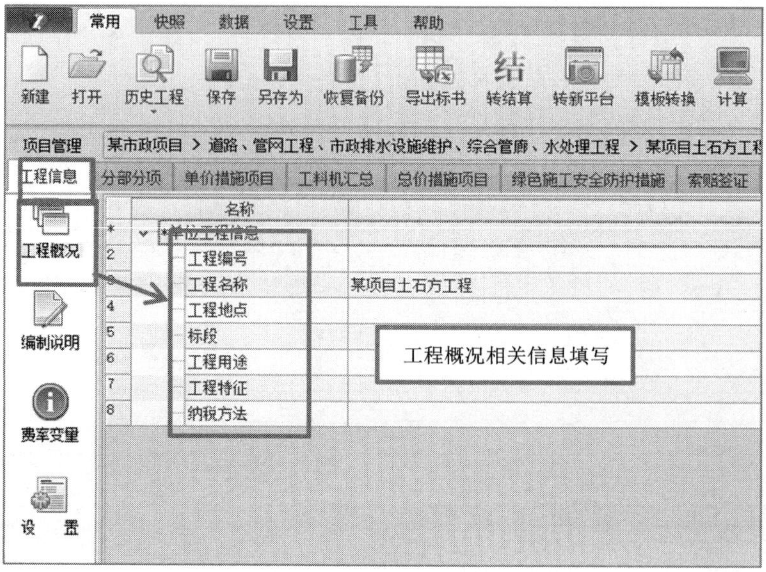

图 1-14

[编制说明]子插页主要是输入计价文件的编制说明文字内容，如工程说明、计价依据等，也可以修改并保存，最后在报表中可以直接导出。

1.4　编制计价文件相关操作

(1)设置[导出标书]。

当工程项目编制完成后，需要发布工程清单或导出控制价，即点击工具栏中的[导出标书]命令，在打开的对话框中选择标书模板、导出类型，指定导出文件保存名称与路径位置，即可将当前项目按规定的招投标接口标准导出生成.XML的工程成果文件，如图1-15所示。

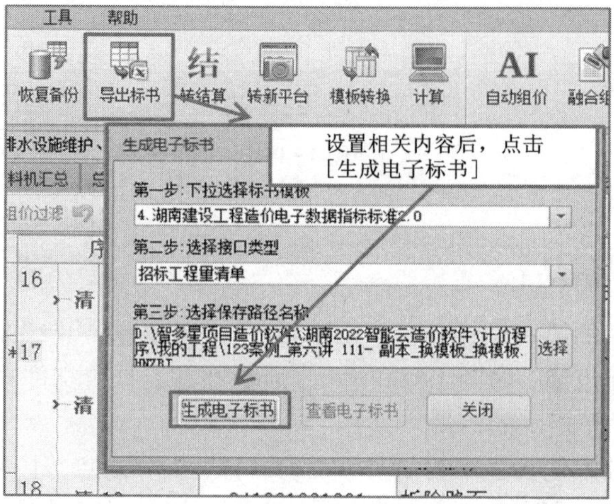

图 1-15

如果有多个单项工程，可在导出前执行右键菜单中的[重排清单流水号]。

①选择接口类型。

招标工程量清单：导出 HNZBJ 格式的招标清单。

招标控制价：招标方提供的 HNKZJ 格式控制价。

投标价：投标方导出 HNTBJ 格式的投标文件。

②选择标书模板。

软件一般会自动匹配模板及保存位置。

生成标书前必须插入正版软件加密锁，不能一个软件加密锁编制多份标书文件。

(2)设置[导入电子标书]。

需完成对招标项目的工程量清单报价工作时，则导入标书，投标方在购买招标文件时会收到由招标方提供的“工程量清单电子招标标书”，即扩展名为.XML 的电子招标文件。

首先启动造价软件，在[新建项目]对话框中，点击左侧栏中的[导入电子标书]命令，进入[导入电子标书]对话框，如图 1-16 所示。

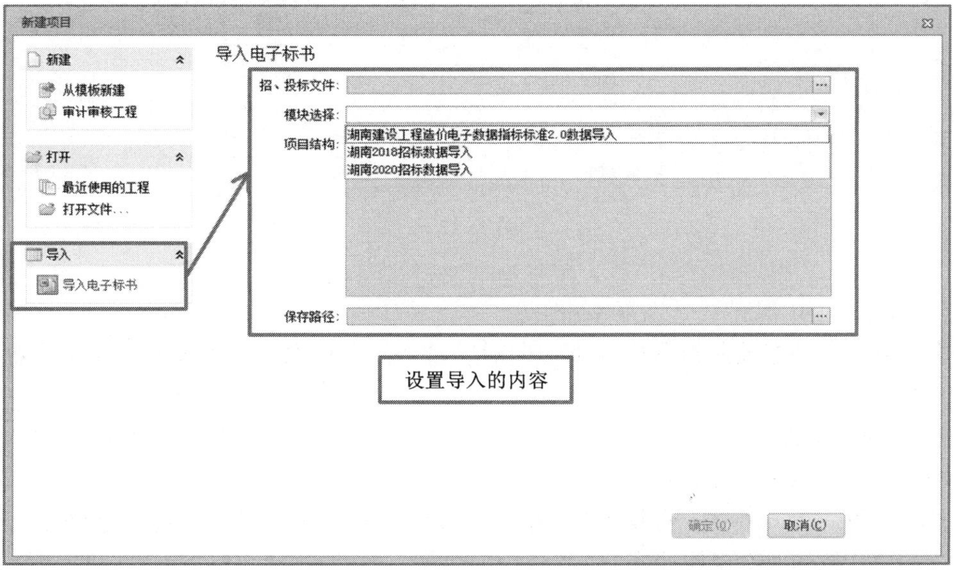

图 1-16

①点击[招、投标文件]后的命令按钮，找到扩展名为＊.XML 的电子招标文件。

②从下拉列表中选择适用的模板。

③选择好模板后，如果标书符合标准的数据格式，则会将导入的工程项目结构显示在列表框中，否则提示标书不符合标准，验证失败。

④导入后的工程文件默认保存在软件安装目录的[我的工程]文件夹下，也可以重新选择[保存路径]进行保存，最后点击[确定]按钮即在指定的位置创建了工程文件，并直接在软件中打开。

(3)设置[导入单位工程]、[导出单位工程]、[复制单位工程]。

从其他项目文件中导入一个或多个单位工程，也可直接将扩展名为.NGC 的单位工程文件导入到本项目工程中。执行鼠标右键快捷菜单命令[导入单位工程]，在打开的对话框中选择项目源文件并选择项目内欲导入的单位工程。[导出单位工程]、[复制单位工程]操作在相同的窗口进行，如图 1-17 所示。

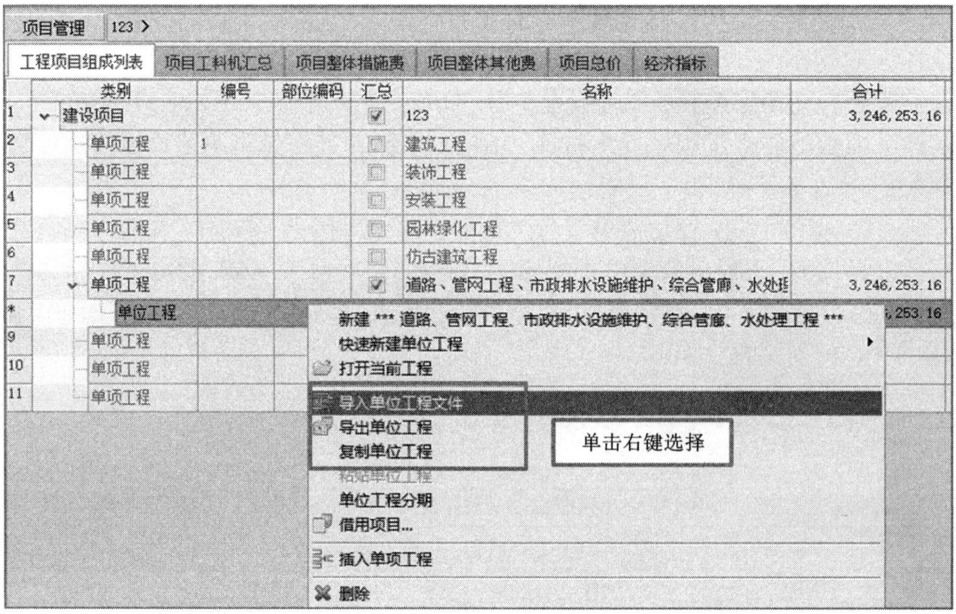

图 1-17

(4)建设项目的[保存]、[恢复备份]等。

①建设项目文件在编制过程中要不定期对项目文件进行保存，确保不会因系统意外中断退出而丢失数据。

②点击[常用]菜单中的[保存]或[另存为]命令，即可快速保存当前项目文件。注意建设项目导出后的后缀名为.ZJXM。

③点击[常用]菜单中的[恢复备份]命令，即可打开备份文件库，选择欲恢复工程文件后，点击[还原]按钮，实现快速恢复。

1.5 命令运用

常用主菜单界面如图 1-18 所示。

图 1-18

主菜单各命令的功能与应用如表 1-2 所示。

表 1-2　主菜单栏功能与应用

主菜单	下级菜单	功能	应用范围
常用	新建	新建项目文件	项目文件
	打开	打开项目文件	项目文件
	历史工程	最近项目文件列表，方便快速打开	项目文件
	保存	保存项目文件	项目文件
	另存为	将当前项目保存为另一个文件	项目文件
	恢复备份	双击还原已打开的工程	项目文件
	导出标书	导出项目标书	项目文件
	另存为模板	将工程项目或单位工程另存为模板	两者皆可
	从备份中恢复	从备份文件库恢复项目文件	项目文件
	转结算	办理结算时使用	项目文件
	模板转换	将当前单位工程套用另一个模板文件，实现模板应用转换	项目文件
	计算	汇总计算总造价	项目文件
	自动组价	数据智能应用，快速提高组价效率	单位工程
	融合租价		
	借用租价		
	布局	对当前窗口设置显示项、行高、字号	两者皆可
	复制	复制所选择的字符	两者皆可
	粘贴	粘贴所选择的字符	两者皆可
	查找	在当前界面查找关键字内容	单位工程
	计算器	打开计算器工具	两者皆可
	树	计价文件的分层展示	项目文件
	Excel	将当前焦点窗口导出为 Excel 文档	两者皆可
	五金手册	各种钢材实用计算器	两者皆可
	特殊符号	显示特殊符号开关	两者皆可
	窗口	多窗口排列方式	两者皆可
快照	保存快照	建立当前状态的快照备份	单位工程
	清除所有快照	清除所有的快照状态	单位工程
	从快照恢复	快照后列表，可恢复指定快照状态	单位工程
数据	工程调价	对当前单位工程进行调价处理	单位工程
	自检	查看费用是否合理	单位工程
	编辑信息价文件	编辑信息价格文件，比如加权计算	两者皆可

续表1-2

主菜单	下级菜单	功能	应用范围
设置	界面风格	设置个性化的窗口显示风格	两者皆可
	系统参数设置	设置系统后台备份时间等	两者皆可
工具	生成预结算文件	打开需要生成预结算的计价文件	两者皆可
	下载信息价文件	下载信息价格文件	两者皆可
帮助	操作入门	软件操作说明	两者皆可
	造价文件	定额与计价办法查看	两者皆可
	造价视频	演示教学	两者皆可
	升级记录	软件的版本升级情况	两者皆可
	访问智多星网站	可查看软件官网信息	两者皆可
	关于	查看软件的内部版本信息	两者皆可
	还原设置	还原系统设置	两者皆可
	加密锁重置	重新加载加密锁	两者皆可
	网络版设置	单机版切换到网络版	两者皆可

鼠标右键各命令的功能与应用如表 1-3 所示.

表 1-3　右键各命令功能与应用

菜单命令项	功能
新建×××单位工程	在当前单项工程位置新建单位工程
打开当前工程	打开当前选定单位工程，双击也可以打开
导入单位工程文件	从其他项目中导入单位工程，也可导入独立的扩展名为. NGC 的单位工程
导出单位工程	将当前选择的单位工程导出为一个独立的扩展名为. NGC 的单位工程文件
复制单位工程	将选择的单位工程复制到内存中
粘贴单位工程	将此前复制的单位工程粘贴到当前位置
插入单项工程	在当前单项工程位置再新建一个单项工程节点
删除	删除选定单位工程或单项工程
项目调价	对当前项目进行调价处理
批量调整清单单价	对项目进行单价调整
融合租价	数据智能应用，快速提高组价效率
项目自查	可自主检查项目内容是否有漏项、错项的问题
指批量设置单位工程费率	将一个单位工程费率应用到其他单位工程
重排清单流水号	为确保清单编码唯一，对清单流水号整体重排

续表1-3

菜单命令项	功能
重算整个项目	造价计算
标记	对选择节点做红色标记
项目设置	对项目进行系统设置(二次开发用)
另存为项目模板	将当前项目保存为模板

课堂实训

班级：　　　　　　　　学号：　　　　　　　　姓名：　　　　　　　　日期：

<table>
<tr><td>实训目的</td><td>1. 熟练掌握市政造价软件菜单命令和快捷键的操作。
2. 熟练掌握招标文件与投标文件编辑的区别。
3. 知道如何区分项目组成结构。
4. 掌握[新建]工作的操作步骤和单位工程的组建</td></tr>
<tr><td>实训任务</td><td>完成以下新建建设项目与单位工程的操作：
1. 建设项目名称：长沙市雨花区韶山路市政道路工程；项目编码默认 001；建设单位为交通建设发展有限公司。
2. 采用清单计价模式、一般计税法，编制招标控制价。
3. 在市政道路单项工程下建立单位工程，名称与建设项目相同。
4. 工程概况根据上述情况按实填写。
5. 完成后，导出计价文件数据，在不改变项目名称的情况下，在项目名称后面加上自己的姓名命名，并保存至桌面。
6. 清单库及定额都选用最新的市政工程相关计算规则和消耗量标准</td></tr>
<tr><td>实训提示</td><td>1. 先查阅“任务 1”的相关内容；回顾课上的讲解，完成以上实训项目。
2. 稍后可观看以下操作视频
新建项目以及单位工程</td></tr>
<tr><td>实训记录</td><td>具体在软件操作界面可见；也可在此记录操作步骤</td></tr>
<tr><td>实训评价</td><td>
<table>
<tr><td>评价</td><td>学习/工作态度</td><td>完成度</td><td>专业技能操作能力</td><td>遵纪守法</td><td>交流沟通能力</td><td>自主学习效果</td><td>专业思维拓展能力</td></tr>
<tr><td>优秀(A)</td><td></td><td></td><td></td><td></td><td></td><td></td><td></td></tr>
<tr><td>良好(B)</td><td></td><td></td><td></td><td></td><td></td><td></td><td></td></tr>
<tr><td>合格(C)</td><td></td><td></td><td></td><td></td><td></td><td></td><td></td></tr>
<tr><td>有待改进(D)</td><td></td><td></td><td></td><td></td><td></td><td></td><td></td></tr>
</table>
综合评价结果：________________
</td></tr>
</table>

课后实训

班级：　　　　　　　　学号：　　　　　　　　姓名：　　　　　　　　日期：

实训目的	巩固课堂内容；能够举一反三
实训项目	完成以下新建建设项目与单位工程的操作： 1. 建设项目基本信息见[实训信息]。 2. 采用清单计价模式、一般计税法，编制招标控制价。 3. 在市政道路单项工程下建立多个按专业区分的单位工程。 4. 工程概况根据项目内容按实填写。 5. 完成后，导出计价文件数据，在不改变项目名称的情况下，在项目名称后面加上自己的姓名命名，然后提交至“学习通”课程作业模块中。 6. 清单库及定额都选用最新的市政工程相关计算规则和消耗量标准
实训信息	项目基本信息
课后实训小结	

课程思政

加快建设交通强国，为实现交通强国梦而不懈奋斗

内容导引	建设交通强国是党的十九大作出的重大战略决策。党的十八大以来，习近平总书记深刻把握新时代我国发展的阶段性特征，对交通事业发展作出一系列重要论述，提出了建设交通强国的时代课题。建设交通强国是党中央赋予交通人的历史使命，是新时代做好交通工作的总抓手。我们要深入贯彻落实好党中央的决策部署，为实现交通强国梦而不懈奋斗。 在党中央、国务院的坚强领导下，一代代交通人不忘初心、牢记使命，进行了艰苦卓绝的奋斗。
思考问题	1. 作为交通人，你的初心是什么？ 2. 你认为个人造价专业能力的提升是否有必要？
思政素养	个人造价专业能力的提升需要不断学习新的技术、法规和行业动态，以提升自己的综合素质。造价工程师需要与客户、承包商、设计师等多方进行沟通，因此需要提高自己的沟通能力，使得各方能够理解和接受自己的建议。 在完成本项目新建任务时，在计价方式的选择上，一定不能出错，否则会导致一系列工程纠纷。我们要严谨、认真的对待自己的工作，要有社会责任感，将祖国未来的发展和自身的理想相联系，努力成长为心系社会且有时代担当的人才，为建设交通强国而不懈奋斗。

任务 2 [费率变量]设置

【学习提要】

1. 将任务 1 的“课后实训”的计价文件数据导入造价软件中。

2. 演示操作过程，查阅操作内容是否完整。

3. 重难点：通过任务 2 的步骤讲解，接着上次课的内容，将[费率变量]的各项参数设置正确。

[费率变量]设置包括费率/变量选择参数、费率/变量、特项取费费率三个子窗口。如图 2-1 所示。

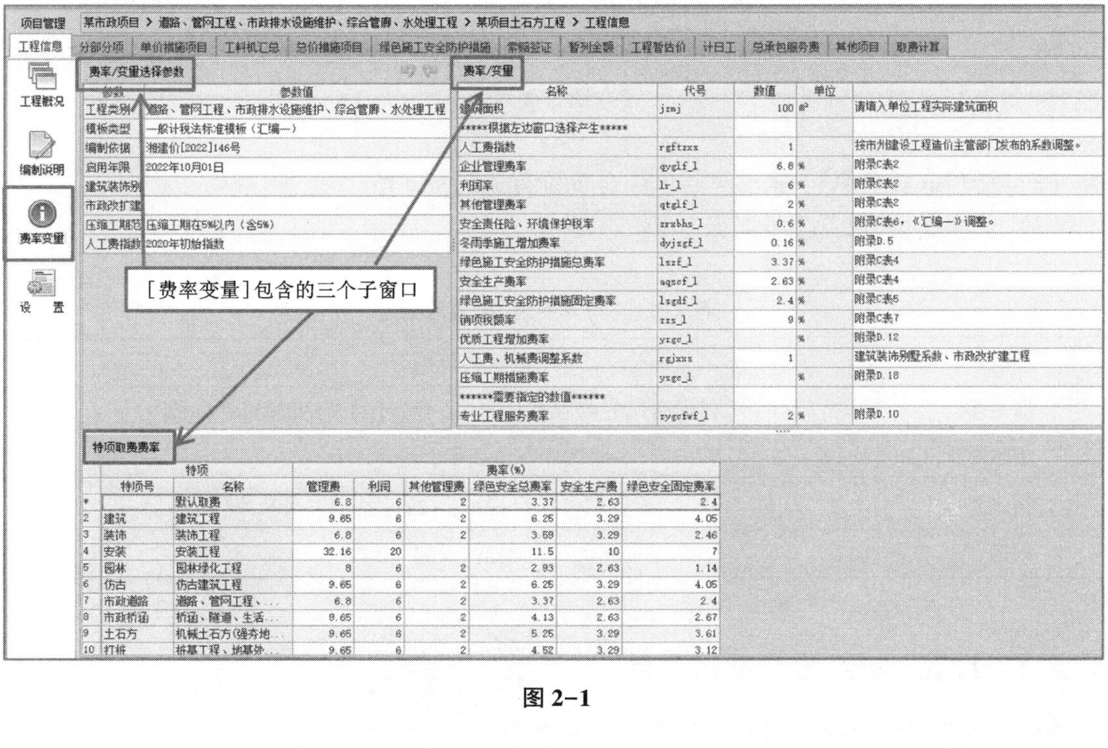

图 2-1

(1)[费率/变量选择参数]的设置，是工程套价的起始关键步骤，务必对费率/变量参数进行正确选择，应根据工程具体情况，选择相应工程参数(即[费率/变量选择参数])。在参数选择选项改变后，可自动按内置缺省参数更新独立费用费率窗口、特项取费费率窗口中的费率或变量值。

费率变量选择时，不同的参数组合将自动刷新一组唯一的取费程序费率值，如果需要修改费率的取值，则应重新新建费率文件，以免重新选择导致原来修改过的费率值被重复刷新。在费率取值时，除一部分是根据右侧的选项参数决定外，很多需要在本窗口中通过下拉列表选择不同的取值。如果没有下拉列表，则可根据实际情况直接输入。

(2)[费率/变量]：根据左侧选择自动按规范文件生成相关费率，费率值可以手动调整，由[根据左边窗口选择产生]和[需要指定的数值]两部分组成。注意不可竞争的费率调整需慎重。如图 2-2 所示。

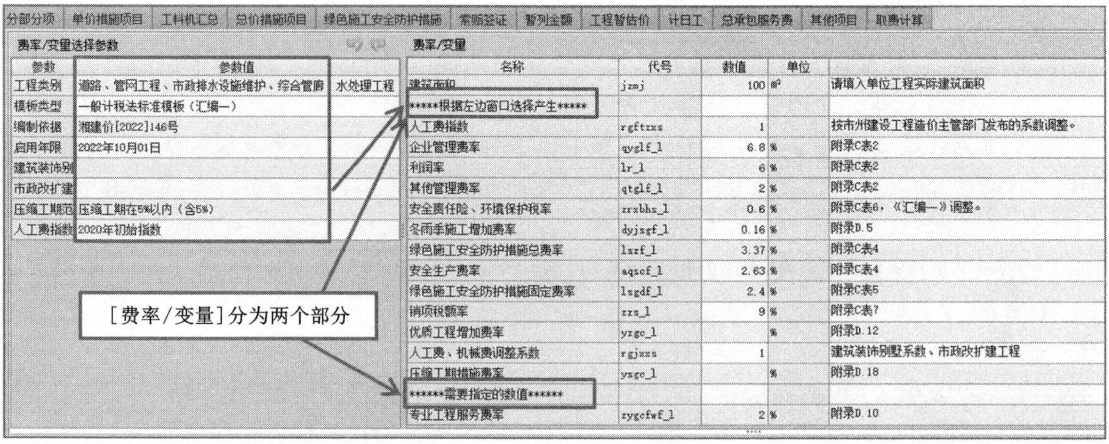

图 2-2

(3)[特项取费费率]：显示与清单综合单价有关的费率值。

(4)[费率变量]设置流程如表 2-1 所示。

表 2-1 [费率变量]设置流程

流程	具体内容
第一步	根据窗口的内容进行选填，设置[费率/变量选择参数]
第二步	根据软件窗口提示，设置[费率/变量]
第三步	根据软件窗口提示，设置[特项取费费率]
第四步	调整[设置]窗口

2.1 设置[费率/变量选择参数]

(1)工程类别的选择，如图 2-3 所示。

选定[工程类别]，以确定[费率/变量]窗口中各参数的取费值，其他选项亦是如此，如图 2-4 所示。

(2)选定[模板类型]与[编制依据]，确定[费率/变量]窗口中对应的各参数的取费值，如图 2-5 所示。

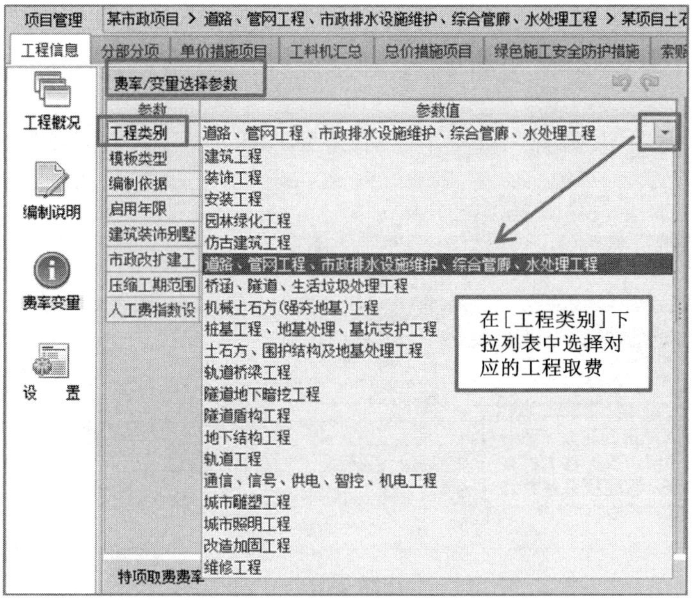
项目管理
某市政项目 > 道路、管网工程、市政排水设施维护、综合管廊、水处理工程 > 某项目土石
工程信息
分部分项
单价措施项目
工料机汇总
总价措施项目
绿色施工安全防护措施
工程概况
编制说明
费率变量
设　置
费率/变量选择参数
参数
参数值
工程类别
模板类型
编制依据
启用年限
建筑装饰别墅
市政改扩建工
压缩工期范围
人工费指数设
道路、管网工程、市政排水设施维护、综合管廊、水处理工程
建筑工程
装饰工程
安装工程
园林绿化工程
仿古建筑工程
道路、管网工程、市政排水设施维护、综合管廊、水处理工程
桥涵、隧道、生活垃圾处理工程
机械土石方(强夯地基)工程
桩基工程、地基处理、基坑支护工程
土石方、围护结构及地基处理工程
轨道桥梁工程
隧道地下暗挖工程
隧道盾构工程
地下结构工程
轨道工程
通信、信号、供电、智控、机电工程
城市雕塑工程
城市照明工程
改造加固工程
维修工程
特项取费费率
在[工程类别]下拉列表中选择对应的工程取费

图 2-3

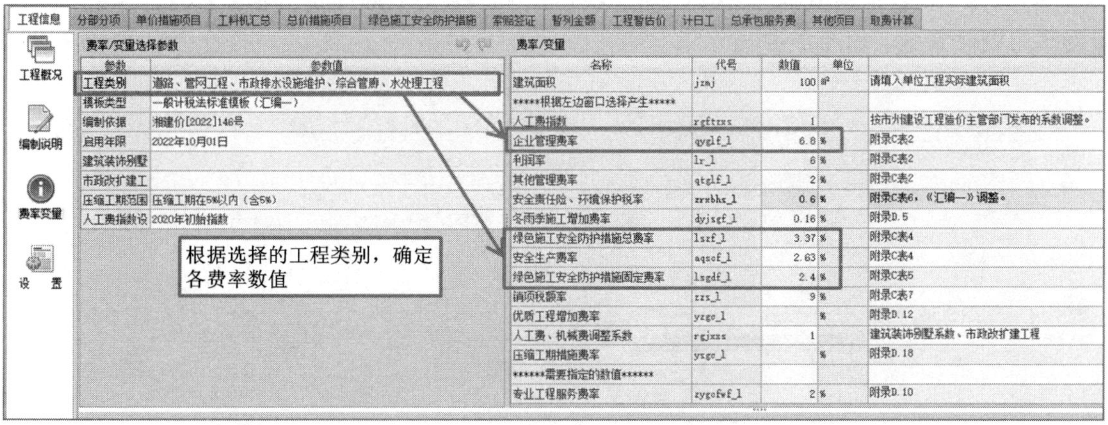
工程信息
分部分项
单价措施项目
工料机汇总
总价措施项目
绿色施工安全防护措施
索赔签证
暂列金额
工程暂估价
计日工
总承包服务费
其他项目
取费计算
工程概况
编制说明
费率变量
设　置
费率/变量选择参数
参数
参数值
工程类别　道路、管网工程、市政排水设施维护、综合管廊、水处理工程
模板类型　一般计税法标准模板（汇编一）
编制依据　湘建价[2022]146号
启用年限　2022年10月01日
建筑装饰别墅
市政改扩建工
压缩工期范围　压缩工期在5%以内（含5%）
人工费指数设　2020年初始指数
根据选择的工程类别，确定各费率数值
费率/变量
名称
代号
数值
单位
建筑面积　jzmj　100　㎡　请填入单位工程实际建筑面积
*****根据左边窗口选择产生*****
人工费指数　rgftzs　1　按市州建设工程造价主管部门发布的系数调整。
企业管理费率　qyglf_1　6.8　%　附录C表2
利润率　lr_1　6　%　附录C表2
其他管理费率　qtglf_1　2　%　附录C表2
安全责任险、环境保护税率　zrxbhs_1　0.6　%　附录C表6，《汇编一》调整。
冬雨季施工增加费率　dyjsgf_1　0.16　%　附录D.5
绿色施工安全防护措施总费率　lszf_1　3.37　%　附录C表4
安全生产费率　aqscf_1　2.63　%　附录C表4
绿色施工安全防护措施固定费率　lsgdf_1　2.4　%　附录C表5
销项税额率　zzs_1　9　%　附录C表7
优质工程增加费率　yzgc_1　%　附录D.12
人工费、机械费调整系数　rgjxxs　1　建筑装饰别墅系数、市政改扩建工程
压缩工期措施费率　ysgc_1　%　附录D.18
******需要指定的数值******
专业工程服务费率　zygcfwf_1　2　%　附录D.10

图 2-4

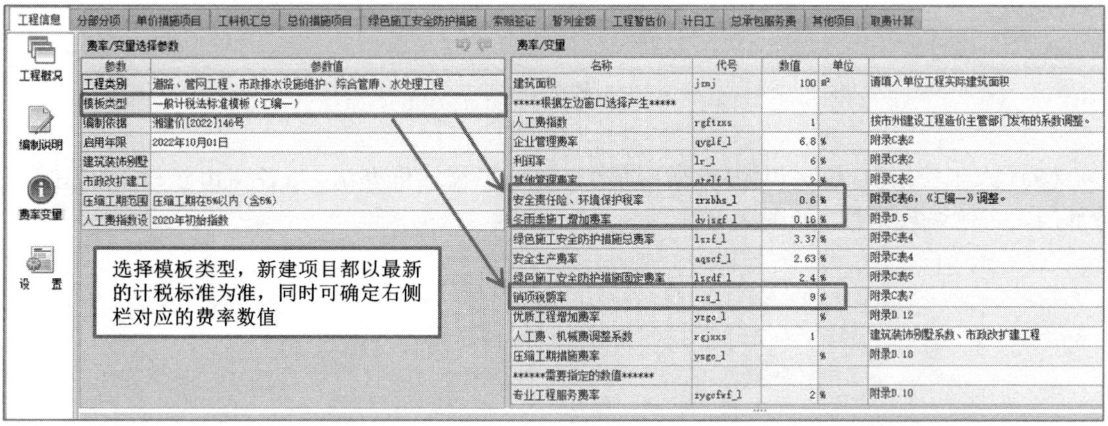
工程信息
分部分项
单价措施项目
工料机汇总
总价措施项目
绿色施工安全防护措施
索赔签证
暂列金额
工程暂估价
计日工
总承包服务费
其他项目
取费计算
工程概况
编制说明
费率变量
设　置
费率/变量选择参数
参数
参数值
工程类别　道路、管网工程、市政排水设施维护、综合管廊、水处理工程
模板类型　一般计税法标准模板（汇编一）
编制依据　湘建价[2022]146号
启用年限　2022年10月01日
建筑装饰别墅
市政改扩建工
压缩工期范围　压缩工期在5%以内（含5%）
人工费指数设　2020年初始指数
选择模板类型，新建项目都以最新的计税标准为准，同时可确定右侧栏对应的费率数值
费率/变量
名称
代号
数值
单位
建筑面积　jzmj　100　㎡　请填入单位工程实际建筑面积
*****根据左边窗口选择产生*****
人工费指数　rgftzs　1　按市州建设工程造价主管部门发布的系数调整。
企业管理费率　qyglf_1　6.8　%　附录C表2
利润率　lr_1　6　%　附录C表2
其他管理费率　qtglf_1　2　%　附录C表2
安全责任险、环境保护税率　zrxbhs_1　0.6　%　附录C表6，《汇编一》调整。
冬雨季施工增加费率　dyjsgf_1　0.16　%　附录D.5
绿色施工安全防护措施总费率　lszf_1　3.37　%　附录C表4
安全生产费率　aqscf_1　2.63　%　附录C表4
绿色施工安全防护措施固定费率　lsgdf_1　2.4　%　附录C表5
销项税额率　zzs_1　9　%　附录C表7
优质工程增加费率　yzgc_1　%　附录D.12
人工费、机械费调整系数　rgjxxs　1　建筑装饰别墅系数、市政改扩建工程
压缩工期措施费率　ysgc_1　%　附录D.18
******需要指定的数值******
专业工程服务费率　zygcfwf_1　2　%　附录D.10

图 2-5

(3)选定是否为[市政改扩建工程]，根据 2020 版《湖南省建设工程计价办法》确定人工费、机械费的调整系数，如图 2-6 所示。

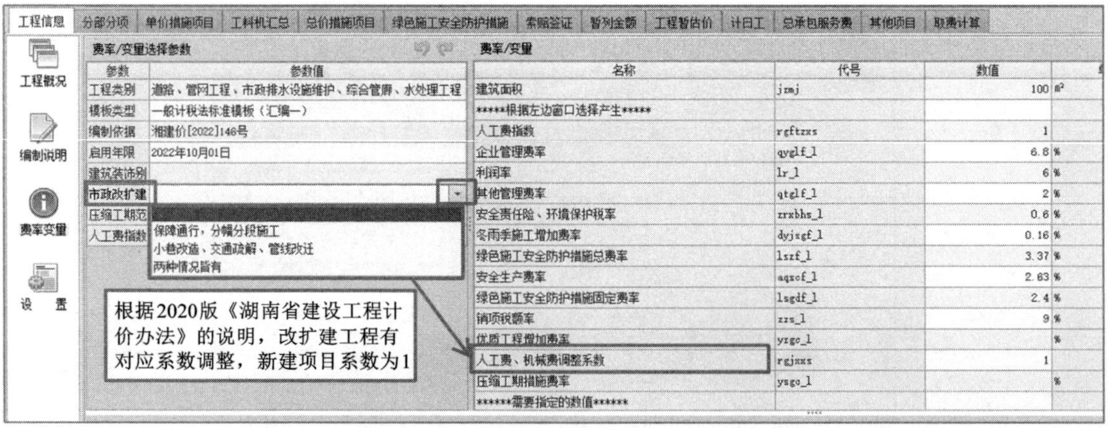

图 2-6

(4)选定[压缩工期范围]，根据 2020 版《湖南省建设工程计价办法》来确定压缩工期措施费率的调整系数，如图 2-7 所示。

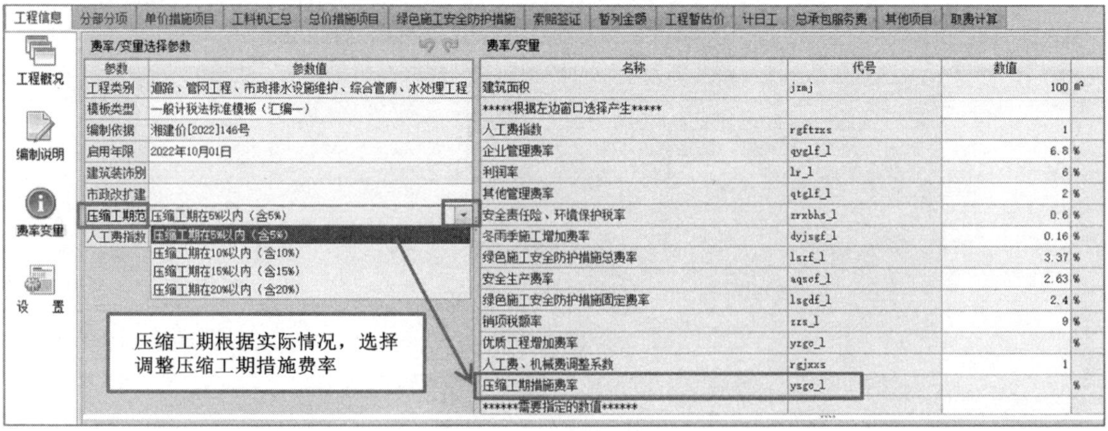

图 2-7

(5)[人工费指数设定]以 2020 版《湖南省建设工程计价办法》与各州市建设工程造价主管部门发布的系数调整，如图 2-8 所示。

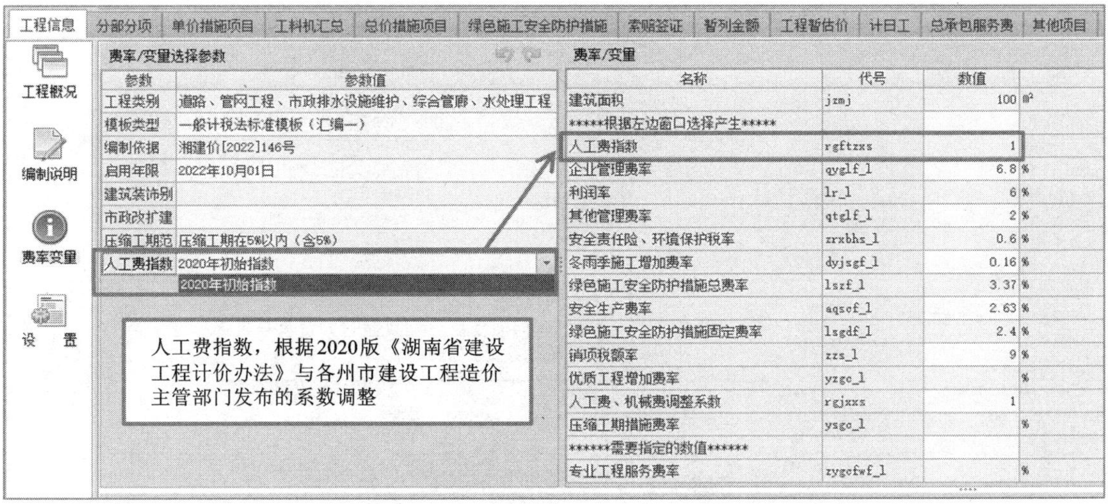

图 2-8

2.2　设置[费率/变量]

调整[费率/变量]时需要手动选择是否有计算的费率。其中[优质工程增加费率]根据实际工程要求和 2020 版《湖南省建设工程计价办法》的规定计算，如图 2-9 所示。

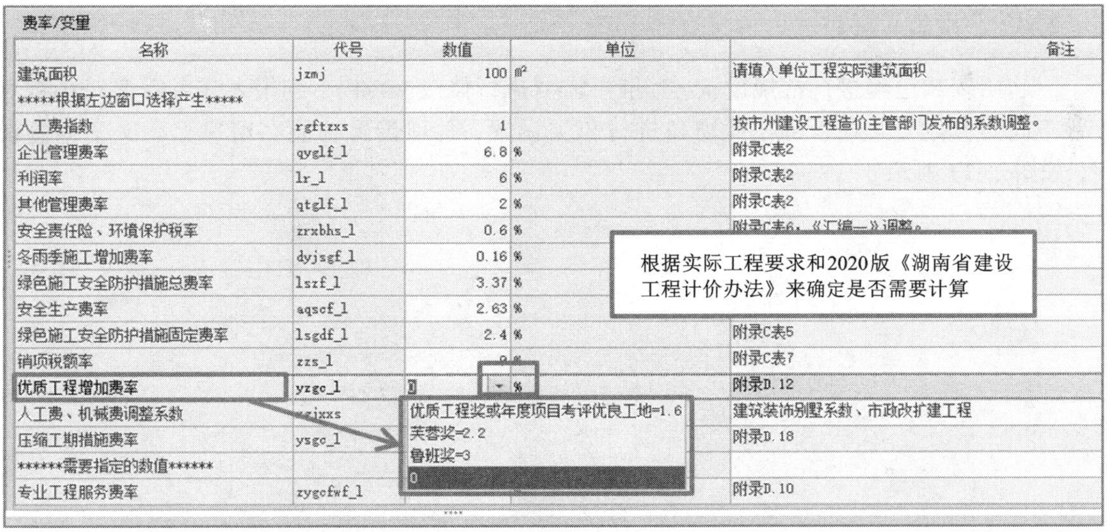

图 2-9

[发包人发包专业工程服务费]根据 2020 版《湖南省建设工程计价办法》的规定计算至[其他项目费]中，取费的费率在此设置，如图 2-10 所示。

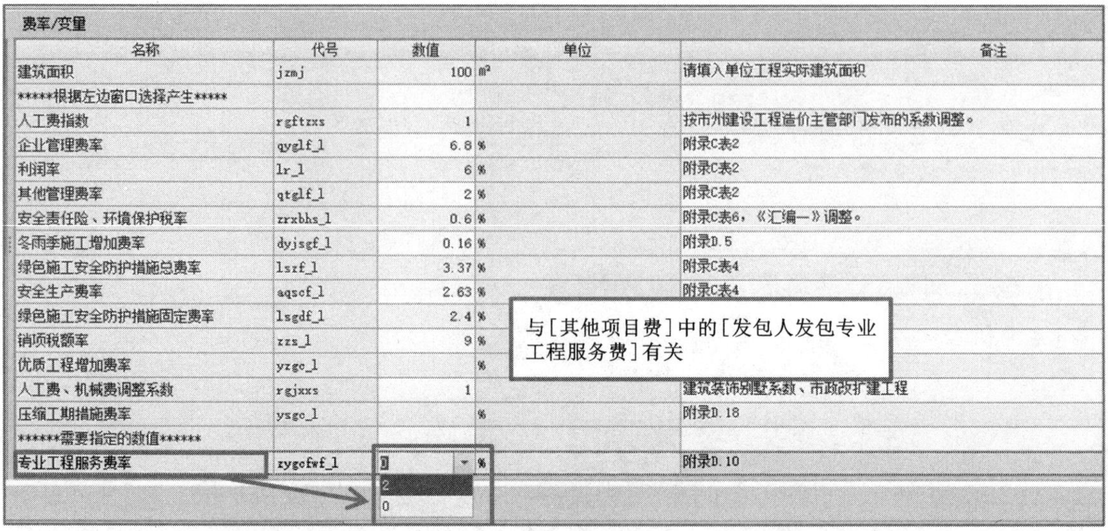

费率/变量

名称	代号	数值	单位	备注
建筑面积	jzmj	100	m²	请填入单位工程实际建筑面积
*****根据左边窗口选择产生*****				
人工费指数	rgftzxs	1		按市州建设工程造价主管部门发布的系数调整。
企业管理费率	qyglf_l	6.8	%	附录C表2
利润率	lr_l	6	%	附录C表2
其他管理费率	qtglf_l	2	%	附录C表2
安全责任险、环境保护税率	zrxbhs_l	0.6	%	附录C表6，《汇编一》调整。
冬雨季施工增加费率	dyjsgf_l	0.16	%	附录D.5
绿色施工安全防护措施总费率	lszf_l	3.37	%	附录C表4
安全生产费率	aqscf_l	2.63	%	附录C表4
绿色施工安全防护措施固定费率	lsgdf_l	2.4	%	
销项税额率	zzs_l	9	%	
优质工程增加费率	yzgc_l		%	
人工费、机械费调整系数	rgjxxs	1		建筑装饰别墅系数、市政改扩建工程
压缩工期措施费率	ysgc_l		%	附录D.18
******需要指定的数值******				
专业工程服务费率	zygcfwf_l	0	%	附录D.10

图 2-10

2.3 设置[特项取费费率]

根据 2020 版《湖南省建设工程计价办法》与各州市建设工程造价主管部门发布的系数调整的要求，核对[费率/变量]、[费率/变量选择参数]窗口中的数据是否正确合理。

2.4 [设置]窗口

[设置]窗口已经进行常规设置，一般不需要进行修改，当找不到报表或者需要对小数点设置不同的修约处理时，可在此窗口进行相关设置，各项设置功能在窗口上有文字标签说明，如图 2-11 所示。

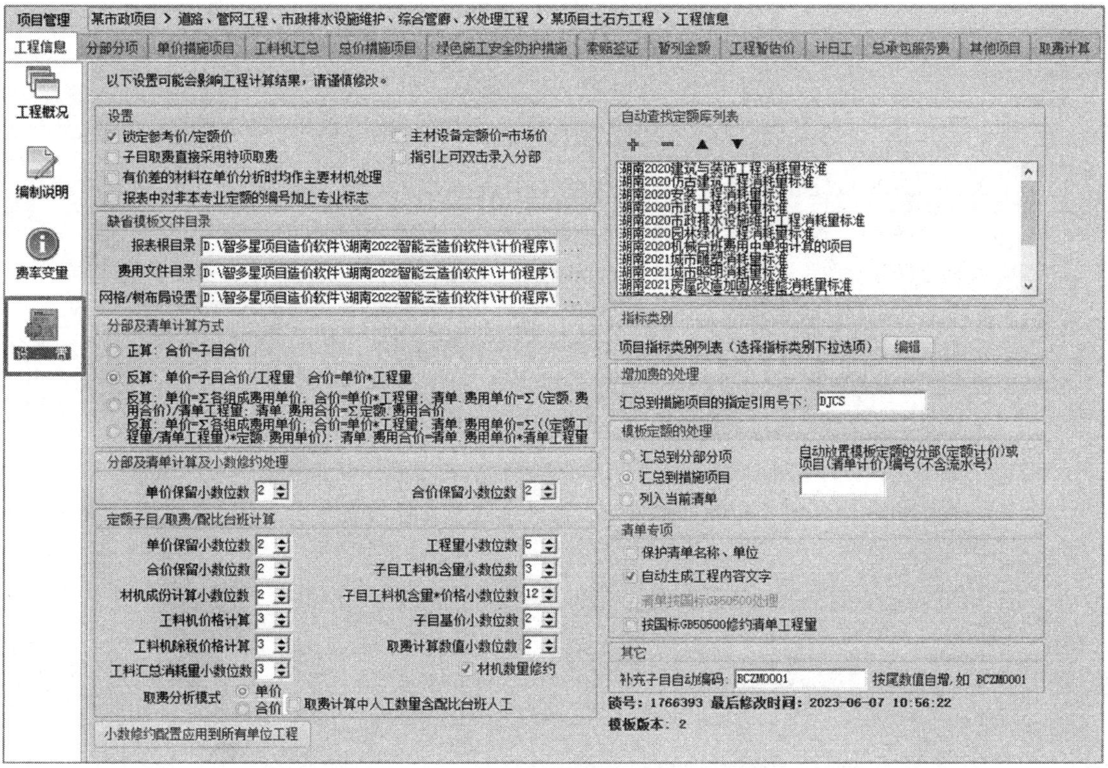

图 2-11

课堂实训

班级：　　　　　　　　　学号：　　　　　　　　　姓名：　　　　　　　　　日期：

<table>
<tr><td>实训目的</td><td>1. 熟练掌握市政造价软件[费率变量]设置的操作。
2. 熟知 2020 版《湖南省建设工程计价办法》的计价要求</td></tr>
<tr><td>实训任务</td><td>1. 将任务 1 的“课后实训”的计价文件数据导入至造价软件中。
2. 通过任务 2 的步骤讲解，接着上次课的内容，结合查阅 2020 版《湖南省建设工程计价办法》以及各州市建设工程造价主管部门发布的计价要求，将[费率变量]的各项参数设置正确。
3. 完成后，导出计价文件数据，在不改变项目名称的情况下，在项目名称后面加上自己的姓名命名，并保存至桌面。
4. 清单库及定额都选用最新的市政工程相关计算规则和消耗量标准</td></tr>
<tr><td>实训提示</td><td>先查阅任务 2 的编制步骤相关内容；结合 2020 版《湖南省建设工程计价办法》以及各州市建设工程造价主管部门发布的计价要求，正确合理地选择对应费率，完成以上实训项目，如图 2-12 所示。

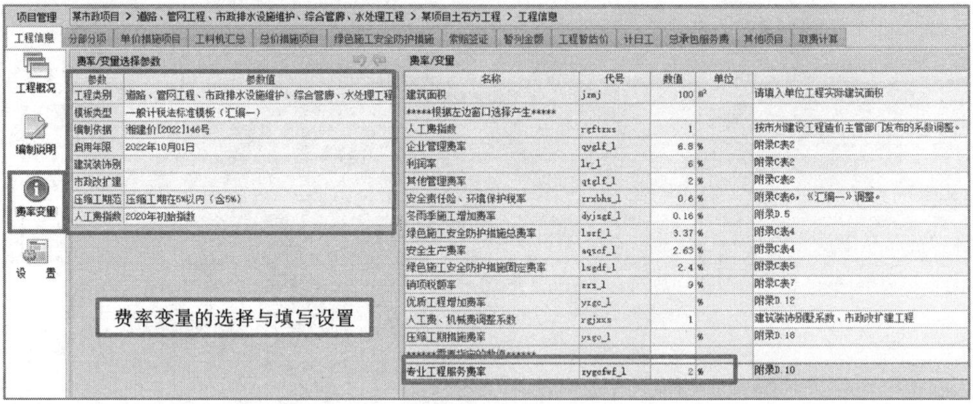

图 2-12</td></tr>
<tr><td>实训记录</td><td>具体在软件操作界面可见；也可在此记录操作步骤</td></tr>
<tr><td>实训评价</td><td>
<table>
<tr><td>评价</td><td>学习/工作态度</td><td>完成度</td><td>专业技能操作能力</td><td>遵纪守法</td><td>交流沟通能力</td><td>自主学习效果</td><td>专业思维拓展能力</td></tr>
<tr><td>优秀(A)</td><td></td><td></td><td></td><td></td><td></td><td></td><td></td></tr>
<tr><td>良好(B)</td><td></td><td></td><td></td><td></td><td></td><td></td><td></td></tr>
<tr><td>合格(C)</td><td></td><td></td><td></td><td></td><td></td><td></td><td></td></tr>
<tr><td>有待改进(D)</td><td></td><td></td><td></td><td></td><td></td><td></td><td></td></tr>
</table>

综合评价结果：________________</td></tr>
</table>

任务3　[分部分项]组价

【学习提要】

1. 将计价文件数据导入造价软件中，完成分部分项工程的编辑。
2. 重难点：正确合理地进行分部分项工程定额换算与补充定额的添加。

[分部分项]组价是单位工程编制的主要内容，也是核心内容，在本窗口完成工程清单编制、消耗量定额子目、工程量、子目材料价格等的输入与调整。分部分项是工程的主体费用。在此任务中主要是做分部分项工程计算，工程的大部分工作都将在这里完成。如图3-1所示。

图3-1

[分部分项]组价流程如表3-1所示。

表 3-1　[分部分项]组价流程

流程	具体内容
第一步	在分部分项工程量清单与定额组价编辑区，根据工程项目内容，设置[增加清单项目]
第二步	根据工程项目内容，设置[补充清单]
第三步	根据工程项目具体内容，设置清单项的[项目特征]
第四步	根据工程项目实际工程量或图纸尺寸，计算清单项的[工程量]
第五步	根据工程项目具体造价内容，选择定额，设置[增加子目]
第六步	根据定额消耗量标准的定额工程量计算规则，计算[定额工程量]
第七步	根据定额消耗量标准与计算规则以及工程项目实际情况，设置[定额换算]
第八步	根据工程项目具体内容，设置[补充定额]
第九步	根据工程项目具体内容，设置[包干价]

3.1　设置[增加清单项目]

根据项目设计要求与施工现场情况，录入工程量清单，工程量清单的录入包括清单编码、名称、项目特征、单位、工程量及工作内容等。根据国标清单规范要求，在工程量清单及计价时强调编码(9 位编码+3 位流水号)、名称、项目特征、计量单位、工程量(根据国标工程量计算规范计算填写)。其中项目特征、工程量为重要的输入内容，其影响造价结果。如图 3-2 所示。

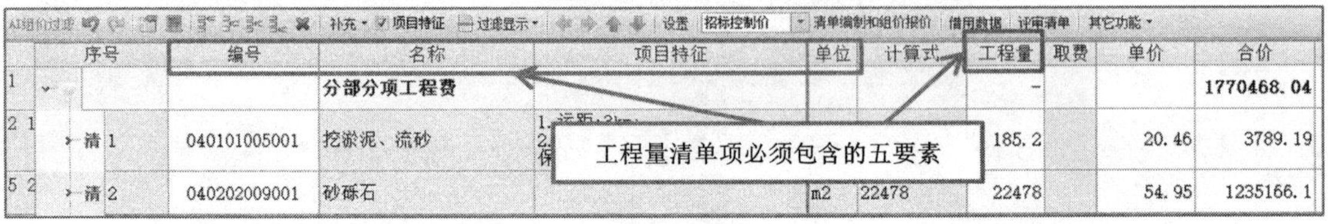

图 3-2

清单项的输入方法有直接输入法、查询输入法、补充清单法(见任务 3.2 内容)。其中直接输入法，除了可以采用完整输入法外，还可以采用跟随输入法。

(1)完整输入法。

①首先在[分部分项工程费]窗口添加多条空白清单列表，方法有 2 种：

a. 在窗口任意区域点击鼠标右键，然后选择[增加清单项目]即可添加。

b. 点击快捷键区域的[增加清单项目]图标，亦可快速增加多条清单列表。如图 3-3 所示。

②添加完成空白清单列表后，在[编号]单元格中，直接输入完整的清单编码，例如需完成表 3-2 的挖淤泥、流砂的清单项输入，输入 040101005001 后按回车键，即完成一条清单项的输入，如图 3-4 所示。

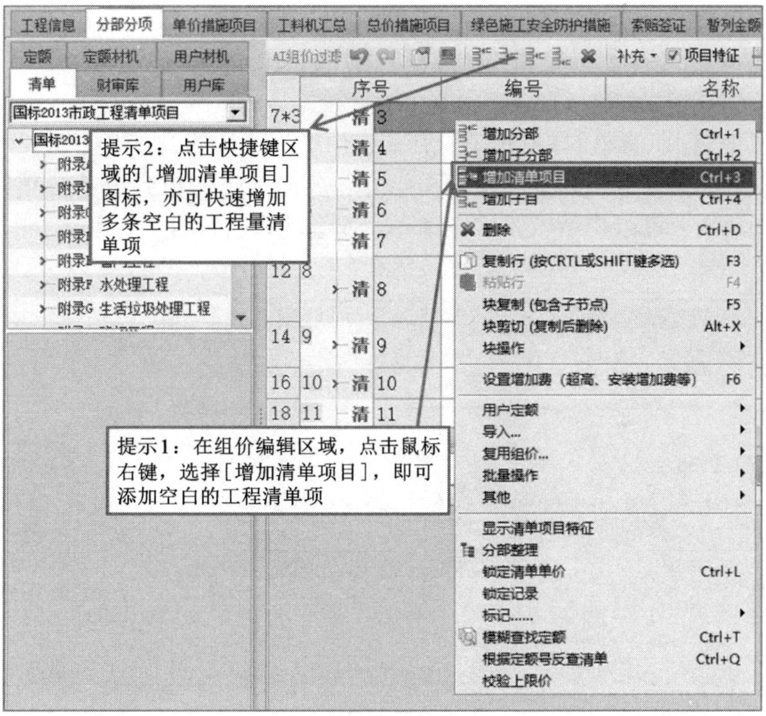

图 3-3

表 3-2　挖淤泥、流砂的清单项

序号	项目编码	项目名称	项目特征描述	计量单位	工程量
1	040101005001	挖淤泥、流砂	1. 运距：3 km； 2. 要求：长沙市采用新型智能环保专用运输车运输	m^3	

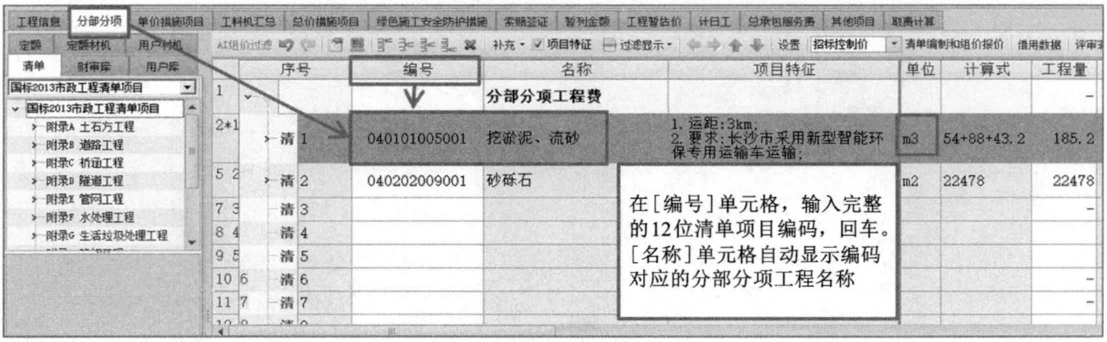

图 3-4

操作技巧：依据工程量计算规范，清单编码后三位为顺序码，因此，软件中输入清单编码时，输入前九位亦可。

(2)跟随输入法。

如果当前清单和上一条清单属于同一章节，可以直接输入最后几位清单编码，例如：在 040101001001 清单后直接输入 2，则软件自动输出 040101002001 清单。

(3)查询输入法。

软件左侧栏中点击[清单]导航标签，点击三角形下拉按钮，在下拉列表中选择所需专业的国标清单库，并根据章节展开到所需清单结点，双击选定清单到分部分项窗口，即可快速实现清单的自动录入；可以连续双击多条清单，连续输入，如图 3-5 所示。

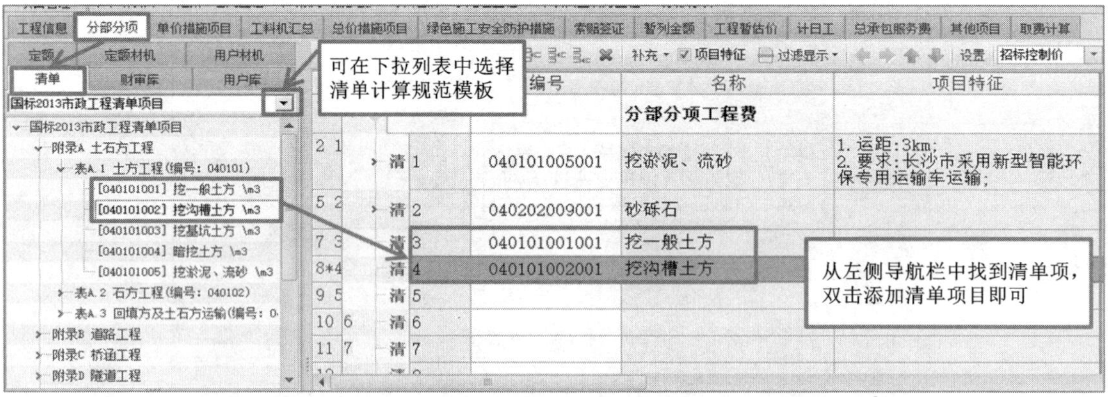

图 3-5

3.2　设置[补充清单]

增加空清单行后，以“*X*B001+流水号”形式输入(*X* 取当前专业代码 A、B、C、D、E)，再输入清单名称、单位、工程量及项目特征内容，如图 3-6 所示。

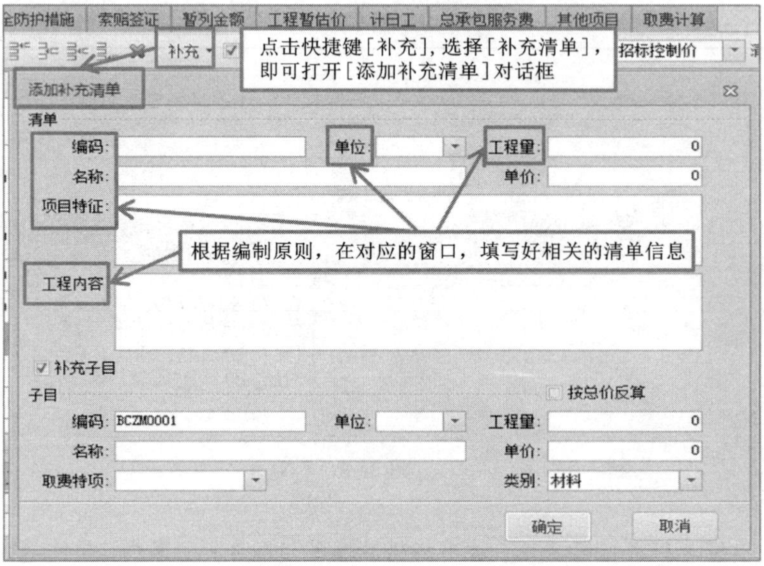

图 3-6

3.3 设置[项目特征]

[项目特征]的设置：选择对应的清单行，再点击界面下方的[项目特征]标签，根据项目要求，点选或输入项目特征值，如[挖淤泥、流砂]的项目特征：运距 3 km，要求长沙市采用新型智能环保专用运输车运输。在[项目特征选项]窗口的相关内容自动在特征值显示区出现。在右边的显示区也可以手动对其他项目特征进行编辑。在清单编辑区的清单名称行中，若要显示其项目特征，点击[加到名称]按钮则在清单名称行马上显示。点击[全部清单]按钮则表示所有清单行都显示项目特征，如图 3-7 所示。

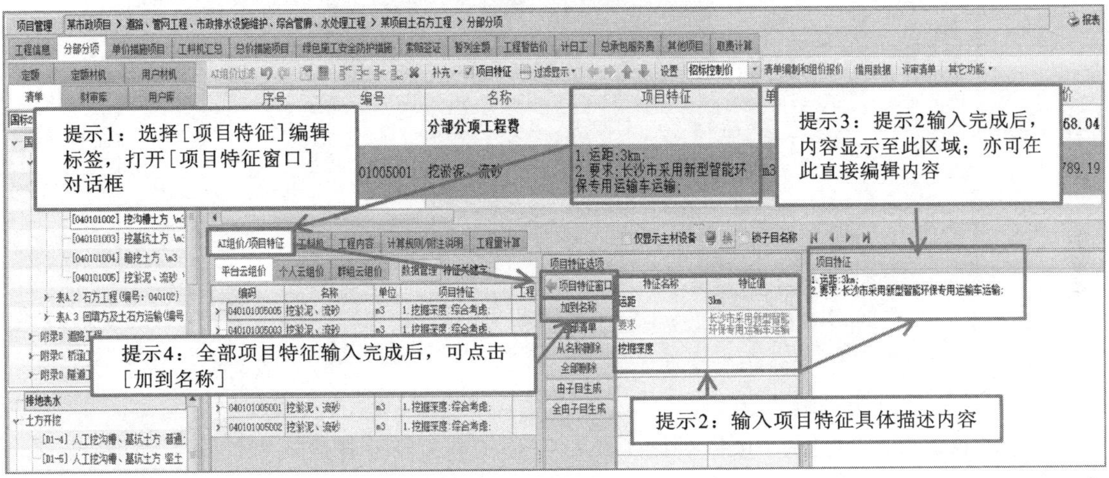

图 3-7

3.4 计算[工程量]

[工程量]的输入，可分为 3 种方法：直接输入法、计算式输入法、工程量计算明细输入法。

(1)直接输入法。

选择需要输入工程量的对应清单行，如果知道总量，不需要列式计算的，可直接在[工程量]单元格中输入对应的工程量。如：18000 m^3。

(2)计算式输入法。

①选择需要输入工程量的对应清单行，在[计算式]单元格中直接输入计算式即可。如：90×2×0.3。

②点击[计算式]单元格的下拉按钮，利用软件中提供的常用面积、体积、周长等公式，通过输入参数，把计算结果作为工程量输入。

③首先选择要输入工程量的清单项，点击工具栏中的[计算器]命令，弹出[图形和表格公式计算]窗口，左侧栏选择公式类别，例如面积公式；参数图中选择需要的参数图，输入参数[数值]；点击[结果]按钮，则计算式会自动填到下面计算公式表达式预览框中，点击[提取]按钮，则结果会输入到当前清单项，如图 3-8 所示。

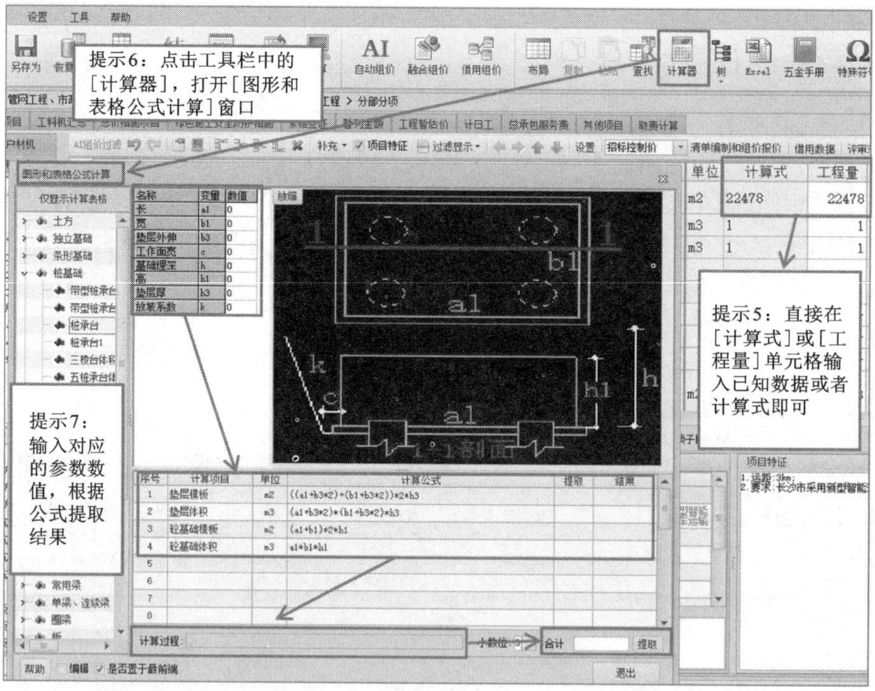

图 3-8

(3)工程量计算明细输入法。

如果计算过程较为复杂，可以利用工程量计算，输入多个表达式来计算工程量。选择清单项，点击[工程量计算]标签，则下面属性窗口中显示工程量计算过程；在属性窗口中点击鼠标右键，选择[插入行]或者[添加行]，会增加一条工程量明细；输入内容说明、计算式，软件会自动计算出结果，并把结果输入清单工程量中；可以添加或插入多行工程量明细进行累加。如[挖淤泥、流砂]的清单工程量，分三处合计：第一处，长 90 m、宽 2 m、厚 0.3 m；第二处，长 100 m、宽 2.2 m、厚 0.4 m；第三处，长 80 m、宽 1.8 m、厚 0.3 m。如图 3-9 所示。

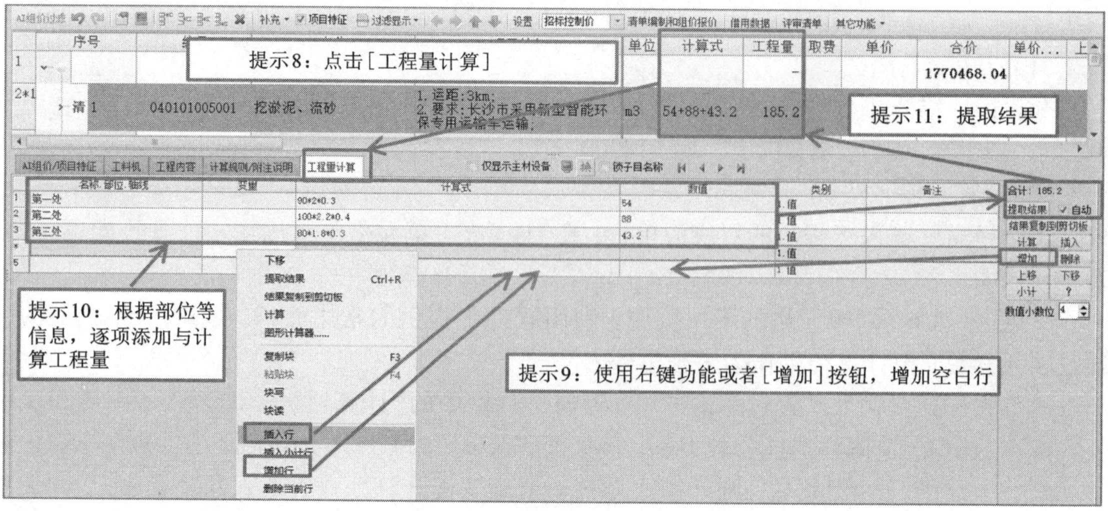

图 3-9

注意事项：如果在输入工程量明细前，清单项已经用其他方法输入了工程量，则软件会提示“当前项目已经存在工程量表达式，请确认是否替换为工程量明细”。

3.5 设置[增加子目]

定额子目的选择必须根据项目特征描述进行，子目的录入方法与清单录入方法基本相同，支持双击、编码录入。

界面左边的清单中做了定额联想的，可以选择清单后，直接从清单定额指引中选择录入，若清单下没有联想的定额子目，可以切换标签栏至[定额]选择定额库名称，展开到特定章节，实现定额子目的录入。

选中要添加定额的清单项，右击选择[增加子目]，或者点击快捷键[子目增加]可快速增加多项定额子目空白行，如图 3-10 所示。

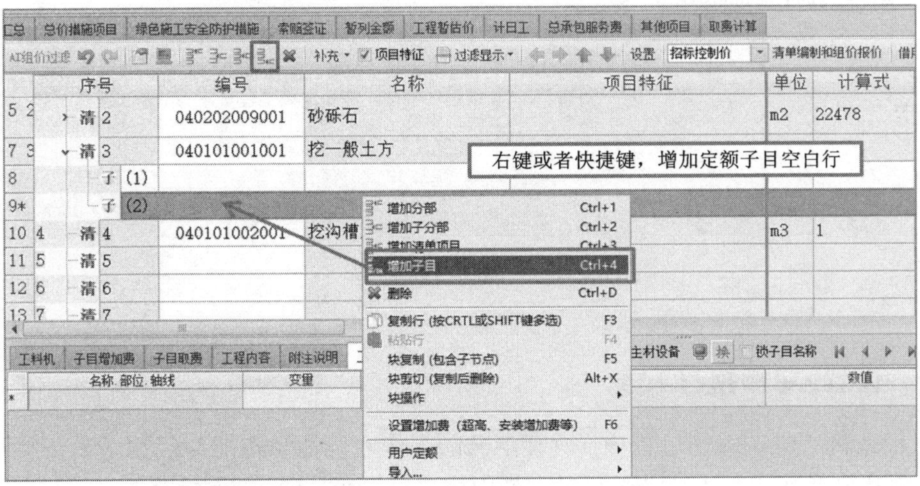

图 3-10

定额子目输入方法有直接输入法、跟随输入法、查询输入法、补充子目输入法(见本任务 3.7 的内容讲解)、人材机当子目输入法、借用定额子目法。

(1)直接输入法，即直接输入定额号。同清单项输入方法。

(2)跟随输入法。如果要输入的子目和前一条子目属于同一章，那么，直接输入序号，无须输入章号，软件会自动增加章号。例如，上一条子目如果是 D3-1，那么在下面的编号里直接输入 2，则定额号自动为 D3-2。同清单项输入方法。

(3)查询输入法。可以通过查询定额的方法，输入定额子目。同清单项输入方法。

点击功能区的[查询窗口]命令，弹出[查询窗口]对话框；双击[定额子目]即可输入，可以连续双击，同时输入多条定额子目。同清单项输入方法。

3.6 计算[定额工程量]

一般情况下采取手动输入，也可以利用下部[工程量计算]提取输入的工程量。软件默认定额工程量用 Q 表示与清单工程量相同，用 X 表示与上排工程量相同。在这个界面中注意工程量与计算式的区别，定额工程量=计算式计算结果/定额单位。

当定额工程量与清单工程量有不同的情况下，点击下部窗口中的[工程量计算]，在计算表达式栏中编辑工程量计算式，点击[计算]按钮得到定额工程量结果，同时选择右边的[自动提取]输入。注意：当没有勾选这个选项时，更改一次计算式就要再点选一次，软件不会自动提取。同清单项输入方法。如图 3-11 所示。

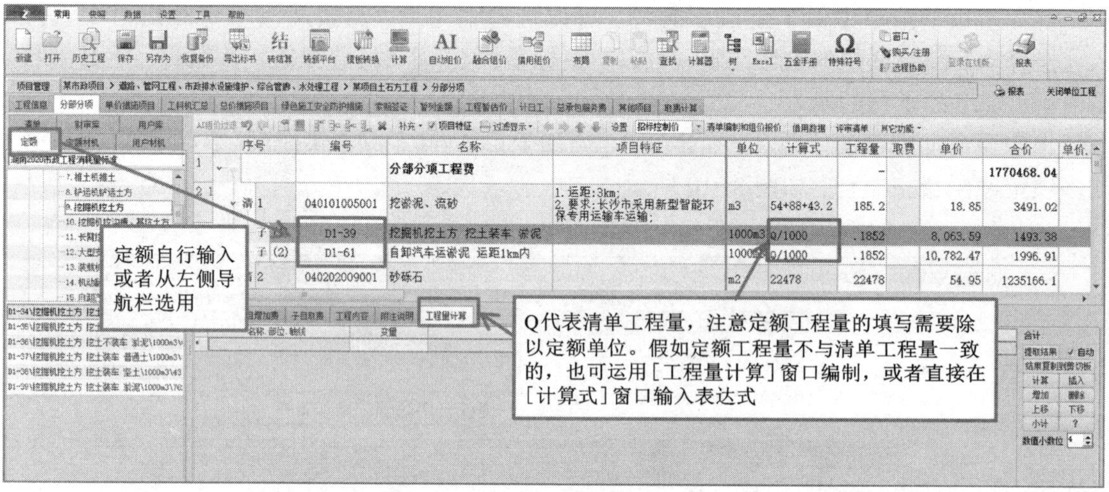

图 3-11

3.7 设置[定额换算]

在工程造价文件的编制过程中，所套定额的工作内容通常不能与定额子目的标准内容完全吻合，为达到实际工程需要，必须对定额内容进行调整，即[定额换算]。

[定额换算]处理：在进行定额子目录入时，经常遇到一些换算的项目，比如人材机的系数换算、定额增减换算、配合比的换算、机械台班的换算，均可在系统智能提示下完成；如果需要对定额进行工料机的补充、替换、删除、含量非标准换算等，可以在[工料机]窗口中，使用鼠标右键快捷菜单命令完成所需的换算处理。定额换算类型如表 3-3 所示。

表 3-3 定额换算类型归类

序号	换算类型	换算智能提示	说明
(1)	系数增减换算	①手工系数换算； ②定额指定系数换算	比如开挖土方等不同施工环境的变化引起的换算；或者定额有规定的系数换算
(2)	强度等级换算	①在换算窗口操作； ②在工料机窗口操作	混凝土强度等级；砂浆强度等级
(3)	人材机换算	增加、替换、删除	
(4)	定额增减换算	在换算窗口直接操作	各种厚度、运输距离等定额项目的换算使用定额增减换算

续表3-3

序号	换算类型	换算智能提示	说明
(5)	含量换算	在工料机窗口操作	含量换算就是对组成的定额人材机含量进行增减的一种换算方法

(1)系数增减换算。

根据施工条件不同，当定额基价、人工、材料、机械等类别需要调整时，对工料机进行系数增减换算处理。

①方法一，手工系数换算：在套定额窗口中，首先套一个定额，在此定额编号后面输入“＊系数值”，此时在定额子目的编号后面会自动加上一个“换”字。如表3-4中，透层的沥青喷油量为0.8 kg/m^2，而定额中的喷油量为1 kg/m^2，这就要对材料系数进行换算。具体如图3-12所示。

表3-4　乳化沥青透层清单组价表

序号	项目编码	项目名称	项目特征描述	计量单位	工程量
1	040203003001	透层、黏层、透层	1. 材料品种：乳化沥青； 2. 位置：城镇道路两侧接顺处； 3. 喷油量：0.8 kg/m^2	m^2	1648
1.1	D2-86＊0.8换	喷洒沥青油料　透层　乳化沥青　油量(1.0 kg/m^2)~材料×0.8		100 m^2	16.48

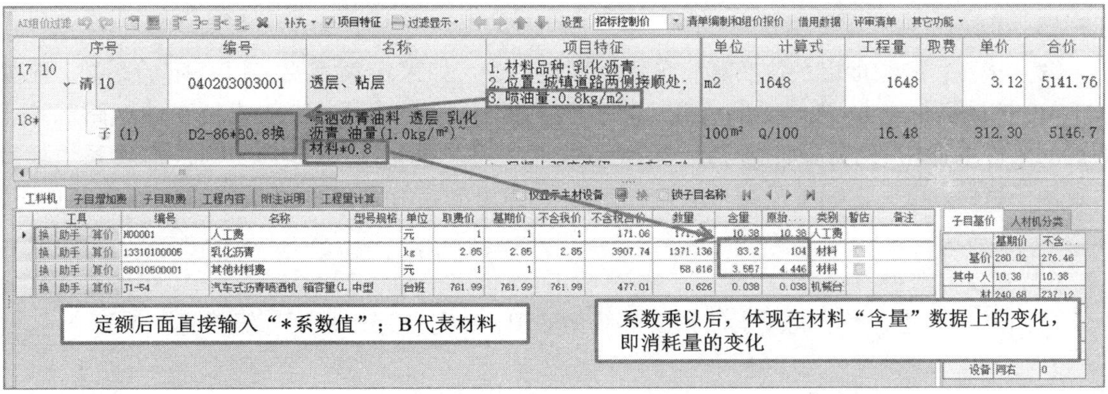

图3-12

②方法二，换算窗系数换算：在套定额窗口中，选中当前需要系数换算的定额子目，点击此定额子目编号后的[换]，在弹出的换算窗口中调整人材机的系数；或者点击工具栏[换]中的亦可打开换算窗口。此时，选中当前系数调整后的定额子目，在套定额窗口下方的工料

机窗口中点击[换]命令，在弹出的换算窗口中点击[换算过程]，即可查看调整的定额系数。如图 3-13 所示。

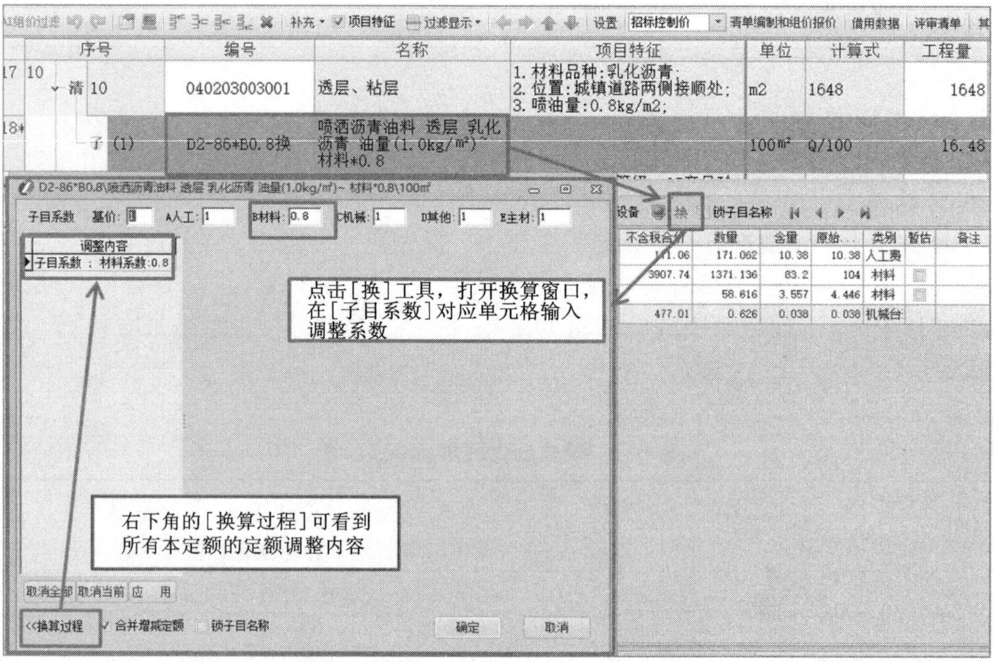

图 3-13

注意：系数的换算也可以直接在换算对话框[子目系数]中输入相应的系数实现换算。如果是在[基价]框中输入一个系数，则表示对所有的“人材机、其他”都现时乘系数进行换算，如果只在其中的某项中输入系数，则表示只对其中工料机中的某项进行换算。这些系数换算可以叠加进行。

③方法三，定额指定系数换算：在套定额窗口中，如果定额需要乘以一定的系数，比如“D1-39 挖掘机挖土方 挖土装车 淤泥”的定额说明中要求，如施工时“机械在铺钢路基箱或钢板的条件下操作”则需要将“人工、机械乘以 1.2 的系数”，则可以选中当前需要系数换算的定额子目，点击此定额子目编号后的[换]，在弹出的换算窗口中直接勾选换算内容即可。如图 3-14 所示。

(2)强度等级换算。

例如表 3-5 中，要求混凝土的强度等级为 C30，故需要进行强度等级换算。

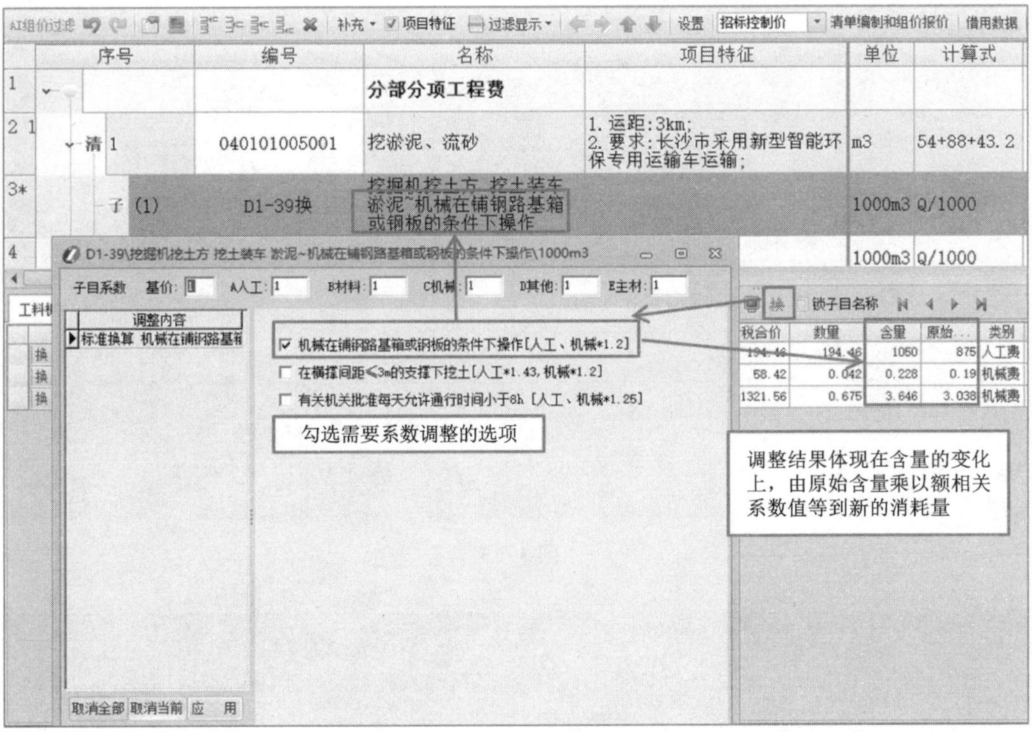

图 3-14

表 3-5 混凝土桥头搭板清单组价表

序号	项目编码	项目名称	项目特征描述	计量单位	工程量
1	040303020001	混凝土桥头搭板	1. 混凝土强度等级：C25 商品混凝土； 2. 要求：顺接	m^3	682.90
1.1	D3-38 换	现浇混凝土 桥头搭板～换：商品混凝土(砾石) C25		10 m^3	68.29

①方法一：在套定额窗口中，选中当前需要进行换算的定额子目，点击此定额子目编号后的[换]，或者点击编辑栏中的[换]，在弹出的换算窗口中，点击[选择]，双击选择需要调整成的混凝土强度等级，如图 3-15 所示。

②方法二：在[工料机]窗口中，选中当前需要进行换算的材料，点击[换]，在弹出的[定额材机]换算窗口中双击选择需要调整成的混凝土强度等级，如图 3-16 所示。

注意：标准换算可以处理的换算内容有定额书中的章节说明、附注信息，混凝土、砂浆标号换算，运距、板厚换算。在实际工作中，大部分换算都可以通过标准换算来完成。

(3) 人材机换算。

人材机换算有三种形式：增加、删除、替换。

①增加人材机：在套定额窗口中将光标指向需换算的定额，再在屏幕下部的[工料机]窗

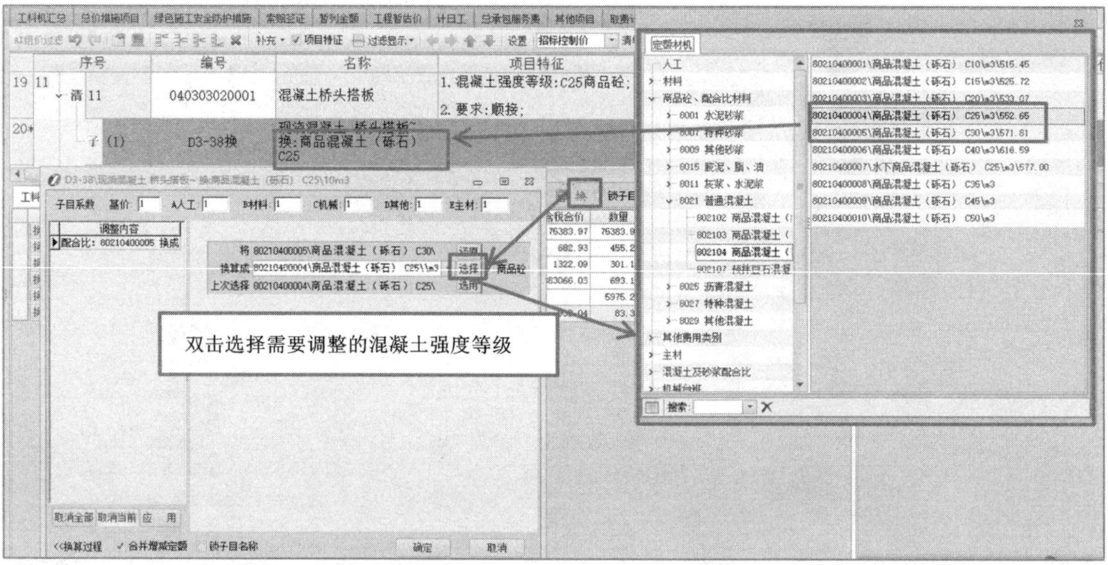

图 3-15

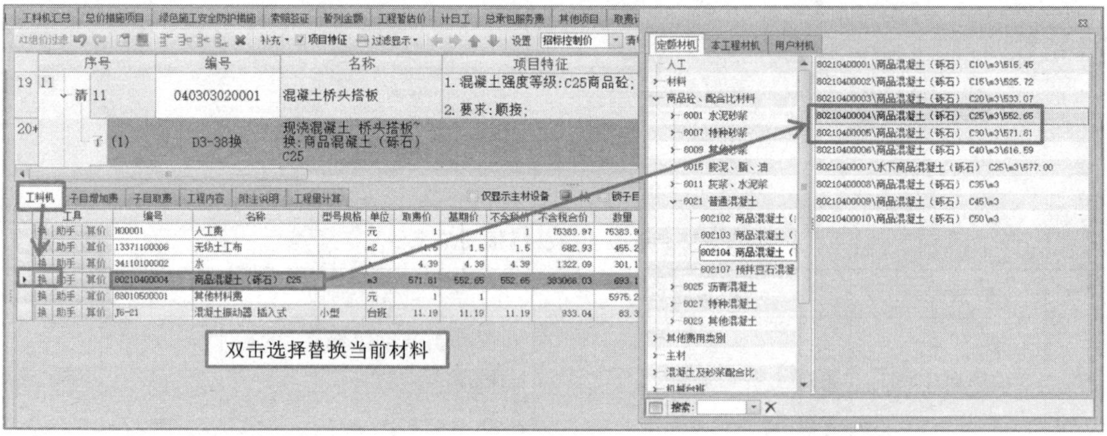

图 3-16

口中将光标停在空项目的一行，单击鼠标右键，在快捷菜单中点击[补充输入]命令，在弹出的[补充材料]窗口中点击[打开材机指引]按钮，查找需要增加的人材机。

例如表 3-6 中，要求增加材料：碎石，含量 20 m^3/100 m^2，不含税单价 78 元/m^3，如图 3-17~图 3-19 所示。

表 3-6　砂砾石底基层清单组价表

序号	项目编码	项目名称	项目特征描述	计量单位	工程量
1	040202009001	砂砾石	增加材料：碎石，含量 20 m^3/100 m^2，不含税单价 208 元/m^3	m^2	22478
1.1	D2-58 换	砂砾石底层（天然级配）厚度 20 cm	—	100 m^2	224.78

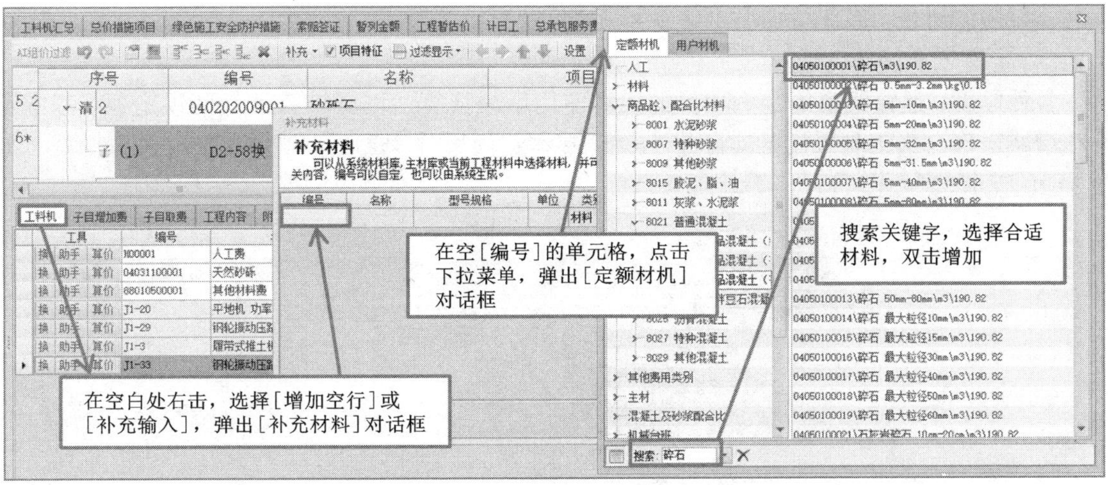

图 3-17

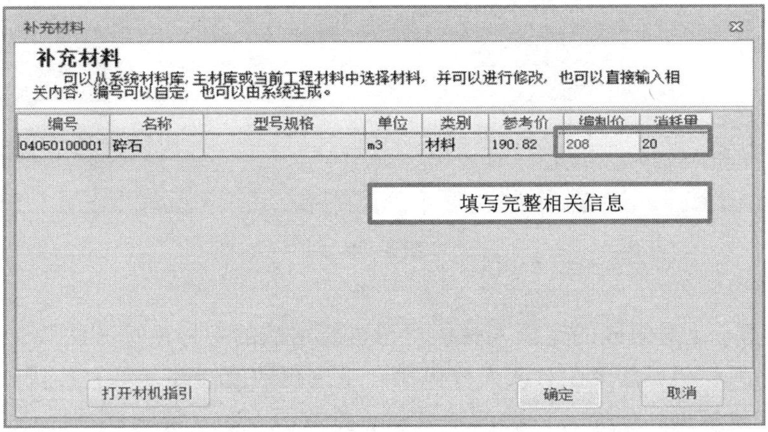

图 3-18

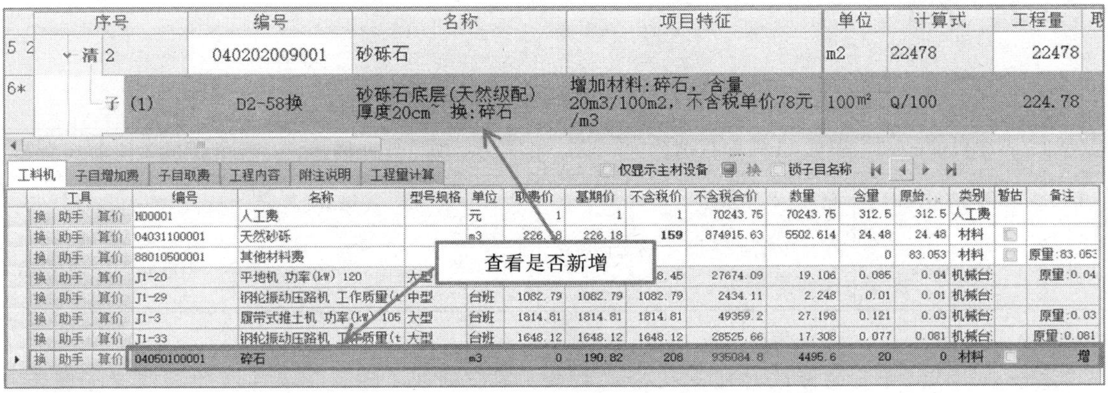

图 3-19

②删除人材机：直接选中需要删除的材料，右键菜单中选择[删除当前行]。

③替换人材机：操作与强度等级换算相同。

(4)定额增减换算

各种厚度、运输距离等定额项目的换算使用增减换算。增减换算涉及两项定额：基本定额和增减定额。当工程采用的实际量不等于基本定额量时，要通过“增减定额”进行增减。如图 3-20 所示。

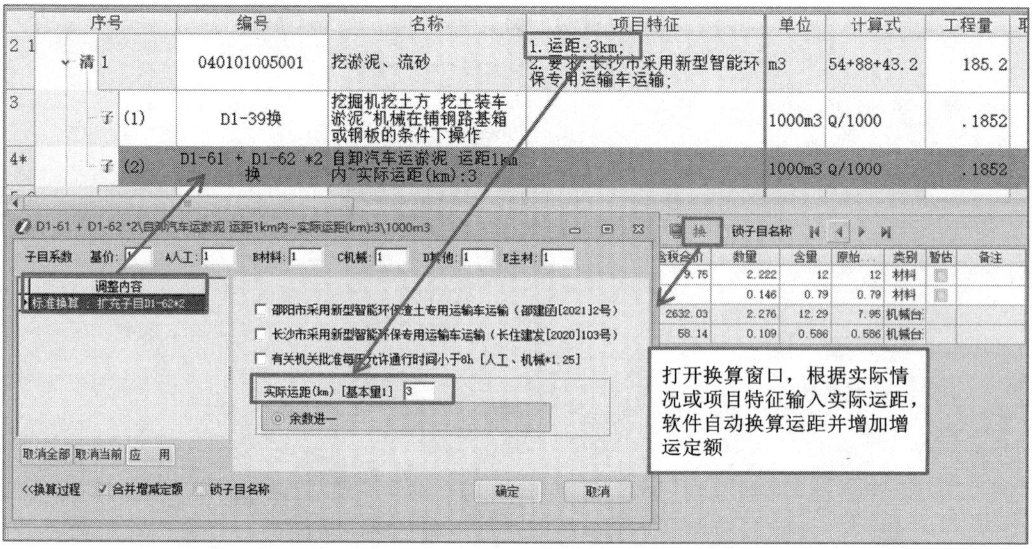

图 3-20

(5)含量换算：是对组成的定额人材机含量进行增减的一种换算方法。

选中当前的人材机，直接在对该人材机的含量进行数值修改。可直接找到“含量”列，直接输入相应的含量数据，系统会自动调整含量，若数值变色，说明此项已进行了含量调整。修改完成后，系统会自动在备注里面显示该人材机的原含量。当其含量不调整时，数字显示为原色。该值不会因为定额调整状态的改变而改变，除非再次进行手工修改。如根据表 3-7 调整含量，如图 3-21 所示。

表 3-7　路床(槽)整形清单组价表

序号	项目编码	项目名称	项目特征描述	计量单位	工程量
1	040202001001	路床(槽)整形	1. 含量：人工含量 50	m^2	1648
1.1	D2-6 换	路床(槽)整形　车行道路床整形碾压		100 m^2	16.48

注意：人材机含量的修改只能直接输入数值，不能输入表达式，换算操作只能在子目节点操作。

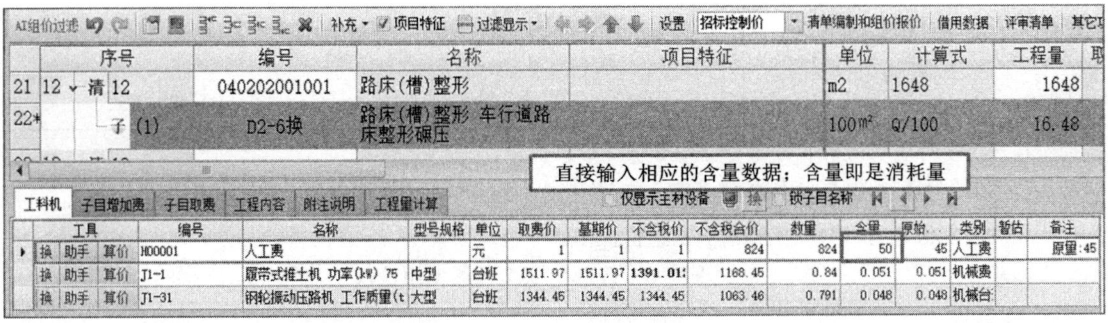

图 3-21

调整结果：综合反映了各项定额调整后的含量数值，软件根据此列的值进行造价计算。以上所有调整内容都可以在换算信息里看到，调整有误的可以用右侧[删除]按钮删除，重新在换算窗口内进行换算。

课堂实训

班级：　　　　　　学号：　　　　　　姓名：　　　　　　日期：

实训目的	1. 熟练掌握市政造价软件菜单命令和快捷键的操作。 2. 掌握[分部分项]的操作步骤方法
实训任务①	完成表 3-8 的分部分项工程清单的组价操作。

表 3-8　分部分项工程清单组价表①

序号	项目编码	项目名称	项目特征描述	计量单位	工程量
1	040101005001	挖淤泥、流砂	1. 运距：3 km； 2. 要求：长沙市采用新型智能环保专用运输车运输	m^3	14882. 34
1. 1	D1-39	挖掘机挖土方 挖土装车　淤泥		1000 m^3	14. 88234
1. 2	D1-61+ D1-62 * 2 换	自卸汽车运淤泥　运距 1 km 内～3～长沙市采用新型智能环保专用运输车运输		1000 m^3	14. 88234
2	040101001001	挖一般土方	1. 土壤类别：Ⅲ类坚土； 2. 要求：长沙市采用新型智能环保专用运输车运输	m^3	14910. 95
2. 1	D1-2	人工挖一般土方　坚土		100 m^3	44. 7328
2. 2	D1-38	挖掘机挖土方 挖土装车　坚土		1000 m^3	10. 43767
2. 3	D1-59 换	自卸汽车运土方　运距 1 km 内～长沙市采用新型智能环保专用运输车运输		1000 m^3	14. 91095
3	040205006001	标线		m^2	433. 36
3. 1	D2-259	普通标线　标线　热熔涂料　普通型		100 m^2	4. 3336

续上表

	表 3-8 分部分项工程清单组价表②					
	序号	项目编码	项目名称	项目特征描述	计量单位	工程量
实训任务②	4	041001003001	拆除基层	1. 厚度：挖除水稳基层 20 cm； 2. 机械、运输：机械挖除，自卸汽车运输，运距 1 km； 3. 长沙市采用新型智能环保专用运输车运输	m^2	1080.00
	4.1	D10-13+ D10-14 换	拆除道路基层 有骨料多合土 机械拆除 厚 15 cm 内~20		$100\ m^2$	10.80
	4.2	D1-111	挖掘机挖石碴 平地装车		$100\ m^3$	2.16
	4.3	D1-116 换	自卸汽车运石碴 运距 1 km 以内~长沙市采用新型智能环保专用运输车运输		$100\ m^3$	2.16
	5	040203008001	块料面层 台阶	1. 要求：拼花铺装； 2. 块料品种、规格：透水砖 240×115×60	m^2	56.40
	5.1	D2-141 换	铺砌式面层 花岗岩料石 厚度 50~90 mm 每块面积 0.36 m^2 以内~拼花铺装~ 换：透水砖		$100\ m^2$	0.564
	6	040202015001	水泥稳定碎（砾）石基层	1. 厚度：30 cm； 2. 水泥含量：5%	m^2	1080.00
	6.1	D2-42+ D2-43 * 10 换	水泥稳定料基层 水泥稳定碎石 厚度 20 cm ~30		$100\ m^2$	10.80
	6.2	D2-56	多合料基层养生 洒水养护		$100\ m^2$	10.80
	7	040202011001	碎石	40 cm 级配碎石 基层	m^2	1080.00
	7.1	D2-46+ D2-47 * 20 换	级配碎石基层 机械拌和 厚度 20 cm~40		$100\ m^2$	10.80

续上表

实训任务③

表 3-8　分部分项工程清单组价表③

序号	项目编码	项目名称	项目特征描述	计量单位	工程量
8	040203003001	透层、黏层　透层	1. 材料品种：乳化沥青； 2. 位置：城镇道路两侧接顺处； 3. 喷油量：0.8 kg/m^2	m^2	1648.00
8.1	D2-86＊B0.8 换	喷洒沥青油料　透层　乳化沥青　油量(1.0 kg/m^2)~材料×0.8		100 m^2	16.48
9	040303020001	混凝土桥头搭板	1. 混凝土强度等级：C25 商品混凝土； 2. 要求：顺接	m^3	682.90
9.1	D3-38 换	现浇混凝土　桥头搭板~　换：商品混凝土(砾石) C25		10 m^3	68.29
10	040202001001	路床(槽)整形	含量：人工含量 50	m^2	1648.00
10.1	D2-6 换	路床(槽)整形　车行道路床整形碾压		100 m^2	16.48

实训提示

先查阅[分部分项]设置的相关内容，完成以上实训项目，可观看以下操作视频

定额的添加以及定额工程量的填写　　定额调整换算　　清单项目的添加

实训记录

实训评价

评价	学习/工作态度	完成度	专业技能操作能力	遵纪守法	交流沟通能力	自主学习效果	专业思维拓展能力
优秀(A)							
良好(B)							
合格(C)							
有待改进(D)							

综合评价结果：________________

3.8　设置[补充定额]

补充定额指2020版《湖南省市政工程消耗量标准》定额内没有工程项目查找的适配定额，并需要我们根据新施工工艺流程编制的一项补充定额。

补充定额的组成：子目号，定额名称，定额单位，分部分项工程的施工过程中人材机消耗种类、单价及消耗量等来确定组成。现有的定额系统里已经包罗了湖南省市政工程的大量人材机消耗种类、单价，因此可以调用现有的，消耗量则根据实际情况来确定。例如表3-9信号灯工程清单组价计算。

表3-9　信号灯工程清单组价表

序号	项目名称	单位	数量
清单编号自查	信号灯　满屏信号灯 1.类型：满屏信号灯； 2.灯架材质、规格：400型	套	10
D2-280	交通信号灯具安装　机动车灯	套	10
D3-43换	现浇混凝土　立柱、端柱，灯柱~换[商品混凝土(砾石) C30]	m^3	12.048
补充定额	立杆制作(取费：市政道路) (消耗内容：①立杆制作：除税预算单价4000元/套；含量1；类别：材料；②人工费：含量3.35)	套	10
补充定额	立杆安装(取费：市政道路)， 所消耗的材料及含量如图3-22所示	套	10
协商包干价	预埋钢筋(综合单价：5元/kg)　含量：1	kg	135.6

图3-22

新建清单：[040205014001　信号灯　满屏信号灯　套　10]。

[立杆制作]的补充定额添加，方法有两种。

①方法一：点击工具栏中的[补充]，选择[补充子目]，在弹出的[添加补充定额]窗口输入需要添加的补充定额基本信息。然后再进入[工料机]窗口，空白处右击，选择[增加空行]，增加该补充子目所消耗的人材机以及相应的含量标准。例如[立杆制作]子目的补充输入方法，如图3-23、图3-24所示。

②方法二：补充定额的添加，在选择定额的窗口中新增子目，用右键菜单增加一空子目

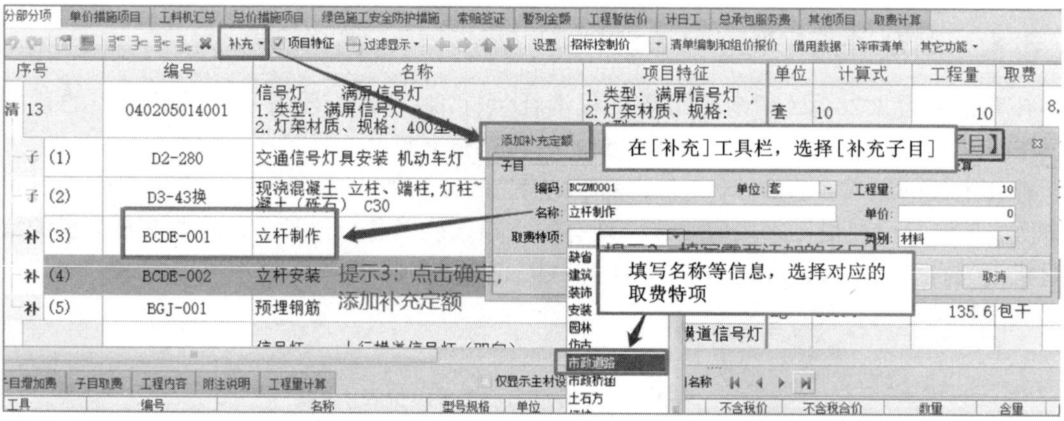

图 3-23

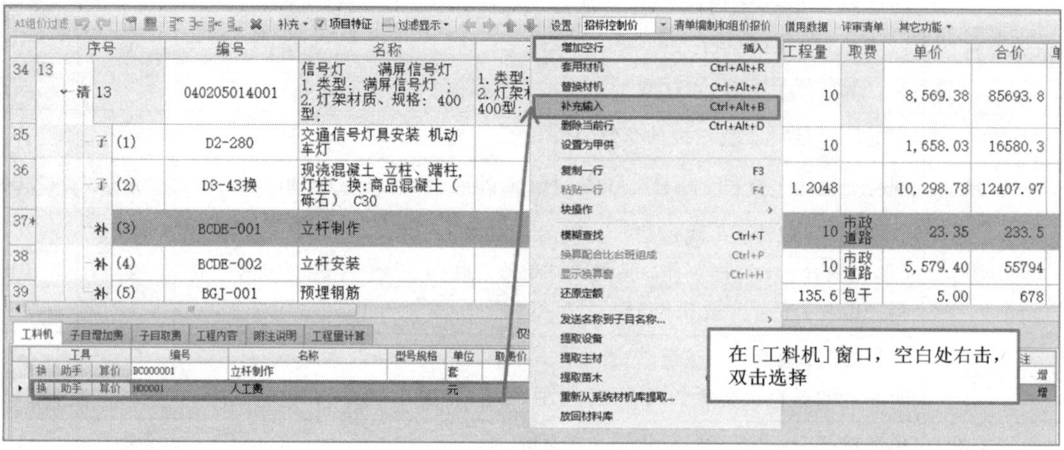

图 3-24

行，依次输入补充子目编码、名称、单位、工程量。然后进入[工料机]窗口，空白处右击，选择[增加空行]，增加该补充子目所消耗的人材机以及相应的含量标准，其他单元格信息按照项目要求填写完成，注意[类别]选择，其影响造价。如图 3-25、图 3-26 所示。

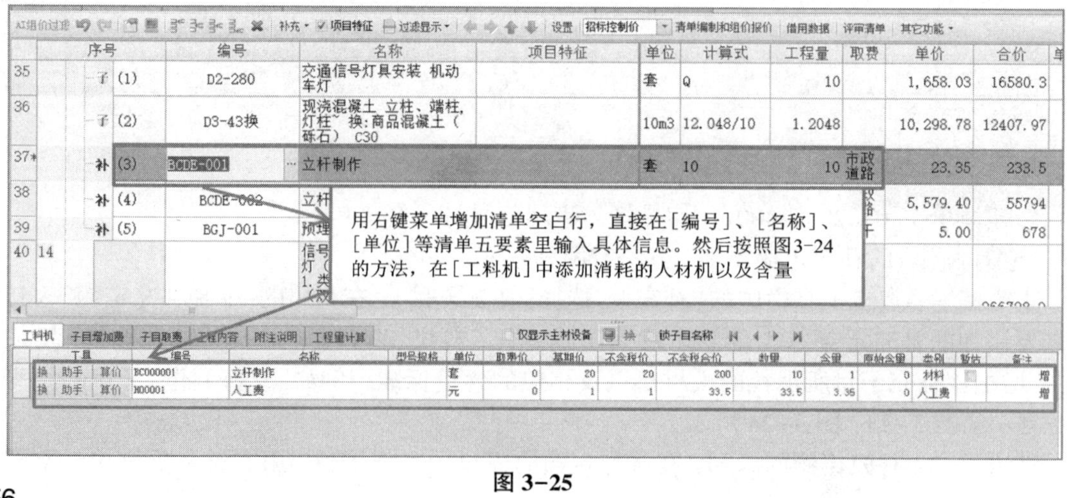

图 3-25

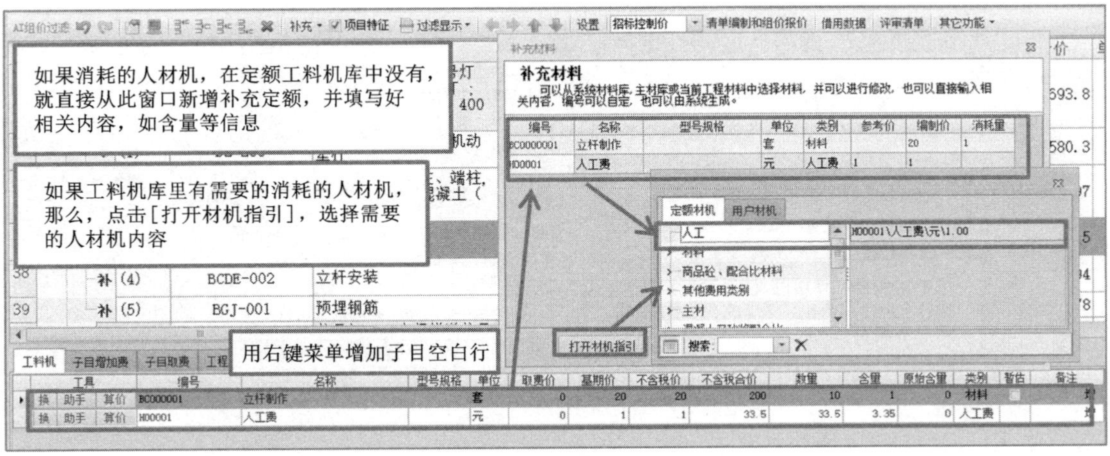

图 3-26

[立杆安装]的补充定额添加按照以上方法完成，如图 3-27 所示。

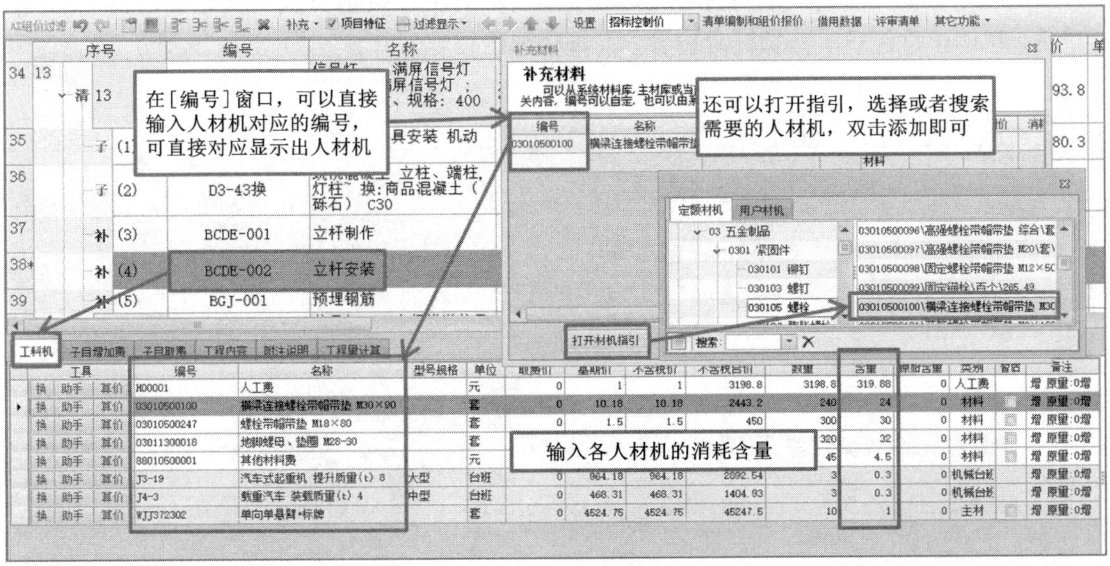

图 3-27

补充子目编辑完毕后，如果需要多次使用或者留存以后使用，可选中该补充子目，鼠标右击，选择[用户定额]菜单下的[放回用户定额表]功能，将当前补充子目进行保存。其他清单项目需要运用此项补充子目时，可以再次进行调用，而不用重新编辑。当然，鼠标右键的[块复制]命令亦可实现快速编辑补充子目的要求。如图 3-28 所示。

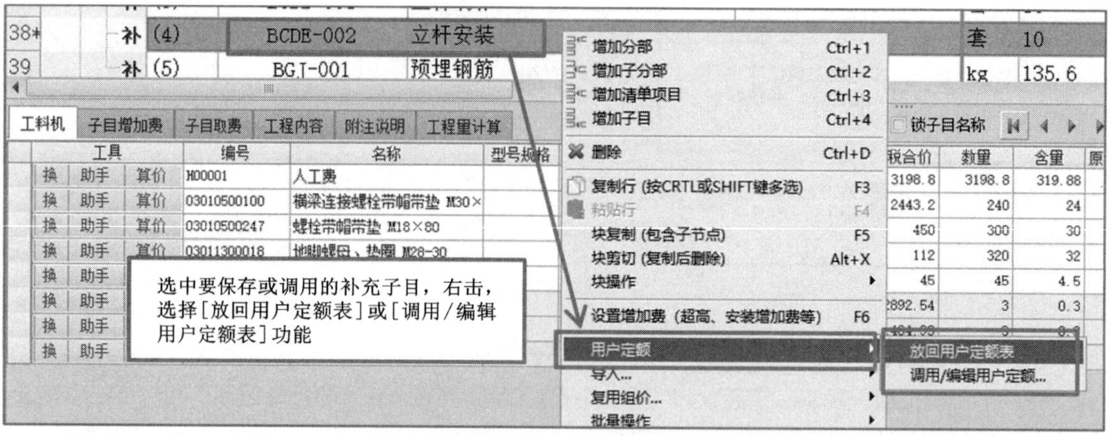

图 3-28

3.9 设置[包干价]

协商包干费需单独计算，因为有特殊性，其表示需不计费项目。也就是直接输入此项综合单价，默认单价包含了一切综合内容，不再单独进行取费计算。如图 3-29 所示。

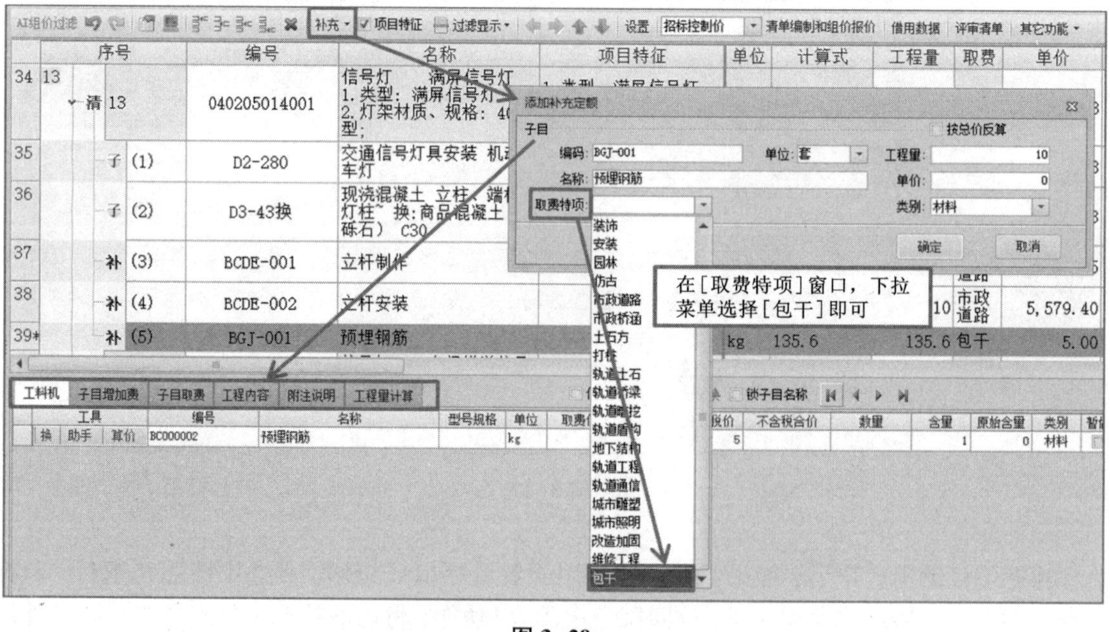

图 3-29

课堂实训

班级：　　　　　　学号：　　　　　　姓名：　　　　　　日期：

实训目的

1. 熟练掌握市政造价软件菜单命令和快捷键的操作。
2. 掌握[补充子目]功能的操作步骤方法

实训任务①

完成以下分部分项工程清单的组价操作(表 3-10)。

表 3-10　分部分项工程清单组价表①

序号	项目编码	项目名称	项目特征描述	计量单位	工程量
11	040203001001	沥青表面处治	1. 沥青品种：改性沥青； 2. 位置：1 cm 改性沥青应力吸收层；城镇道路两侧接顺处； 3. 层数：双层	m^2	1648.00
11.1	D2-79 换	沥青表面处治　机械喷油、撒料　双层式~　换：改性沥青		100 m^2	16.48
12	040203006001	沥青混凝土面层	1. 沥青混凝土种类：改性细粒式沥青混凝土(AC-13)商品混凝土； 2. 厚度：4 cm； 3. 运距：5 km	m^2	1648.00
12.1	D2-106+D2-107 * 2 换	细粒式沥青混凝土路面　机械摊铺　厚度(cm)　3~4~　换：其他材料费~　换：改性细粒式沥青混凝土 AC-13(商品混凝土)		100 m^2	16.48
12.2	D2-116	沥青混合料场外运输　自卸汽车　运距 5 km 内		100 m^3	自行计算
13	040205014002	信号灯	1. 类型：人行横道信号灯(双向)； 2. 基础、垫层：材料品种、厚度：C30 商品混凝土基础； 3. 灯架材质、规格：立杆 ϕ89×3000×4.5	套	28.00
13.1	D3-43 换	现浇混凝土　立柱、端柱，灯柱~　换：商品混凝土(砾石) C30		10 m^3	1.2048
13.2	D2-279	人行灯灯杆		套	28.00
13.3	D2-281	交通信号灯具安装　人行灯		套	28.00

续上表

	表 3-10　分部分项工程清单组价表②					
	序号	项目编码	项目名称	项目特征描述	计量单位	工程量
实训任务②	14	040205004002	标志板　减速让行+人行横道标志牌	1. 钢管立柱：ϕ89×4.5×3720； 2. 标志板：铝板、钻石级反光膜	块	3.00
		D2-224	标志杆、门架钢结构制作　制作　直埋单柱杆		t	0.10512
		D2-233	标志牌制作　方形		m^2	1.71
		D2-234 换	标志牌贴膜~　换：钻石级反光膜		m^2	1.71
		D2-235	反光膜文字、图案制作		m^2	1.71
		补充定额	标志杆、标牌整体安装单柱式	所消耗的材料及含量如图 3-30 所示	套	3.00
		D3-3 换	现浇混凝土　混凝土基础~　换：商品混凝土（砾石）　C25		10 m^3	0.1512
		D9-1 换	非预应力钢筋制作安装　现浇　圆钢(直径 mm)　ϕ10 以内~　换：圆钢 ϕ8		t	0.009
		D9-4 换	非预应力钢筋制作安装　现浇　带肋钢筋(直径 mm)　ϕ10 以外~　换：螺纹钢筋 HRB400 ϕ12		t	0.0162
		D9-10	铁件制作安装　预埋铁件		t	0.0597
	15	040201021001	土工合成材料	材料：自黏式玻纤格栅(不含税单价为 8 元/m^2)	m^2	560
	15.1	D2-25 换	土工格栅~　换：自黏式玻纤格栅		100 m^2	5.60
	16	041001001001	拆除路面		m^2	1080
	16.1	D10-7	拆除混凝土路面层　机械拆除　厚 15 cm 内		100 m^2	10.80

续上表

实训任务②

图 3-30

实训任务③

表 3-10　分部分项工程清单组价表③

序号	项目编码	项目名称	项目特征描述	计量单位	工程量
17	040205004001	标志板	1. 类型：道口标志牌 1.2×1.2； 2. 板面反光膜等级：超强反光膜； 3. 基础：C30 商品混凝土	块	11.00
17.1	D2-225	标志杆、门架钢结构制作　制作　法兰底座单柱杆		t	1.07
17.2	D2-233	标志牌制作　方形		m^2	15.84
17.3	D2-234 换	标志牌贴膜~　换：超强反光膜		m^2	31.68
17.4	D2-235	反光膜文字、图案制作		m^2	0.101
17.5	D2-239	标志杆、标牌整体安装　单柱式　杆高 3500 mm 以内		套	11.00
17.6	D1-4	人工挖沟槽、基坑土方　普通土　深度在 2 m 以内		100 m^3	0.15
17.7	D1-9	人工运土　运距 20 m 以内		100 m^3	0.15
17.8	D3-43 换	现浇混凝土　立柱、端柱，灯柱~　换：商品混凝土(砾石)　C30		10 m^3	1.48

续上表

实训提示	先查阅“补充定额”设置的相关内容，完成以上实训项目，可观看以下操作视频 补充定额与包干价的添加
实训记录	
实训评价	（见下表） 综合评价结果：________________

评价	学习/工作态度	完成度	专业技能操作能力	遵纪守法	交流沟通能力	自主学习效果	专业思维拓展能力
优秀(A)							
良好(B)							
合格(C)							
有待改进(D)							

综合评价结果：________________

3.10　快捷键操作工具按钮

常用快捷键操作工具按钮如图 3-31 所示。

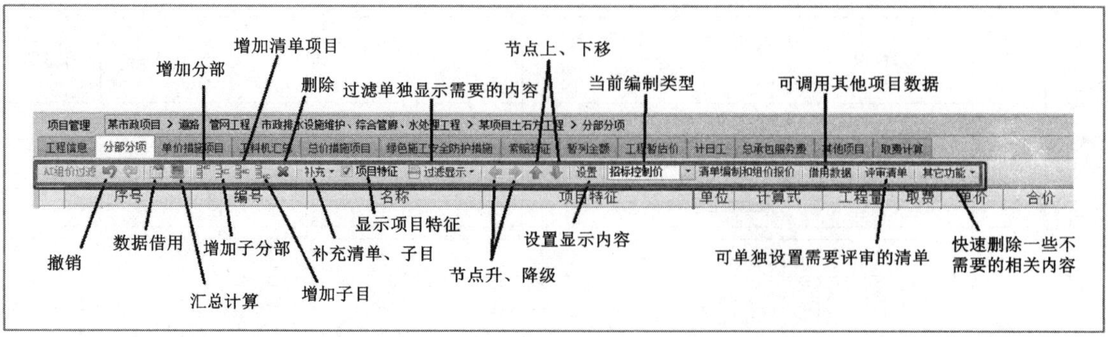

图 3-31

3.11　鼠标右键快捷键菜单工具

鼠标右键快捷菜单应用在[分部分项]窗口中，集成了快捷菜单命令功能(图 3-32 与表 3-11)。

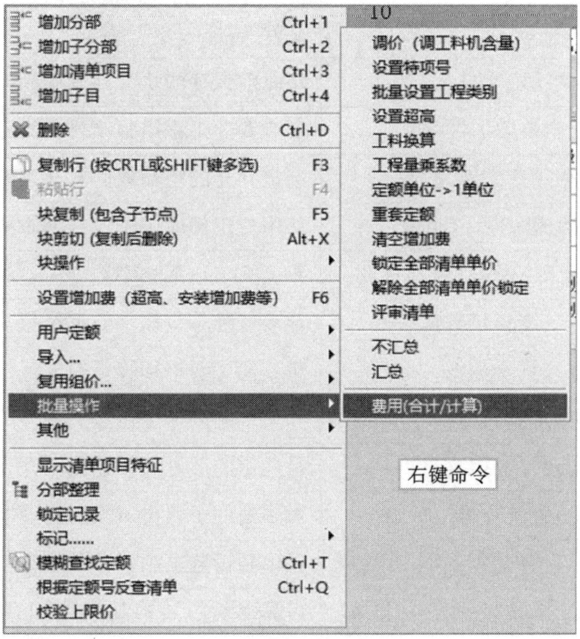

图 3-32

其中常用的是[块复制(包含子节点)]和[粘贴行]，其可以将选定节点及子节点或工程量等已编辑好的内容进行块复制和粘贴行。使用 Excel 中常用块选择模式即选择块首行后按 Shift 键再选择尾部，实现全选的操作；按 Ctrl 为多选，不支持连续选择。

表 3-11　鼠标右键快捷菜单命令与功能

一级菜单	二级菜单	功能
增加分部		增加同级分部
增加子分部		增加下级子分部
增加清单项目		增加空清单行
增加子目		增加空子目行
删除		删除选定节点
复制行(按 CTRL 或 SHIFT 多选)		可多选并复制
粘贴行		在目标位置粘贴此前复制或剪切的节点内容
块复制(包含子节点)		将选定节点及子节点同时复制(支持多选)

续表3-11

一级菜单	二级菜单	功能
块剪切(复制后删除)		按 Ctrl 或 Shft 键剪切选择的内容
块操作	块另存文件	按 Ctrl 或 Shft 键将选择块另存为一个文件
	块另存文件(包含子节点)	按 Ctrl 或 Shft 键将选择块及子节点内容另存为一个文件
	调用块文件	将此前保存的块文件调用到当前位置
设置增加费(超高、安装增加费等)		安装专业工程措施项目费的设置
用户定额	放回用户定额表	选定补充的定额放回补充定额库
	调用/编辑用户定额表	从用户定额库中调用或编辑补充定额
导入	导入电子表格	导入 Excel 格式表格
	导入三维算量数据	导入三维算量软件数据结果
	导入算量数据	从其他工程借用算量数据
复用组价	复制组价到其他清单	和块复制的命令用法一样
批量操作	调价(调工料机含量)	对选定的节点调整造价
	设置特项号	对多选的子目批量设置专业特项号
	批量设置工程类别	可单独设置某项清单的工程类别
	设置超高	计算建筑与装饰超高增加费时设置檐口高度或综合计算
	工料换算	对多选的子目批量换算人材机消耗量
	工程量乘系数	对多选的子目工程量集中乘系数
	定额单位→1 单位	批量修改定额子目单位
	重套定额	根据定额编号重套定额
	清空增加费	对所选的安装工程子目增加费进行清空
	锁定全部清单单价	对分部分项工程所有清单单价进行锁定
	解除全部清单单价锁定	对分部分项工程所有清单单价进行解锁
	评审清单	设置清单项是否为评审清单
	不汇总	设置该项费用不汇总计算
	汇总	设置所有费用汇总计算
	费用(合计/计算)	计算造价

续表3-11

一级菜单	二级菜单	功能
其他	页首	快速定位到页首
	页尾	快速定位到页尾
	清单定额自检	快速检测清单与消耗量定额标准的编制规范化
	合并同一分部/清单下相同子目	合并子目
	替换定额	替换当前选中的定额
	修改换算标志	定额后面显示/不显示换的标志
	修改清单/定额特殊属性	可调整当前清单的属性
	重排清单流水号	对当前单位工程清单流水号进行重排
	删除清单流水号	快速删除分部分项窗口中无用的空行
	增加系统工作内容	可设置工作内容
	删除空白行	多余的空白行可以删除
	删除所选节点及子节点的子目	删除节点及子目
	删除所选节点及子节点的上限价	删除节点及子目上限价
	删除当前表格的项目特征	删除项目特征
	删除所有单位工程的项目特征	删除所有单位工程的项目特征
显示清单项目特征		以浮动窗口显示清单项目特征与工作内容等
分部整理		将清单按工程性质(清单章节)进行分部整理
锁定记录		锁定选择行的记录，锁定记录不能删除
标记		以红字、蓝色、绿色标记选定的清单或子目行
模糊查找定额		根据清单或子目名称中选择关键词检索定额
根据定额号反查清单		可反查当前定额号对应的清单
检验上限价		投标报价时可查看是否超过上限价

课后实训

班级：　　　　　　　　学号：　　　　　　　　姓名：　　　　　　　　日期：

实训目的	加强实操内容；能够举一反三
实训项目	查阅以下二维码施工图纸信息，完成项目计价内容
实训信息	不良地基处理　　　防护工程
课后实训小结	

课程思政

新时代的青年，努力书写成长和担当，践行责任和理想

内容导引	青年兴则国家兴，青年强则国家强。 党的十八大以来，习近平总书记高度重视青年工作，亲切关怀青年成长成才，对广大青年寄予殷切期望，为做好新时代青年工作指明了前进方向。全国广大青年牢记总书记的教诲，坚定不移听党话、跟党走，不负韶华，不负时代，不负人民，在青春的赛道上奋力奔跑。 人的一生只有一次青春。现在，青春是用来奋斗的；将来，青春是用来回忆的。我们只有进行了激情奋斗的青春，只有进行了顽强拼搏的青春，只有为人民作出了奉献的青春，才会留下充实、温暖、持久、无悔的青春回忆。 中国特色社会主义新时代，是青年大有可为，也必将大有作为的大时代。希望广大青年牢记党的教诲，立志民族复兴，不负韶华，不负时代，不负人民，在青春的赛道上奋力奔跑，争取跑出当代青年的最好成绩！
思考问题	1. 结合掌握定额子目换算技能，升华自身，作为新时代中国青年，应如何做？ 2. 作为青年力量，聚焦青年群体和奋斗精神，有些什么启发？ 3. 可自行观看《潘时龙：从“0”到“1”的创新拼搏》相关内容，并结合自身学习情况，谈谈感想？
思政素养	新时代中国青年拼搏在前、奉献在前，在奋斗中释放青春激情、追逐青春理想，以青春之我、奋斗之我，为民族复兴铺路架桥，为祖国建设添砖加瓦。 在定额选取时，有定额价的高低选择，学生应端正自己的价值观，重新审视自己的价值观念，培养学生注重学习过程的意识，让学生认识到自身素质、情感、价值观的提高对未来的职业发展有重要作用。 为深入贯彻落实习近平总书记关于青年工作的重要思想，作为青年力量，聚焦青年群体和奋斗精神，多学习当代中国青年奋斗故事，坚定信念、实学实干，扎根人民、奉献国家，增强做中国人的志气、骨气、底气，把个人理想追求融入实现中华民族伟大复兴的奋斗历程，在奋进新征程、建功新时代中展现青春担当。新时代的青年，生逢盛世、重任在肩，在创新创造中书写成长和担当，在矢志奋斗中践行责任和理想

任务4 [措施项目]组价

【学习提要】

1. 将计价文件数据导入造价软件中，继续完成建设项目的编辑。
2. 措施项目清单包含哪些内容？措施项目清单的组价步骤有哪些？
3. 重难点：正确合理地对措施项目进行清单组价。

4.1 [措施项目]组价流程

根据2020版《湖南省建设工程计价办法》，措施项目清单包含单价措施项目费、总价措施项目费、绿色施工安全防护措施项目费。

措施项目清单应根据拟建工程的实际情况列项。其中：

(1)单价措施项目清单应结合施工方案列出项目编码、项目名称、项目特征、计量单位和工程量。

(2)总价措施项目清单应结合施工方案明确其包含的内容、要求及计算公式。

(3)绿色施工安全防护措施项目清单应根据省区市行业主管部门的管理要求和拟建工程的实际情况单独列项，其组成的单价措施项目清单和总价措施项目清单按2020版《湖南省建设工程计价办法》规定列项编制。

措施项目的组价方式分为计算公式组价、定额组价、总额组价。

(1)计算公式组价：措施项目费用是由计算基础乘以费率来计算的。例如：安全生产费的计算方式是分部分项基期直接费与单价措施基期直接费之和乘以费率，属于绿色施工安全防护措施项目费；冬雨季施工增加费的计算方式是分部分项工程费与单价措施项目费之和乘以费率，属于总价措施项目费。

(2)定额组价：措施项目费用是由套入的定额来计算的。例如：台帽模板是由定额D11-24和对应的工程量计算的。

(3)总额组价：工程承包合同签订后在履约过程中，其计算方式和标准可由发、承包双方在合同中具体约定或根据实际实施情况协商确定。如夜间施工增加费等，属于总价措施项目费。

措施项目组价流程，如表4-1所示。

表 4-1　[措施项目]组价流程

流程	具体内容
第一步	根据窗口的内容进行选填，设置[单价措施项目]
第二步	根据软件窗口提示，设置[总价措施项目]
第三步	根据软件窗口提示，设置[绿色施工安全防护措施项目]

4.2　[单价措施项目]设置

选择[单价措施项目]编辑窗口，根据所需要计算的单价措施项目(可计量的措施项目费)，查阅《市政工程工程量计算规范》(GB 50857—2013)附录 L，如图 4-1 所示。各项费用的释义见本教材“课程导入”部分。其操作过程与[分部分项]组价单元一致，都是通过列可计量清单及合理选用定额来计算的。

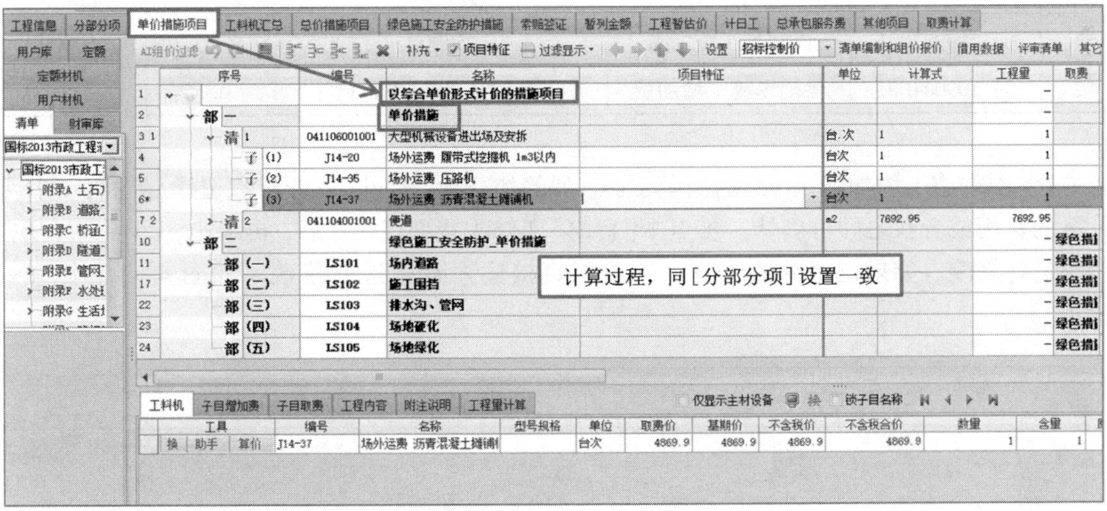

图 4-1

4.3　[总价措施项目]设置

汇总当前工程中以“项”计价的措施项目，例如：二次搬运费、夜间施工增加费等。

选择[总价措施项目]编辑窗口，根据所需要计算的总价措施项目(不可计量的措施项目费，查阅《市政工程工程量计算规范》(GB 50857—2013)附录 L，如图 4-2 所示。各项费用的释义见本教材“课程导入”部分。

例如：计算表 4-2 中的内容。

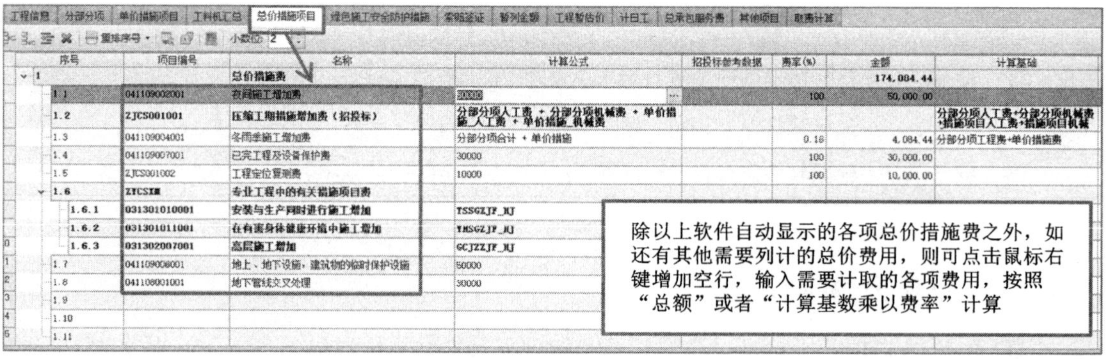

图 4-2

表 4-2　总价措施项目组价

序号	项目编码	项目名称	计算基础/元	费率/%	金额/元
1	041109002001	夜间施工增加费	50000		50000
2	041109004001	冬雨季施工增加费	分部分项合计+单价措施	0.16	自行计算

[冬雨季施工增加费]：点击[计算公式]列的加载项，打开[取费参数选择]界面，选择要计算的费用或者双击即可确认。再点击[费率]列修改费率，双击后，再单击，即可选择所需费率进行修改。如果已经熟悉费率，则可以直接输入费率进行修改。如图 4-3 和图 4-4 所示。

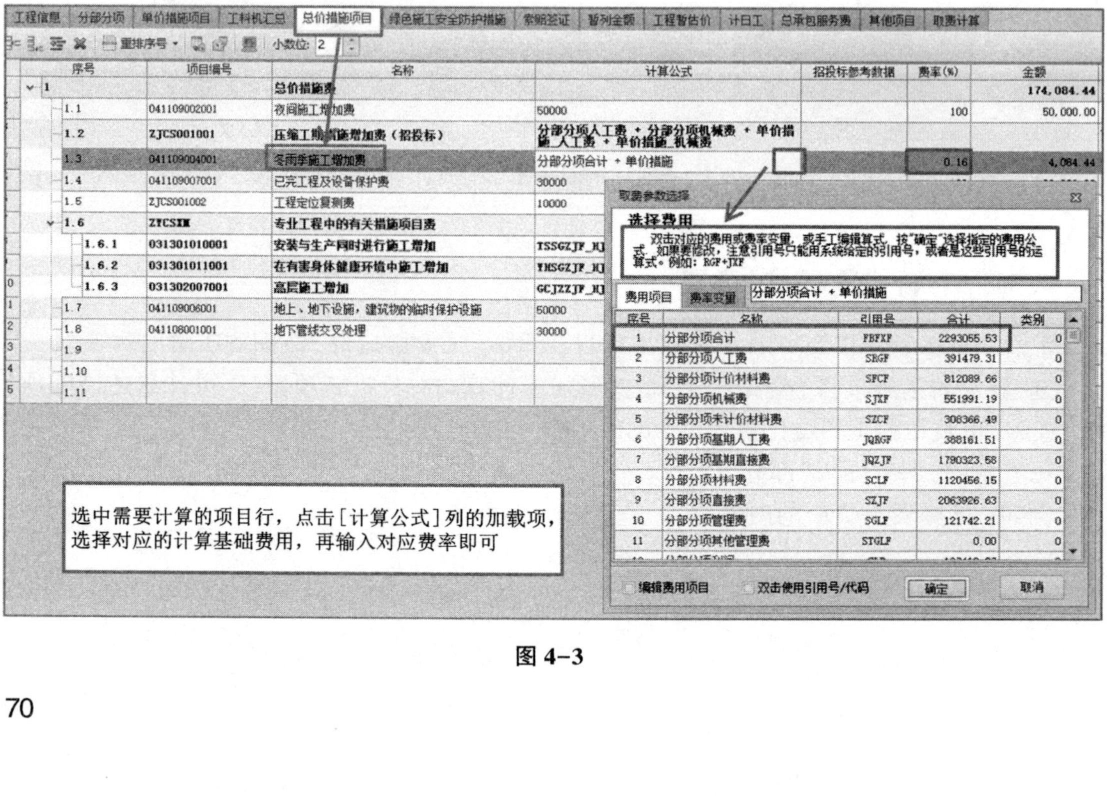

图 4-3

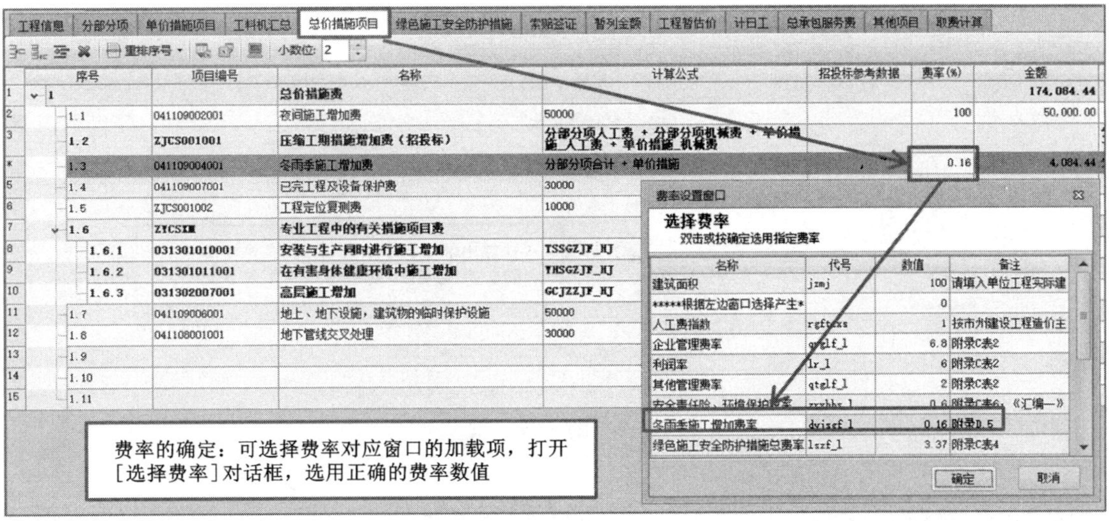

图 4-4

[夜间施工增加费]：按总额计算的内容，可直接在[计算公式]单元格中直接输入总价金额或者是计算公式，然后在[费率]单元格中输入“100”，表示费率为100%。如图4-5所示。

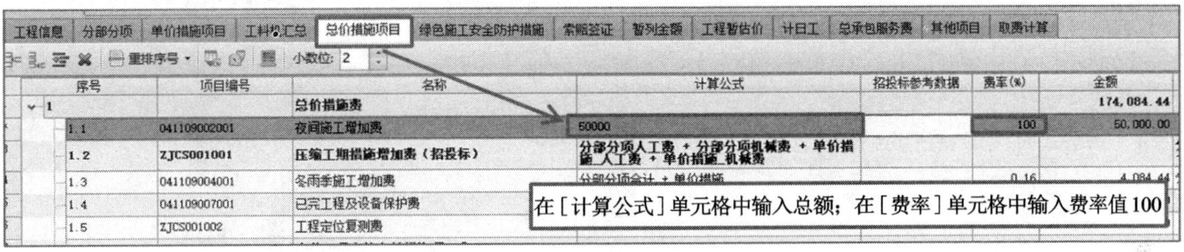

图 4-5

4.4 [绿色施工安全防护措施]设置

[绿色施工安全防护措施]：一部分按照取费基数乘以对应费率计算；另一部分按照单价措施和总价措施计算，设置方式按照分部分项即可。如图4-6~图4-8所示。

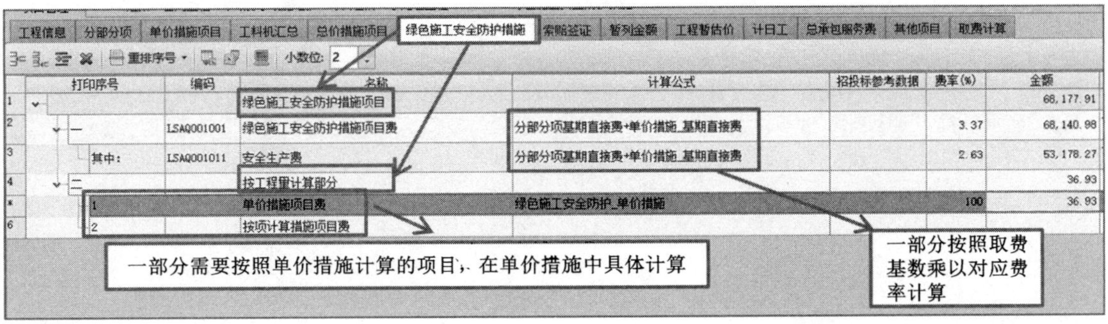

图 4-6

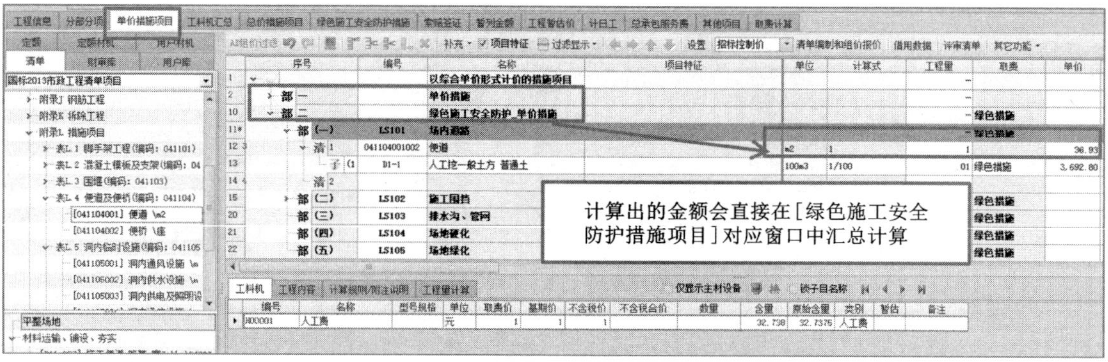
计算出的金额会直接在[绿色施工安全防护措施项目]对应窗口中汇总计算

图 4-7

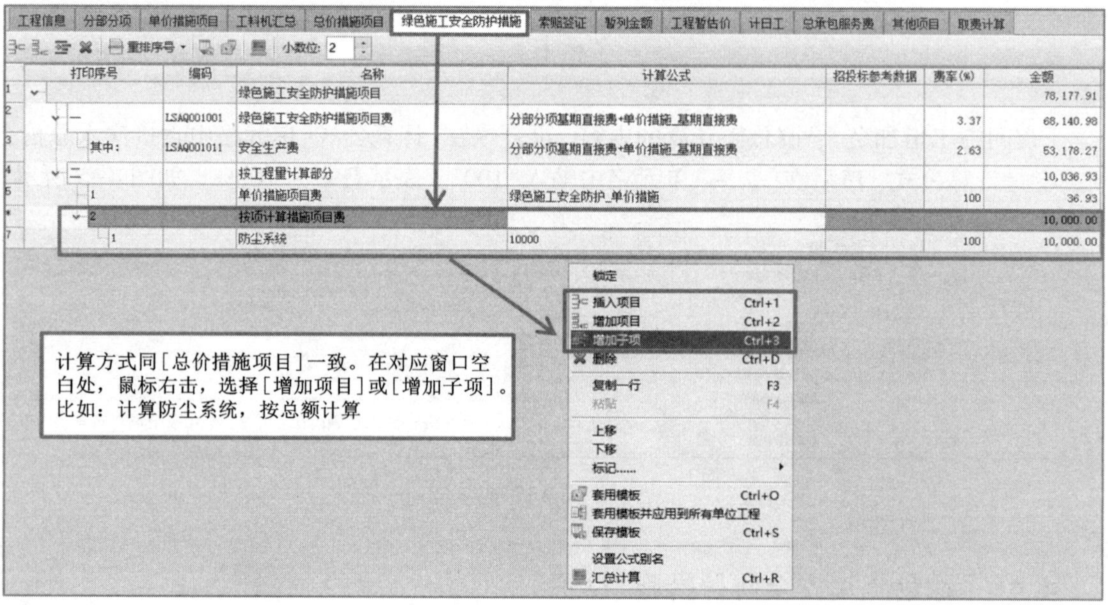
绿色施工安全防护措施
计算方式同[总价措施项目]一致。在对应窗口空白处，鼠标右击，选择[增加项目]或[增加子项]。比如：计算防尘系统，按总额计算

图 4-8

任务 5　[其他项目]组价

【学习提要】

1. 将计价文件数据导入造价软件中，继续完成建设项目的编辑。
2. 其他项目清单包含哪些内容？其他项目清单的组价步骤有哪些？
3. 重难点：正确合理地对其他项目进行清单组价。

[其他项目]计算步骤

[其他项目]各项费用的计算方法与[措施项目]的计算一样。其他费用包含暂列金额、暂估价、计日工、总承包服务费、优质工程增加费、安全责任险、环境保护税、提前竣工措施增加费、索赔签证等。各项组成费用的计算需要在分插页的界面里完成。部分计算如图 5-1~图 5-4 所示。

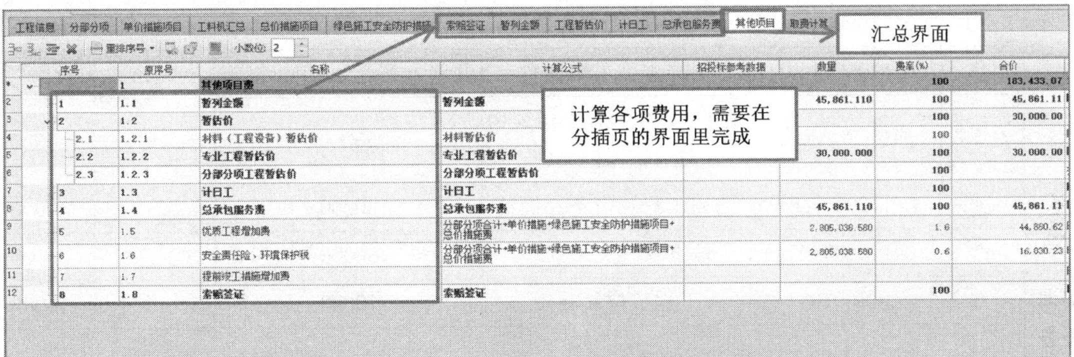

图 5-1

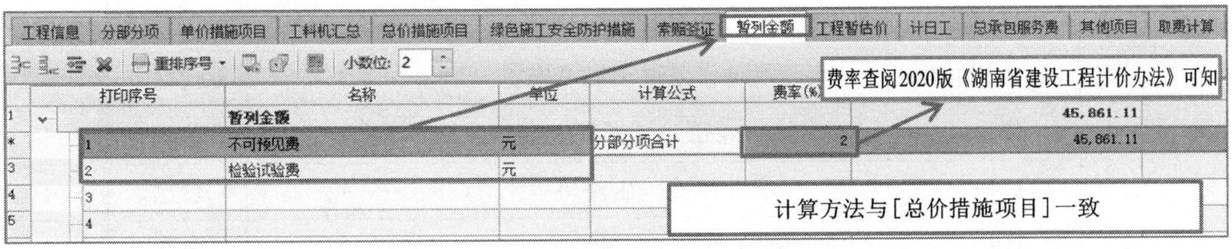

图 5-2

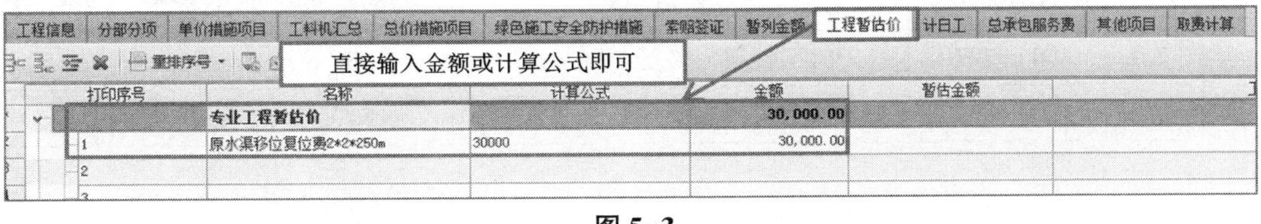

图 5-3

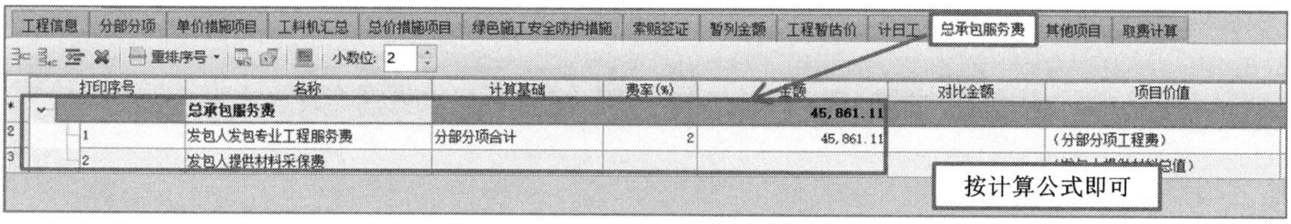

图 5-4

课堂实训

班级：　　　　学号：　　　　姓名：　　　　日期：

实训目的

1. 熟练掌握市政造价软件菜单命令和快捷键的操作
2. 掌握[总价措施项目]、[单价措施项目]、[绿色施工安全防护措施]、[其他项目]功能的操作步骤方法

实训任务①

完成以下措施项目和其他项目的组价操作(表 5-1~表 5-3)。

表 5-1　总价措施项目清单组价表

序号	项目编码	项目名称	计算基础/元	费率/%	金额/元
1	041109002001	夜间施工增加费	50000		50000
2	041109004001	冬雨季施工增加费	分部分项合计+单价措施	0.16	自行计算
3	041109006001	地上、地下设施，建筑物的临时保护设施	50000		50000
4	041109007001	已完工程及设备保护费	30000		30000
5	041108001001	地下管线交叉处理	30000		30000
6	ZJCS001002	工程定位复测费	10000		10000

表 5-2　单价措施项目清单组价表

序号	项目编码	项目名称	工程量表达式	计量单位	工程量
1	041106001001	大型机械设备进出场及安拆	3	台次	3
1.1	J14-20	场外运输　履带式挖掘机 1 m^3 以内	1	台次	1
1.2	J14-35	场外运输　压路机	1	台次	1
1.3	J14-37	场外运输　沥青混凝土摊铺机	1	台次	1
2	041104001001	便道	7692.95	m^2	7692.95
2.1	D11-297	施工便道　路基　宽 7 m	5	km	5
2.2	D11-301	施工便道　便道维护　路基宽 7 m	5×3	km・月	15

续上表

实训任务②

表 5-3　绿色施工安全防护措施项目费组价表

序号	项目编码	项目名称	工程量表达式	费率/%	金额
1	LSAQ001001	绿色施工安全防护措施项目费		3.37	自行计算
其中	LSAQ001011	安全生产费		2.63	自行计算

表 5-4　其他项目费组价表

序号	项目名称	计算公式	金额/元
1	暂列金额		汇总
1.1	不可预见费	分部分项工程费×2%	自行计算
2	暂估价		30000
2.1	专业工程暂估价		30000
2.1.1	原水渠移位复位费 2 m×2 m×250 m		30000
3	总承包服务费		汇总
3.1	发包人发包专业工程服务费	分部分项工程费×2%	自行计算
4	优质工程增加费	取费基数×1.6%	
5	安全责任险、环境保护税	取费基数×0.6%	

实训提示

先查阅相关内容，完成以上实训项目，可观看以下操作视频

措施项目费的组价　　其他项目费的组价

实训记录

实训评价

评价	学习/工作态度	完成度	专业技能操作能力	遵纪守法	交流沟通能力	自主学习效果	专业思维拓展能力
优秀(A)							
良好(B)							
合格(C)							
有待改进(D)							

综合评价结果：________________

课程思政

继承发扬五四精神，始终保持艰苦奋斗的前进姿态

内容导引	中国青年的奋斗目标和前行方向归结到一点，就是坚定不移听党话、跟党走，努力成长为担当民族复兴重任的时代新人。 青春不是青年的专属，青春属于所有当下的奋斗者！激扬青春力量，成就壮丽人生。 新时代青年就是要坚定理想信念，站稳人民立场，练就过硬本领，投身强国伟业。 面对突如其来的新冠肺炎疫情，全国各族青年积极响应党的号召，踊跃投身疫情防控人民战争、总体战、阻击战，不畏艰险、冲锋在前、真情奉献，展现了当代中国青年的担当精神，赢得了党和人民高度赞誉。疫情发生以来，无数80后、90后、00后青年不畏艰险、挺身而出、冲锋在前、舍身忘死，投身于疫情防控第一线，他们恪尽职守、履职尽责、倾情奉献、拼搏奋斗，用生命呵护人民生命安全和身体健康，用忠诚诠释爱党爱国的家国情怀，集中展现了新时代青年的精神风貌和责任担当精神，他们用青春的力量谱写了人生的精彩，成就了青春的非凡伟大，奏响了壮美的生命凯歌
思考问题	1. 作为青年力量，以五四精神为底色，用奋斗点亮青春，你认为应该怎么做？ 2. 可自行观看《陶建刚：在平凡的世界里书写不凡》相关内容，并结合自身谈谈感想
思政素养	中国青年们青春奋斗的正确方向——与党和人民血脉相通、同向同行，为人民事业奋斗，为人民幸福拼搏。 青年兴则国家兴，青年强则国家强。青年一代有理想、勇担当、肯拼搏、敢斗争，国家就有前途，民族就有希望。礼赞青春，讴歌奋斗，就是播种希望、收获未来、拥抱美好。 在学习其他项目组价知识点时，要树立服务意识，知晓造价咨询人员要以公允、客观的态度计算各项费用，严格遵守造价员准则，有严谨的工作作风和敬业精神，养成良好的职业习惯，学习模范们的坚持不懈的精神

任务6 [工料机汇总]设置

【学习提要】

1. 将计价文件数据导入造价软件中，继续完成建设项目的编辑。
2. 会对材料的含税价进行除税计算。
3. 重难点：正确合理地导入市场价、输入材料除税价。

6.1 [工料机汇总]设置流程

当前工程的定额套用完成后，需对当前的各种材料汇总分析。[工料机汇总]中的数据由计算机自动产生，可以选择左边目录中的人工、材料和机械等进行分类查看。

[工料机汇总]设置流程如表6-1所示。

表6-1 [工料机汇总]设置流程

流程	具体内容
第一步	根据造价管理部门发布的人材机单价文件，设置[价格文件]
第二步	根据市场价，单个设置[工料机单价]
第三步	根据计价需要，材料单独设置[询价]
第四步	根据编制招标控制价/投标报价需要，设置建设项目/单位工程的[调价]

6.2 [价格文件]设置

[价格文件]的设置包括下载、保存、套用三个方面。

(1)在[真材实价助手]窗口，下载当前最新造价管理部门发布的市场信息价，然后进行信息价的套用，如图6-1所示。

(2)保存[价格文件]：为了避免在以后的工程中每次对相同的材料进行重复报价，可以将当前工程的市场价保存下来，以后的工程可以直接套用。在[真材实价助手]中选择[调用其他]命令，然后在弹出的对话框中找到需要的价格文件名，根据情况选择另存，后缀名为“.NJG”，点击[确定]即可。如图6-2所示。

(3)套用价格文件：下次要调用时，执行菜单命令[套用价格信息]，并在弹出的对话框中选择相应的价格文件即可，如图6-1所示。

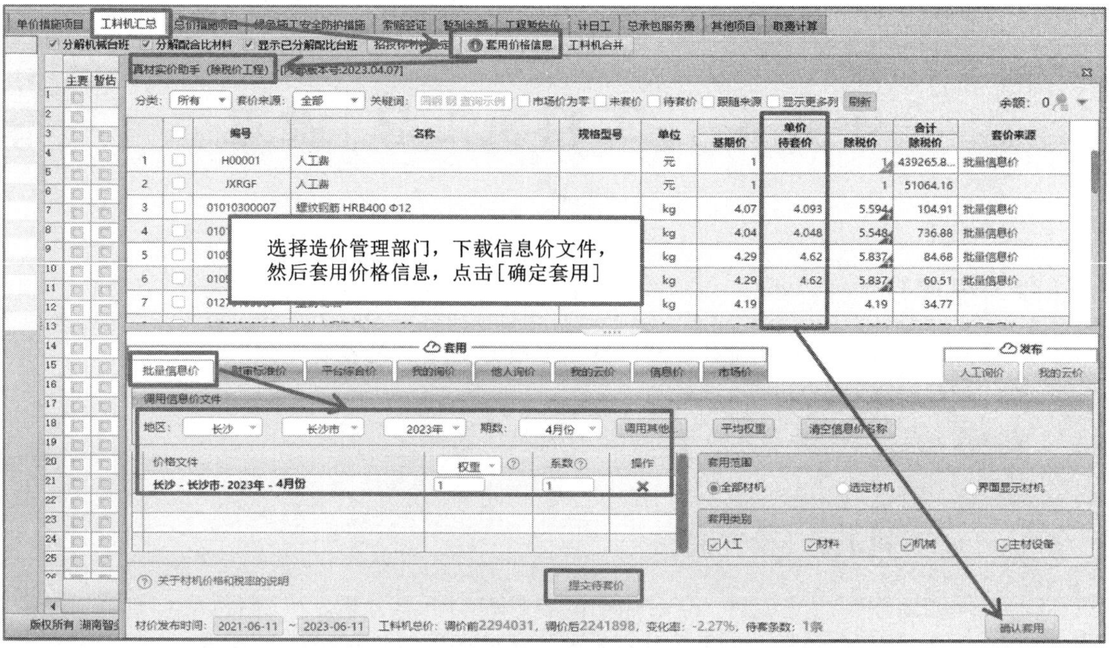

图 6-1

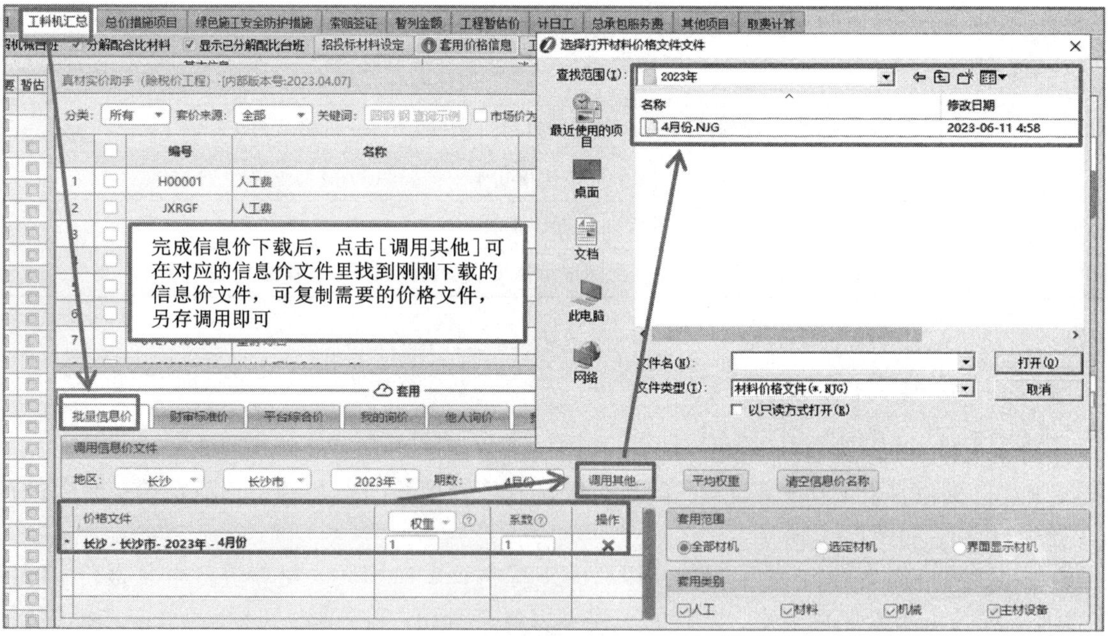

图 6-2

6.3 [工料机单价]设置

套定额完成后，进入[工料机汇总]插页，可直接对所有的[工料机]输入[市场价]，输入时注意是[含税价]还是[不含税价]，如图 6-3 所示。

图 6-3

6.4　[询价]设置

如在查询材料市场价时，有无法查询到的情况，则可以运用[财审标准价]、[平台综合价]、[我的询价]、[他人询价]等窗口命令，对材料单独设置[询价]，如图 6-4 所示。

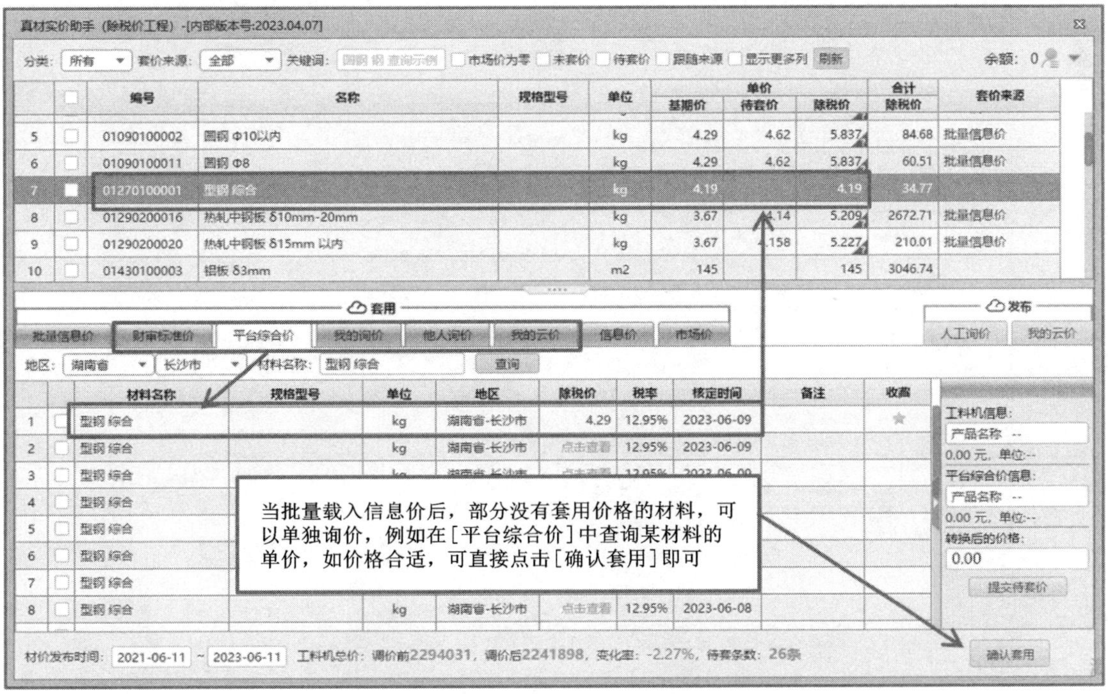

图 6-4

6.5 [调价]设置

当完成以上所有步骤后，分部分项工程的各清单综合单价已经算出。如进行投标报价，需整体将报价调整。

方法一：整体调价。点击菜单栏[数据]→[工程调价]，输入理想的目标价后，测算。如测算不合理，可点击左下角的[恢复到未调价状态]可重新予以调整。最后导出报表，形成相应的计价文件，如图 6-5 所示。

方法二：调工料机含量。在[分部分项]界面，鼠标选中整个分部分项工程费→单击右键→选择[批量操作]→选择[调价(调工料机含量)]→打开[调整工料机消耗量]窗口，输入对应窗口数据即可。如图 6-6 和图 6-7 所示。

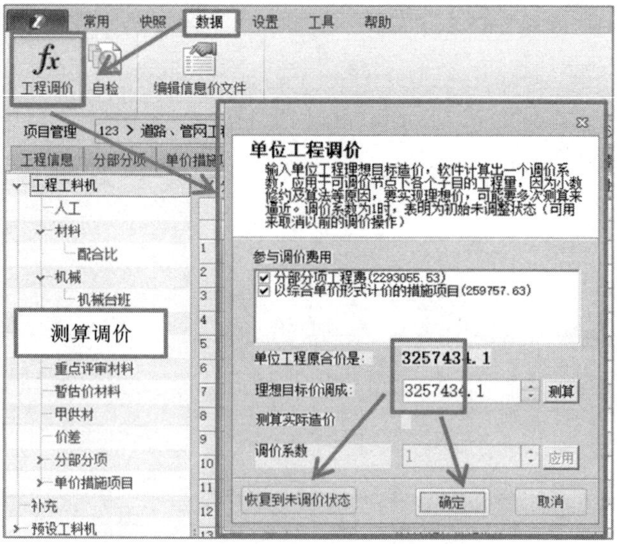

图 6-5

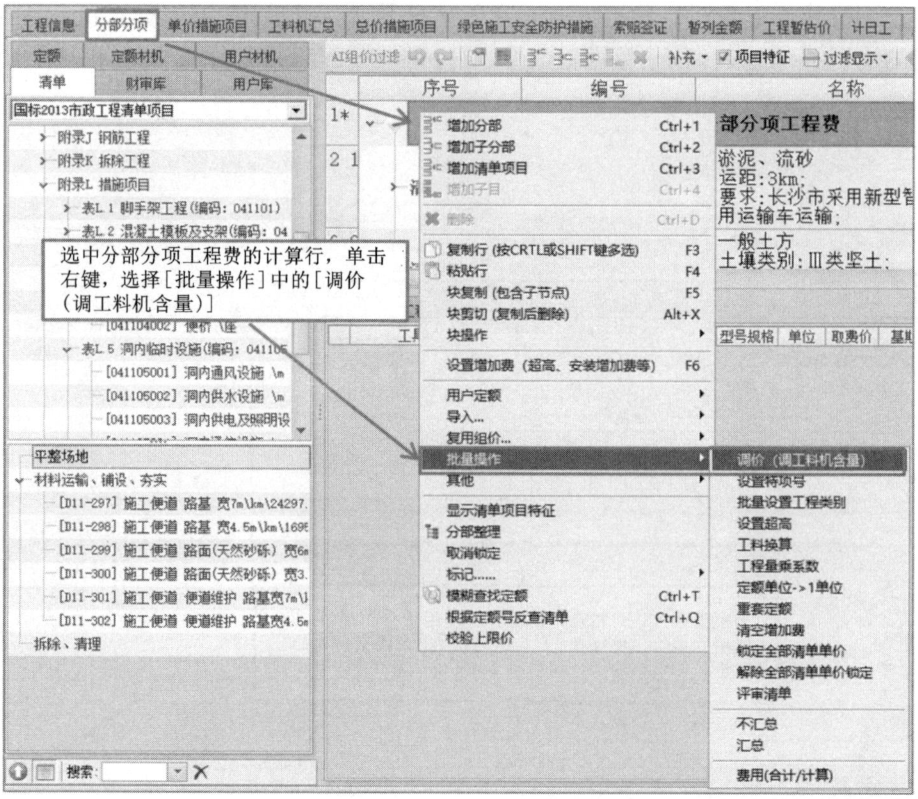

图 6-6

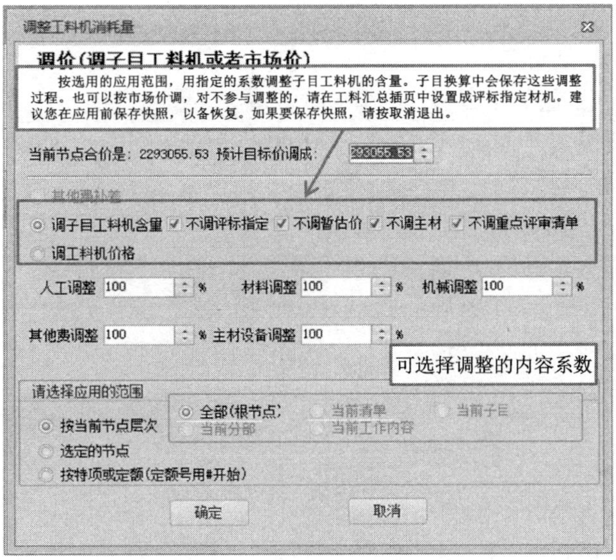

图 6-7

全部造价完成后，可在[取费计算]插页窗口查看最后结果，如图 6-8 所示。

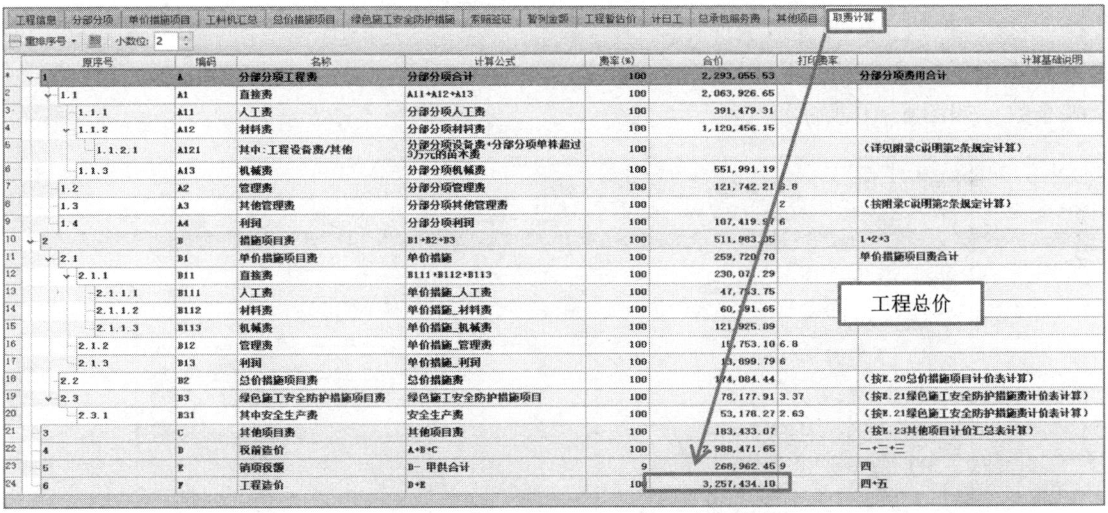

	序号	编码	名称	计算公式	费率(%)	合价	打印费率	计算基础说明
*	1	A	分部分项工程费	分部分项合计	100	2,293,055.53		分部分项费用合计
2	1.1	A1	直接费	A11+A12+A13	100	2,063,926.65		
3	1.1.1	A11	人工费	分部分项人工费	100	391,479.31		
4	1.1.2	A12	材料费	分部分项材料费	100	1,120,456.15		
5	1.1.2.1	A121	其中：工程设备费/其他	分部分项设备费+分部分项单株超过3万元的苗木费	100			(详见附录C说明第2条规定计算)
6	1.1.3	A13	机械费	分部分项机械费	100	551,991.19		
7	1.2	A2	管理费	分部分项管理费	100	121,742.21	[illegible].8	
8	1.3	A3	其他管理费	分部分项其他管理费	100		2	(按附录C说明第2条规定计算)
9	1.4	A4	利润	分部分项利润	100	107,419.9[illegible]	6	
10	2	B	措施项目费	B1+B2+B3	100	511,983.05		1+2+3
11	2.1	B1	单价措施项目费	单价措施	100	259,720.70		单价措施项目费合计
12	2.1.1	B11	直接费	B111+B112+B113	100	230,07[illegible].29		
13	2.1.1.1	B111	人工费	单价措施_人工费	100	47,7[illegible]3.75		
14	2.1.1.2	B112	材料费	单价措施_材料费	100	60,[illegible]91.65		
15	2.1.1.3	B113	机械费	单价措施_机械费	100	121,925.89		
16	2.1.2	B12	管理费	单价措施_管理费	100	1[illegible],753.10	6.8	
17	2.1.3	B13	利润	单价措施_利润	100	[illegible],899.79	6	
18	2.2	B2	总价措施项目费	总价措施费	100	[illegible]74,084.44		(按E.20总价措施项目计价表计算)
19	2.3	B3	绿色施工安全防护措施项目费	绿色施工安全防护措施项目	100	78,177.91	3.37	(按E.21绿色施工安全防护措施费计价表计算)
20	2.3.1	B31	其中安全生产费	安全生产费	100	53,178.27	2.63	(按E.21绿色施工安全防护措施费计价表计算)
21	3	C	其他项目费	其他项目费	100	183,433.07		(按E.23其他项目计价汇总表计算)
22	4	D	税前造价	A+B+C	100	[illegible]2,988,471.65		一+二+三
23	5	E	销项税额	D- 甲供合计	9	268,962.45	9	四
24	6	F	工程造价	D+E	100	3,257,434.10		四+五

图 6-8

6.6　[工料机]窗口右键设置

(1)设定为主要材料。

在[工料机汇总]插页选择要设定为主要材料的材料名称，单击鼠标右键，执行[设定为主要材料]命令，可以将选中的材料放入主要材料节点下，在报表中作为主要材料打印输出。如果需取消设定为主要材料，可以进入主要材料节点，选择指定的材料后单击鼠标右键，执行[取消设定主要材料]命令，点击[确定]按钮，如图 6-9 所示。

(2)设定为重点评审材料。

选定材料后，单击鼠标右键执行快捷菜单中的[设定为重点评审材料]命令，则可将材料设置为评标指定材料，如图 6-9 所示。

(3)设置为完全甲供。

如果有甲供材的，可以选择指定材料后，通过执行快捷菜单中的[设置为完全甲供]命令，如果取消的话则在甲供材节点下将指定材料设置为乙供即可，如图 6-9 所示。

(4)查找材机来源。

要查找材料来源于哪些定额，可以选定材料后单击鼠标右键，执行快捷菜单中的[查找材机来源]命令项，则会弹出所有使用过当前材料的定额子目，或者选择材料后点击左上角的按钮。还可以点击[选择替换人材机]按钮，在项目指引库中选择需要替换的人材机或者修改含量乘系数。如图 6-10 所示。

直接勾选或者单击鼠标右键在快捷菜单中进行设置

图 6-9

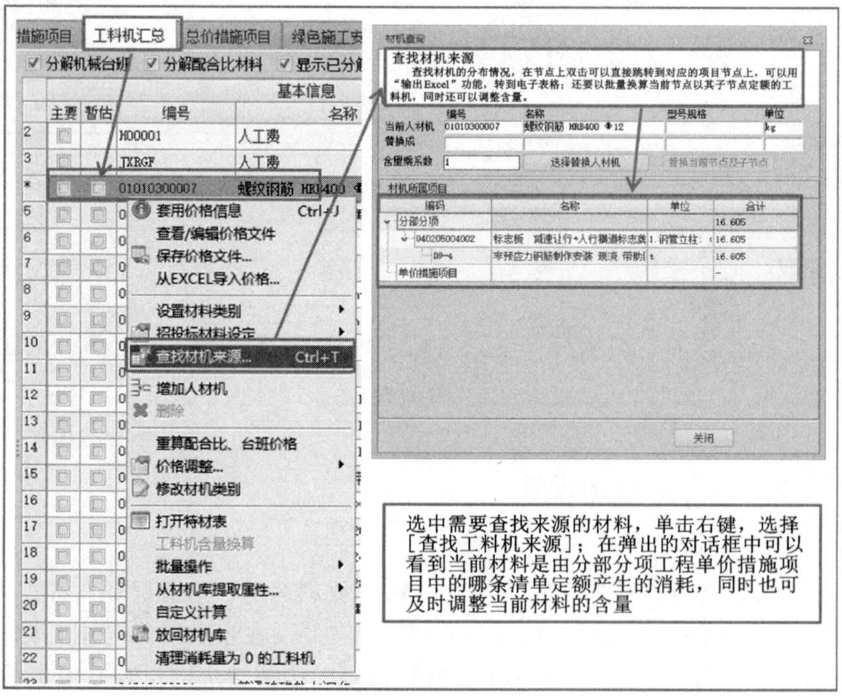

选中需要查找来源的材料，单击右键，选择[查找工料机来源]；在弹出的对话框中可以看到当前材料是由分部分项工程单价措施项目中的哪条清单定额产生的消耗，同时也可及时调整当前材料的含量

图 6-10

(5)价格调整。

在[工料机汇总]窗口单击鼠标右键，执行快捷菜单命令[价格调整]，如图 6-11 所示。

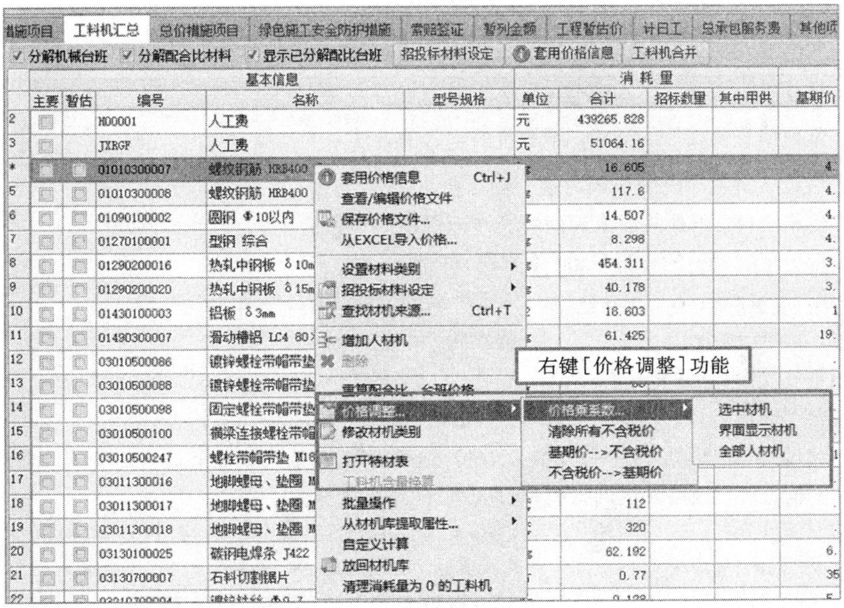

图 6-11

①价格乘系数：调整编制价，调整系数是按照百分比来计算的，默认在“100”情况下为不调整价格。

②选中材机：将当前选中的材机乘以价格系数。

③界面显示材机：把当前[工料机汇总]分析窗口中所有显示的材机乘以价格系数。

④全部人材机：把工程中所有的人材机乘以价格系数。

⑤清除所有市场价：清楚已有的市场价。

⑥参考价→市场价：把所有的市场价改为跟参考价一样。

⑦市场价→参考价：把所有的参考价改为跟市场价一样。

(6)放回材机库。

把所选材料添加到材机库中，添加的材料号不能和原主材的材料号相同。

(7)增加人材机。

自定义补充工程中所需的材料。可以直接输入材料名称、编号等相关内容，也可以通过点击[打开材机指引]从系统材料库、主材库或当前工程材料中选择材料。

(8)查看/编辑价格文件。

可以导入、导出及查看、编辑价格文件。如已收录的价格文件中缺少自己所需，可根据实际情况单独调整人材机的市场价格，但需注意以下几点：

①人工费：需按照各省区市最新相关文件计取，不得随意更改。

②材料市场价：在编制标底时参照各省区市发布的市场价确定，编制投标报价时可按目前市场价自行调整，但不可随意定价。

③材料单价：根据各省区市相关政策文件需进行除税单价的计算。除税方法及列式，软件自动识别计算，如个别不需要调整的，可自行进入软件单独调整。

课堂实训

班级：　　　　　学号：　　　　　姓名：　　　　　日期：

实训目的	1. 熟练掌握市政造价软件菜单命令和快捷键的操作。 2. 掌握信息价文件的导入、预算价的输入的方法
实训任务	完成以下材料单价的导入与输入操作： 1. 价格文件：下载并载入湖南省长沙市最新的信息价。 2. 部分单独调整的材料单价(不含税)如下： 热熔标线涂料：7.5 元/kg　　400 型满屏信号灯：1155 元/套 水：3.49 元/t　　透水砖：38 元/m^2 超强反光膜：224 元/m^2 单臂交通信号灯灯杆 ϕ89 mm×4.5 mm×3000 mm：7530 元/套 3. 通过“真材实价助手——平台综合价/信息价”命令，完成以下材料的市场价查询。不限区域和时间，自行选用合适的材料单价： 钻石级反光膜，改性细粒式沥青混凝土 AC-13(商品混凝土)，灯具支架，直杆杆高 3500 mm 以内、ϕ400 mm 人行灯(2 个灯盘)，单向单悬臂+标牌
实训提示	可观看以下操作视频 工料机汇总计算
实训记录	
实训评价	见下表

评价	学习/工作态度	完成度	专业技能操作能力	遵纪守法	交流沟通能力	自主学习效果	专业思维拓展能力
优秀(A)							
良好(B)							
合格(C)							
有待改进(D)							

综合评价结果：________________

任务 7　[导出]/[报表]设置

【学习提要】

1. 会导出项目的各项报表。
2. 会导出项目的数据文件。

7.1　[报表]设置

确认最终价格后，可导出整个建设项目/单位工程的[报表]，如图 7-1 所示。

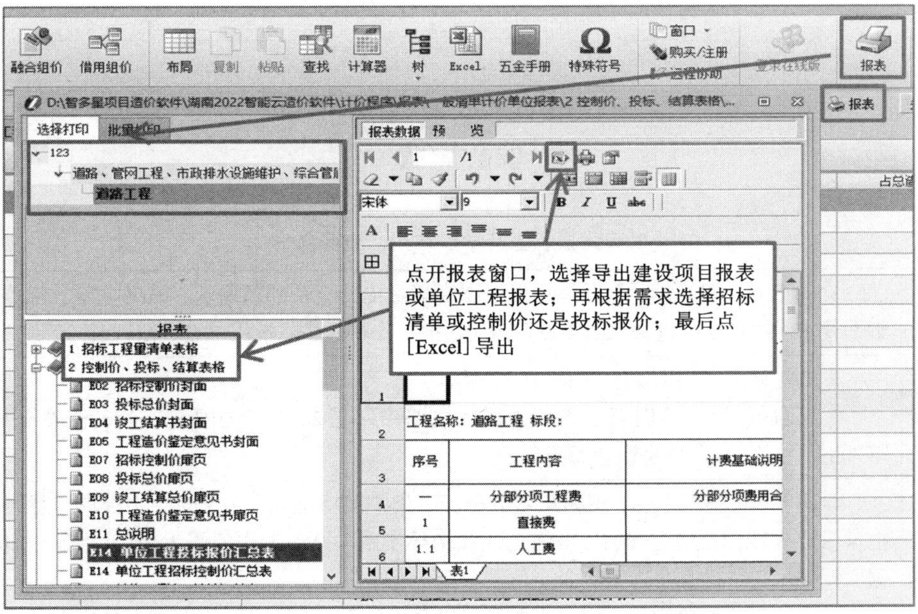

图 7-1

7.2　[导出]设置

导出数据文件时注意：建设项目文件在编制过程中要不定期对项目文件进行保存，确保不因系统意外中断退出而丢失数据。

执行[常用]菜单中的[保存]命令或[另存为]命令，即可快速保存当前项目文件。如果有多个单位工程，建议返回至[项目管理]界面再另存。注意建设项目导出后的后缀名为 .ZJXM，如图 7-2 所示。

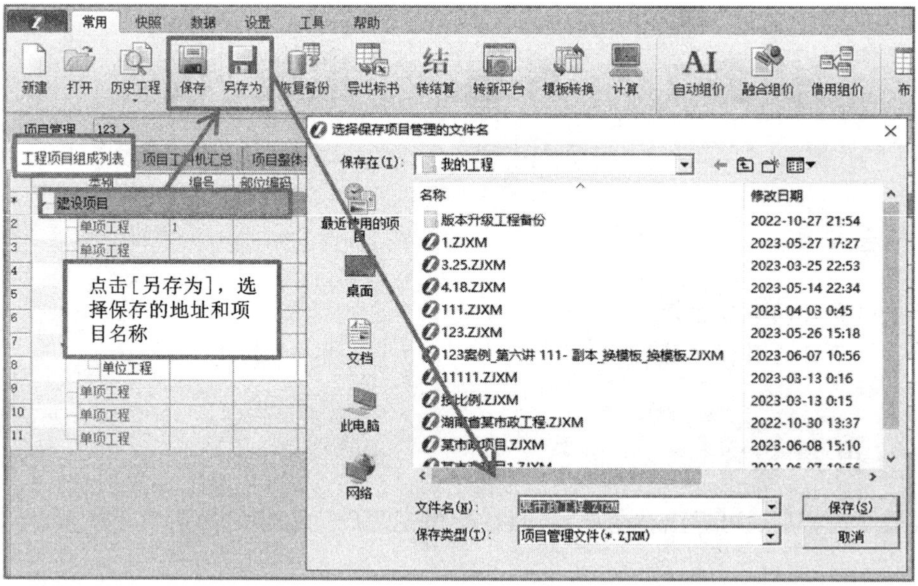

图 7-2

课程思政

以实为要，坚持学以致用、知行合一

内容导引	党的十九大召开后，习近平总书记围绕学习提出一系列新要求，提出学懂、弄通、做实的鲜明要求，把自己摆进去，把职责摆进去，把工作摆进去，学用结合，知行合一
思考问题	1. 如何做到“学用结合，知行合一”？ 2. 可自行观看《用创新之光照亮成才之路——记 2022 年全国五一劳动奖章获得者齐学军》相关内容，结合自身谈谈感想。
思政素养	学用结合、学以致用，不断从习近平新时代中国特色社会主义思想中汲取智慧经验，努力把学习成果转化为坚定理想、锤炼党性和指导实践、推动工作的强大力量。工料机的单价应据实调整，坚守岗位廉洁的使命。 学习工料机调价知识点时，要求我们树立服务意识，知晓造价咨询人员要以公允、客观的态度计算各项费用，严格遵守造价员准则，有严谨的工作作风和敬业精神，养成良好的职业习惯

任务 8　其他造价软件应用

【学习提要】

1. 能举一反三，掌握多种造价软件的操作流程。
2. 重难点：运用造价软件，合理编制清单计价文件。

当前，市政工程的造价软件还有很多，如表 8-1 所示。

表 8-1　市政造价软件产品

序号	软件名称
1	睿特 2020 云计价软件
2	斯维尔智能云计价软件
3	新点云计价软件
4	CSPK 造价软件

8.1　睿特 2020 云计价软件编制流程

睿特 2020 云计价软件的主界面由标题栏、菜单栏、工具栏、导航栏、清单及消耗量选择区、附加功能区、状态栏等组成，如图 8-1 所示。

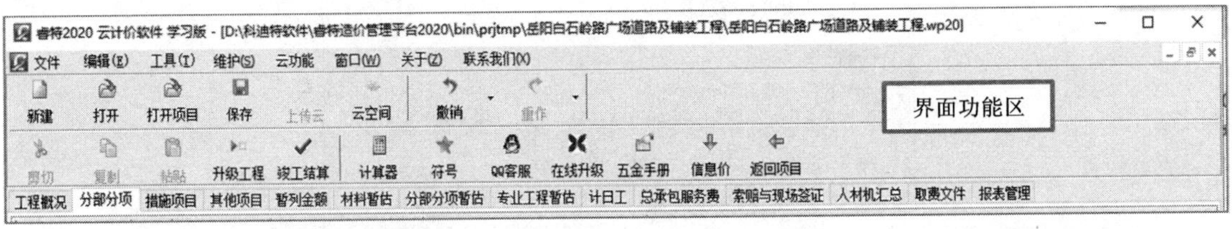

图 8-1

点击菜单栏中的[文件]，选择[新建]或单击工具栏中按钮，按提示进行以下操作完成新建预算书。

第一步：点击新建对话框中的[新建建设项目]，弹出[新建建设项目]对话框进入下一步操作，如图 8-2 所示。

第二步：点击[新建单位工程]，在[工程名称]栏中录入工程名称等相关信息，如图 8-3 所示。

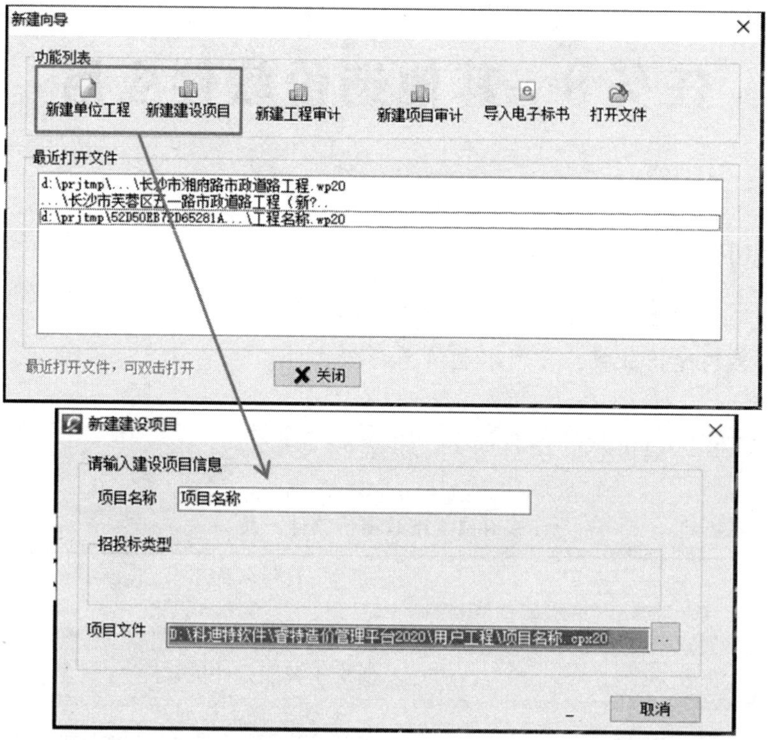
新建向导
功能列表
新建单位工程
新建建设项目
新建工程审计
新建项目审计
导入电子标书
打开文件
最近打开文件
d:\prjtmp\...\长沙市湘府路市政道路工程.wp20
...\长沙市芙蓉区五一路市政道路工程（新?..
d:\prjtmp\52D50EB72D65281A...\工程名称.wp20
最近打开文件，可双击打开
关闭
新建建设项目
请输入建设项目信息
项目名称
项目名称
招投标类型
项目文件
D:\科迪特软件\睿特造价管理平台2020\用户工程\项目名称.cpx20
取消

图 8-2

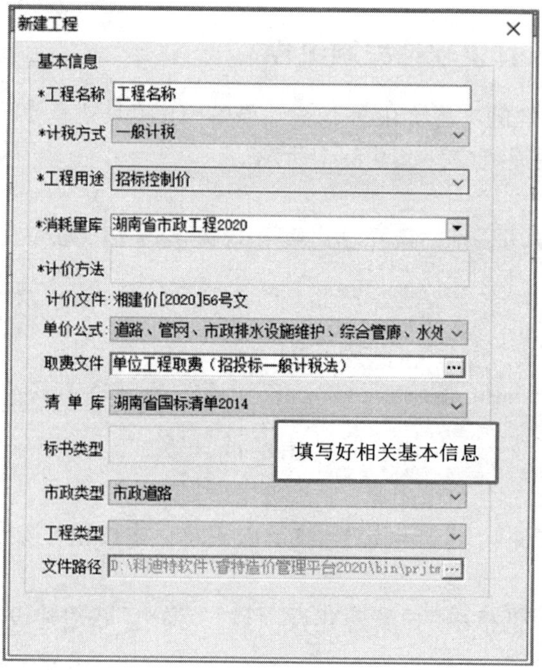
新建工程
基本信息
*工程名称
工程名称
*计税方式
一般计税
*工程用途
招标控制价
*消耗量库
湖南省市政工程2020
*计价方法
计价文件:湘建价[2020]56号文
单价公式
道路、管网、市政排水设施维护、综合管廊、水处
取费文件
单位工程取费（招投标一般计税法）
清 单 库
湖南省国标清单2014
标书类型
填写好相关基本信息
市政类型
市政道路
工程类型
文件路径
D:\科迪特软件\睿特造价管理平台2020\bin\prjtm

图 8-3

第三步：在预算文件中，工程概况由[计算信息]、[费率]、[工程概况]、[工程特征]四部分组成，如图 8-4 所示。

图 8-4

第四步：编辑[分部分项]工程。

[分部分项]工程量清单按记录类型分类可分为分部、册、章、节、清单、工作内容、定额等子目类型，[分部分项]工程量清单根据子目类型分层按树型结构显示，根据预算的需要可隐藏或显示册、章、节等记录，如图 8-5 所示。

①清单编码直接录入法。

在[分部分项]的[子目编号]列直接输入 1~9 位编码，按回车键，生成 12 位清单编码。清单编码录入法，采用清单编码智能匹配规则，生成匹配的清单编码，录入时只需录入 1~9 位编码，和上一条清单子目前面相同部分可以省略，后 3 位是相同项目顺序号，由系统自动生成(如：上一条清单子目是“040201001001”，若下一条需要录入“040201003”，则只需录入字符“3”，即可生成相应的编码 040201003001)。

注：[分部分项]工程量清单编码以 12 位阿拉伯数字表示，前 9 位为全国统一编码，后 3 位应根据拟建工程的工程量清单项目名称由软件自 001 起顺序生成。

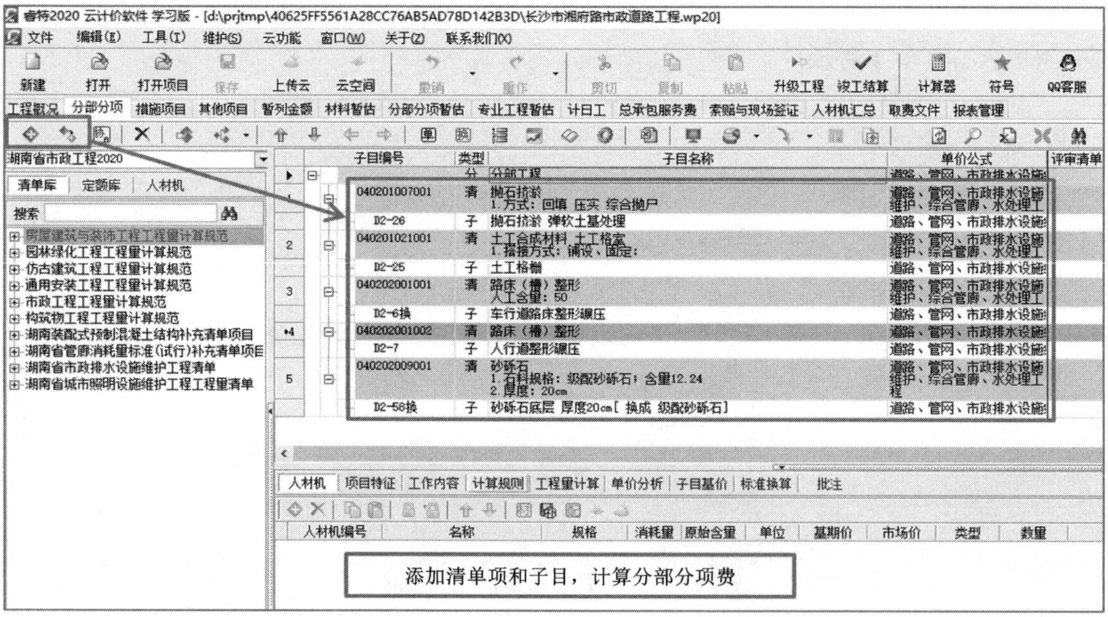

图 8-5

②查询清单库法。

在[分部分项]页面的左侧清单查询窗口，展开章节，选择[清单库]，双击鼠标或拖拽清单项到[分部分项]，实现清单录入。当不记得某条清单时，可通过[搜索]功能，搜索关键字相匹配的清单。清单下方小窗口显示的是与该条清单相对应的项，即清单指引功能。

③定额编码录入法。

在分部分项的[子目编号]列直接输入定额编码，按回车键。

定额编码录入法，采用定额编码智能匹配规则，生成匹配的定额编码，录入时和上一条定额子目前面相同部分可以省略，只需录入不同部分(如：上一条定额子目是“D1-5”，若下一条需要录入“D1-16”，则只需录入字符“16”，即可生成相应的编码 D1-16)。

④查询定额库。

在查询定额库窗口，双击定额子目或拖拽定额到分部分项。当不记得某条子目的编号时，可用搜索功能按名称过滤匹配的子目。

⑤[工程量表达式]支持加、减、乘、除运算。

在[工程量表达式]栏直接录入工程量表达式，按回车键，校验工程量表达式的正确性，并计算工程量。

点击工具栏的按钮，弹出[图形计算式]编辑窗口，提供系统函数、简单构件图形，双击系统函数或构件图形，输入参数计算构件工程量，为计算椭圆周长的编辑界面。可编辑多条工程量表达式记录，汇总所有记录计算结果之和，作为该子目的工程量。

工程量=工程量表达式计算结果/定额单位系数(如：某定额单位是“100 m”，工程量表达式是“2×3.5”，则工程量=2×3.5/100)。

⑥人材机编码录入法。

在分部分项的“子目编号”列直接输入人材机编码，按回车键。

⑦查询人材机库。

在查询人材机库窗口，双击人材机子目或拖拽人材机到分部分项。

⑧查询人材机库相关操作。

添加人材机到分部分项：光标定位到分部分项，在人材机库查询窗口，双击人材机子目或拖拽人材机到分部分项。

过滤：在查找页面，输入过滤值，可选择按编码和名称过滤匹配的人材机子目。

第五步：换算设置。

①系数换算：子目系数换算包括人工、材料、机械等系数，如需将人材机统一调整为某一系数，只需输入单价系数即可，否则可直接输入人材机系数，单击[确定]按钮完成系数换算操作，如图 8-6 所示。

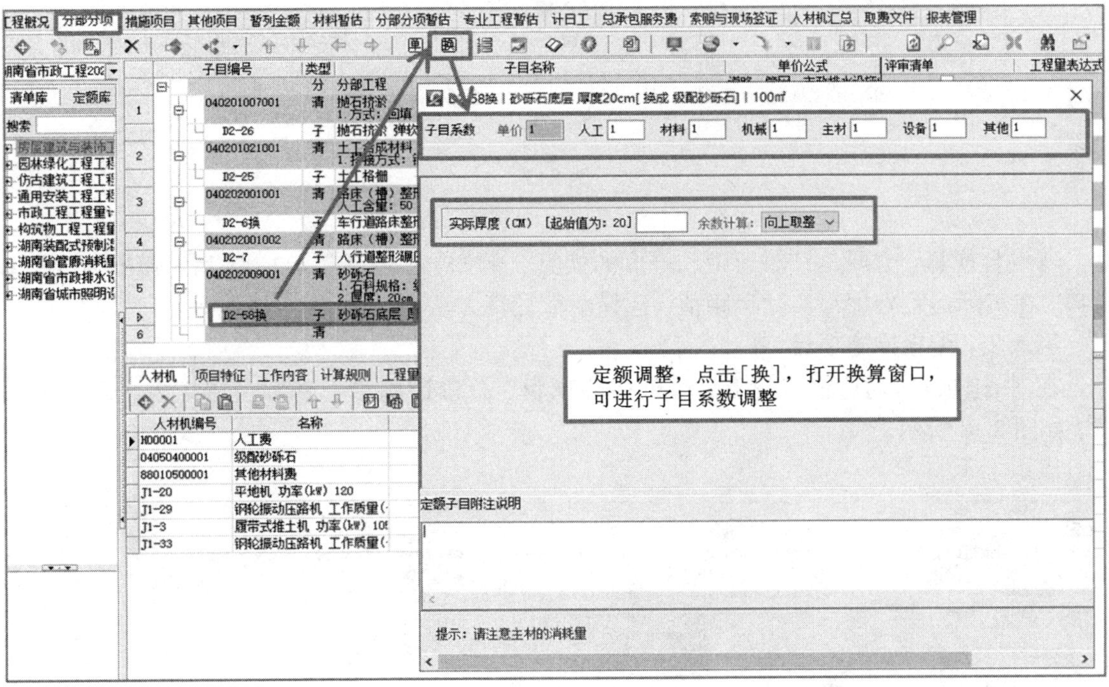

图 8-6

②材料换算：是有关定额子目工料机构成中的材料，可对该条定额子目作材料换算。例如：套用 D2-26 子目后，在[人材机]窗口找到需要替换的材料，点击[人材机编号]单元格的加载项，可弹出材料库，选择好所需的物料双击即可；如果本次换算和上一次换算相同，则只需点击[选用]即可；如果换算后想还原为系统默认的材料，则点击“还原”即可，如图 8-7 所示。

③全智能换算：是指根据定额书中的总说明或工程量计算规则中规定的各类换算条件，或定额本身的特殊情况，系统自动进行相应的系数、工料机等换算。例如：套用子目 D1-2 后，会弹出标准换算对话框。消耗量标准说明中有：挡土板支撑下挖土方时，人工乘以系数 1.35。那么我们只需勾选[档土板支撑下挖土]即可。

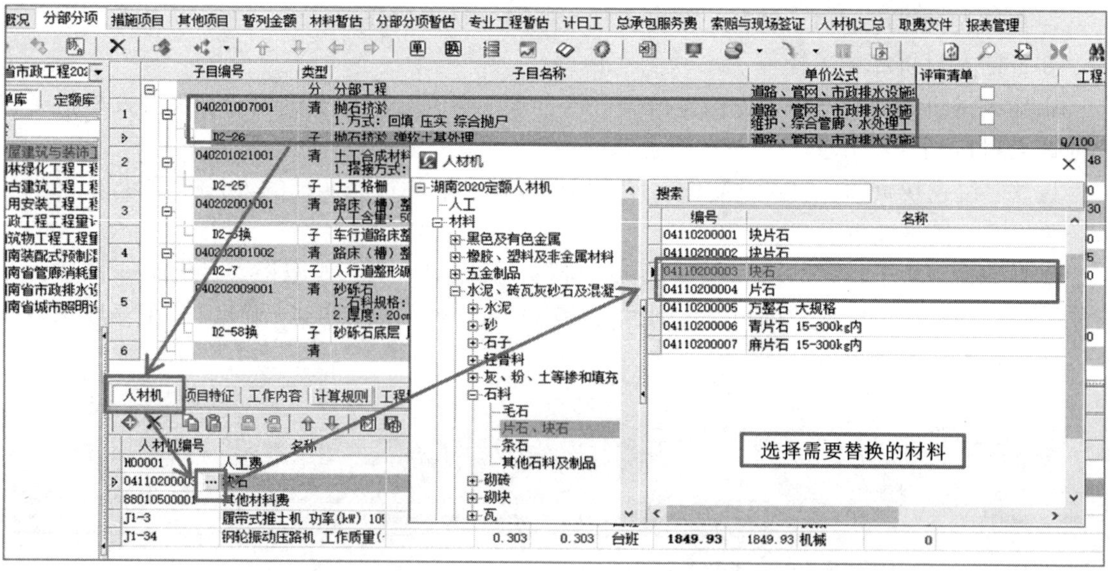

图 8-7

④组合换算：主要是针对运距和厚度的换算。例如：套用子目 D2-58 后，弹出标准换算窗口，在实际运距处填写实际运距值，选择余数计算方法，点击[确定]即可。

第六步：编辑措施项目。

在[措施项目]对应窗口计算：单价措施项目、总价措施项目和绿色施工安全防护措施费，如图 8-8 所示。

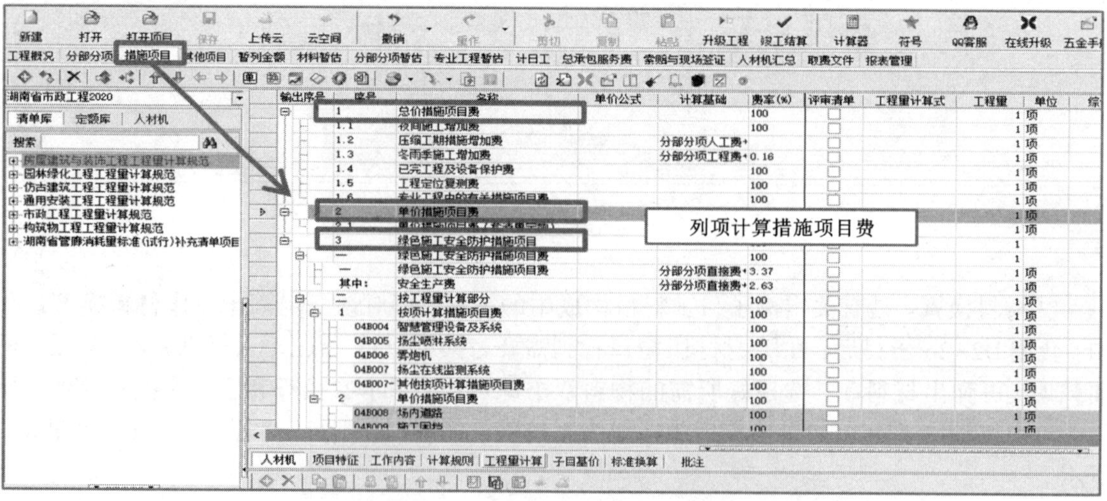

图 8-8

第七步：编辑其他项目。

在计算基数一栏直接输入取费基数，如图 8-9 所示。

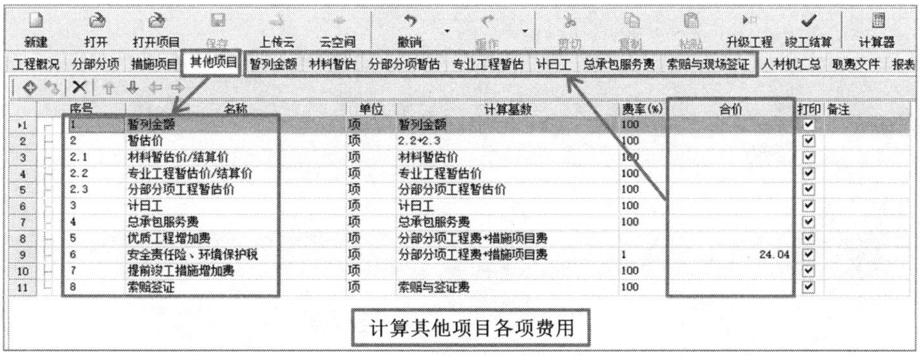

图 8-9

第八步：工料机计算。

点击导航栏的［人材机汇总］，切换至［人材机汇总］窗口。将出现根据人材机类型形成人材机树型结构列表，方便可分类查看人材机汇总信息。点击菜单栏的［人材机汇总］，选择［信息价下载］，弹出［打开］对话框，选择文件，进行载入。亦可直接输入单个材料单价。如图 8-10 和图 8-11 所示。

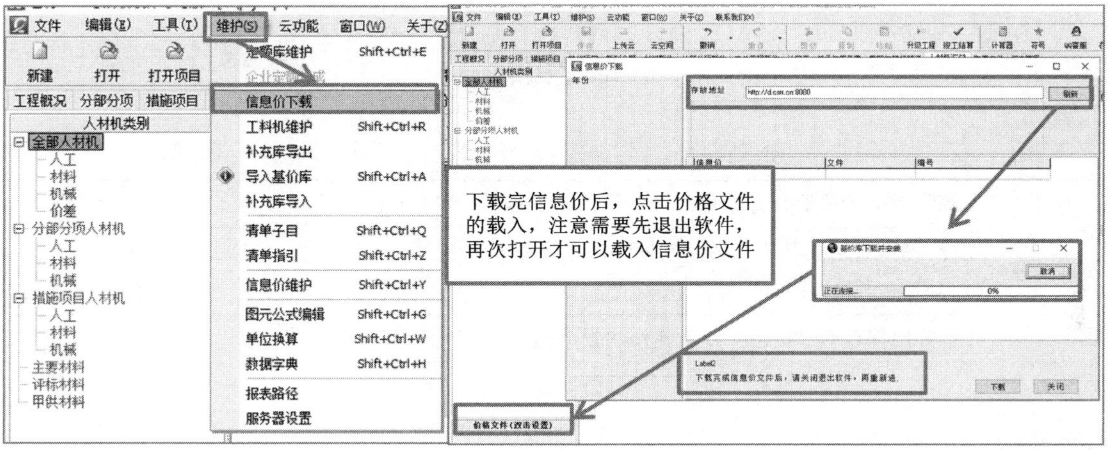

图 8-10

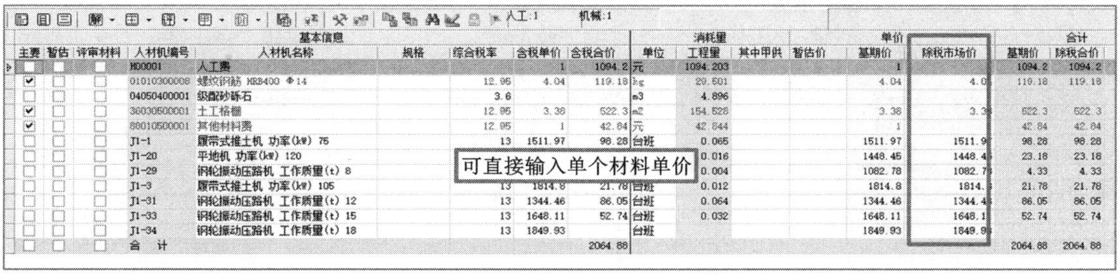

图 8-11

第九步：取费计算。

点击导航栏的［取费文件］，切换至［取费文件］窗口，如图 8-12 所示。

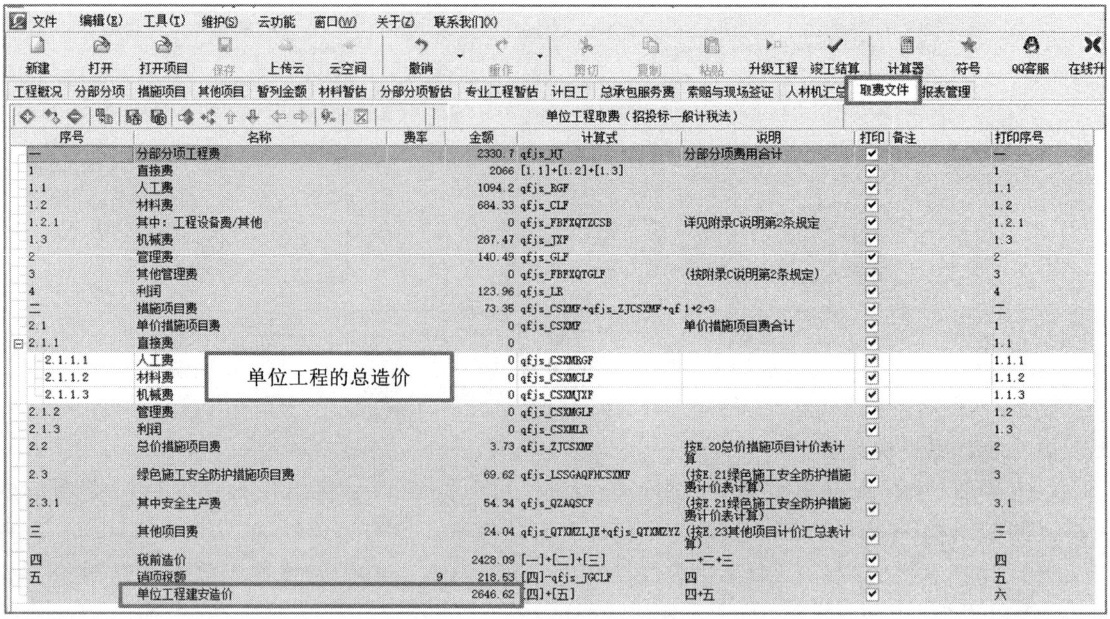

图 8-12

课堂实训

班级：　　　　　　　　学号：　　　　　　　　姓名：　　　　　　　　日期：

<table>
<tr><td>实训目的</td><td colspan="8">熟练掌握市政造价软件菜单命令和快捷键的操作</td></tr>
<tr><td>实训任务</td><td colspan="8">完成《湖南省岳阳某广场道路及铺装工程》建设项目计价文件编制。
（模块二　任务 11）</td></tr>
<tr><td>实训提示</td><td colspan="8">注意导出保存时，要选择整个建设项目导出</td></tr>
<tr><td>实训记录</td><td colspan="8"></td></tr>
<tr><td rowspan="6">实训评价</td><td>评价</td><td>学习/工作态度</td><td>完成度</td><td>专业技能操作能力</td><td>遵纪守法</td><td>交流沟通能力</td><td>自主学习效果</td><td>专业思维拓展能力</td></tr>
<tr><td>优秀(A)</td><td></td><td></td><td></td><td></td><td></td><td></td><td></td></tr>
<tr><td>良好(B)</td><td></td><td></td><td></td><td></td><td></td><td></td><td></td></tr>
<tr><td>合格(C)</td><td></td><td></td><td></td><td></td><td></td><td></td><td></td></tr>
<tr><td>有待改进(D)</td><td></td><td></td><td></td><td></td><td></td><td></td><td></td></tr>
<tr><td colspan="8">综合评价结果：＿＿＿＿＿＿＿＿</td></tr>
</table>

8.2　斯维尔智能云计价软件编制流程

第一步：新建项目文件，工程基本信息编辑，如图 8-13~图 8-17 所示。

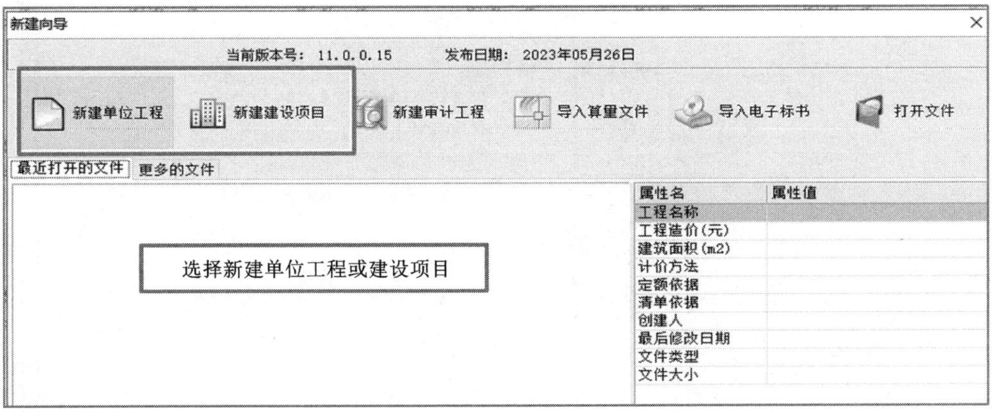

图 8-13

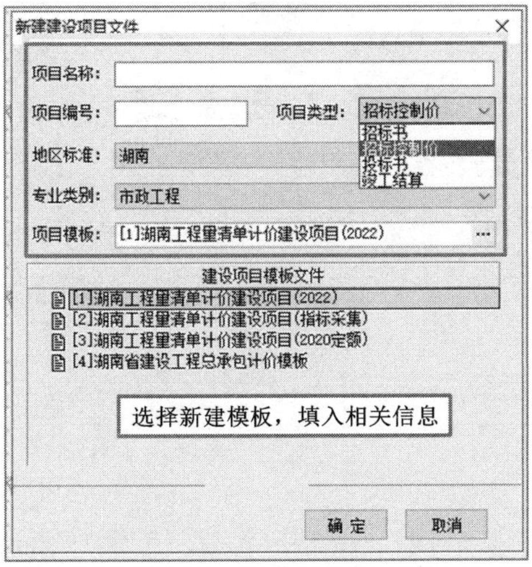

图 8-14

单位工程，通常是指一个专业工程计价文件，基本数据内容包括分部分项、措施项目、其他项目、工料机汇总、取费文件、报表。

第二步：编制[分部分项]工程量清单及组价。

①在[分部分项]的[项目编号]列直接输入 1~9 位编码。

②在[分部分项]页面的左侧清单查询窗口，选择清单项目，双击鼠标或拖拽清单项目到[分部分项]，实现清单录入，如图 8-18 所示。

③设置项目特征：点击分部分项属性窗口的[项目特征]，进入[项目特征]界面，下拉选择特征描述或输入特征描述内容。选择[生成项目特征列内容]，设置特征列序号及内容生成规则。如图 8-19 所示。

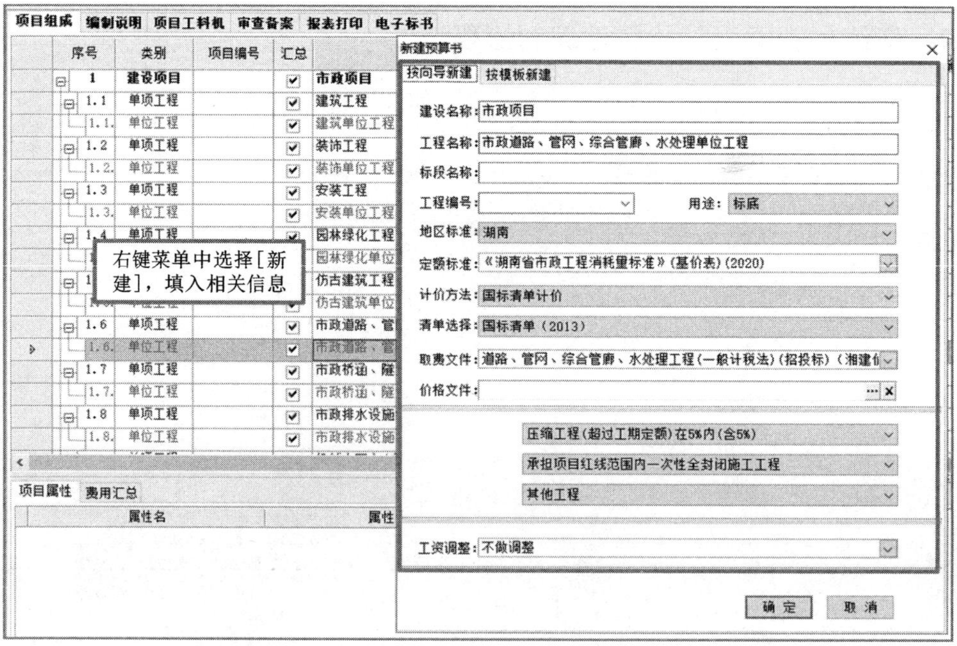

图 8-15

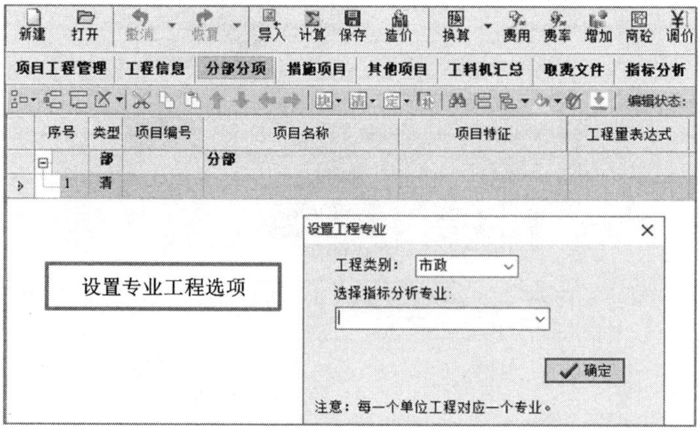

图 8-16

④组价：新增清单项目子项，在[项目编号]列输入定额编号，添加定额子目组价。双击[清单库]，查询窗口中清单指引下的定额子目，添加定额子目组价。

第三步：措施项目计算。

①计算公式组价项(如环境保护、绿色施工安全文明施工、临时设施等)，软件已按专业分别给出了计算公式和费率，一般情况不需修改，可按软件给定的计算。

②定额组价项(如脚手架、模板、高层增加费等)，可在该项费用下挂接清单或定额组价，如图 8-20 所示。

第四步：其他项目计算。

招标人费用(如暂列金额、专业工程暂估价)，在编制招标书时，在计算公式列输入相应

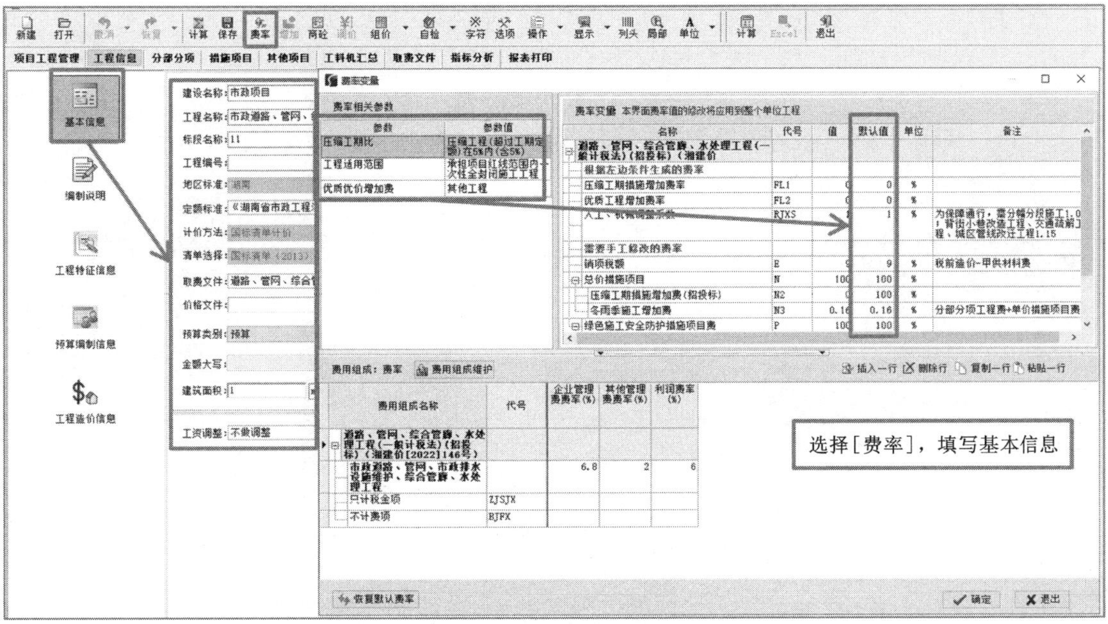

图 8-17

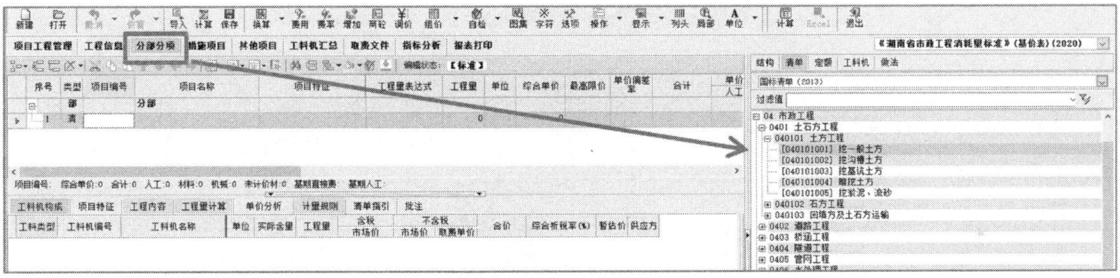

图 8-18

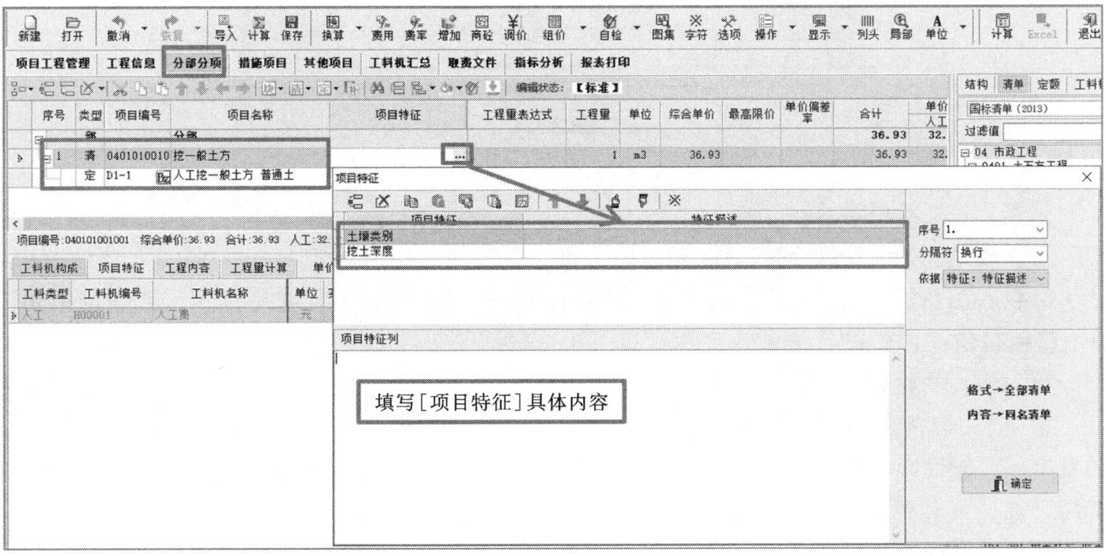

图 8-19

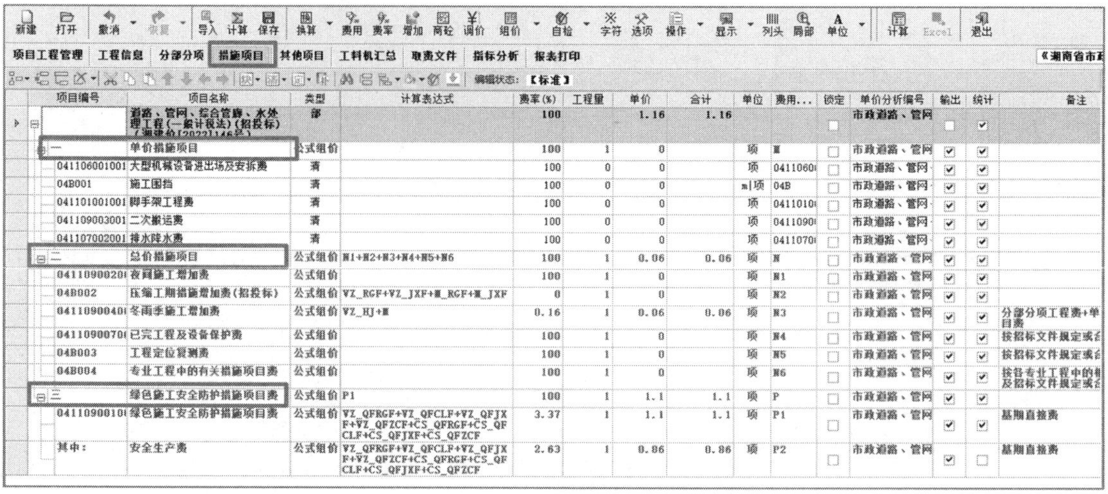

图 8-20

费用金额。投标人费用(如计入工、总承包服务费)，在编制投标书时，根据工程实际情况在计算公式列输入实际费用金额或指定计算公式和费率。签证索赔费用，在编制结算书时，根据工程实际情况在计算公式列输入实际发生的费用。如图 8-21 所示。

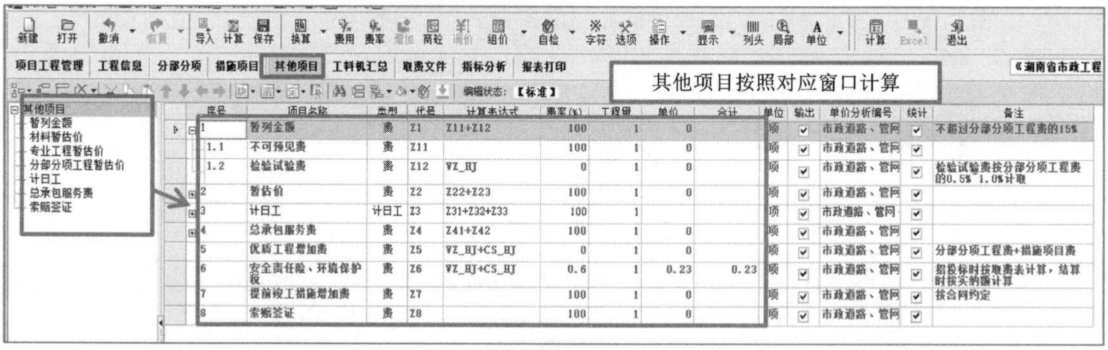

图 8-21

第五步：工料机计算。

①修改信息价，切换至[工料机汇总]界面，直接修改信息单价。

②载入信息价，点击[工料机汇总]界面底部的[信息价文件]选择按钮，选择信息价文件，将信息价文件中的价格载入工程，如图 8-22 所示。

第六步：取费文件。

切换至[取费文件]界面，软件已按最新计价办法内置了取费文件的各项费用的计算公式和费率，一般情况下可以直接使用，也可以根据实际工程的需要增加、删除费用项，或修改费用计算公式和费率，如图 8-23 所示。

第七步：调价。

通过快速调价操作，可快速调整工程总价，或按比例调整子目单价，以及人工、材料、机

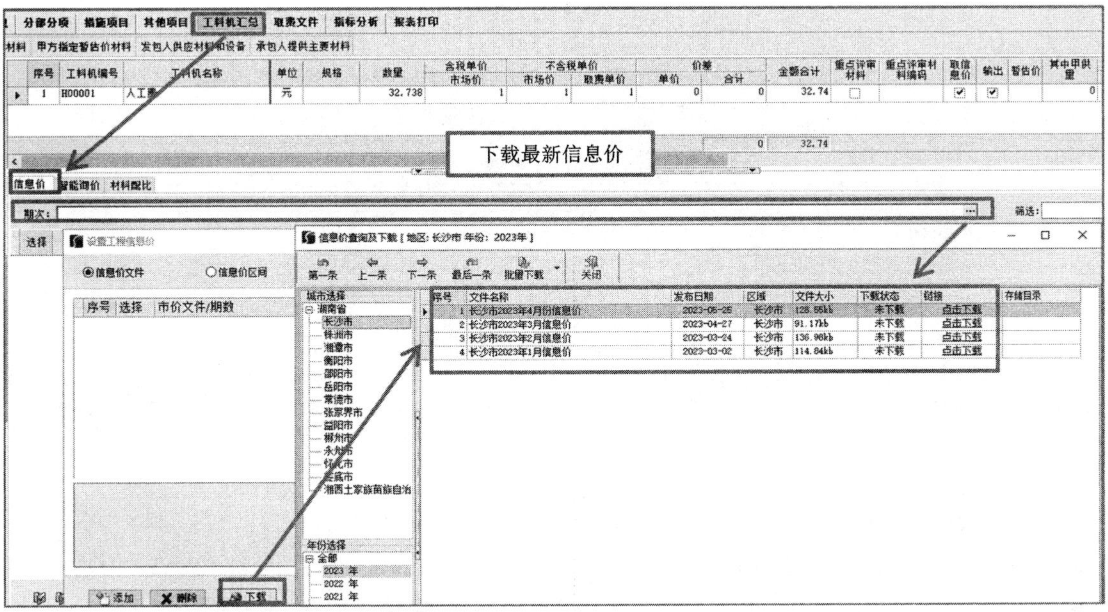

图 8-22

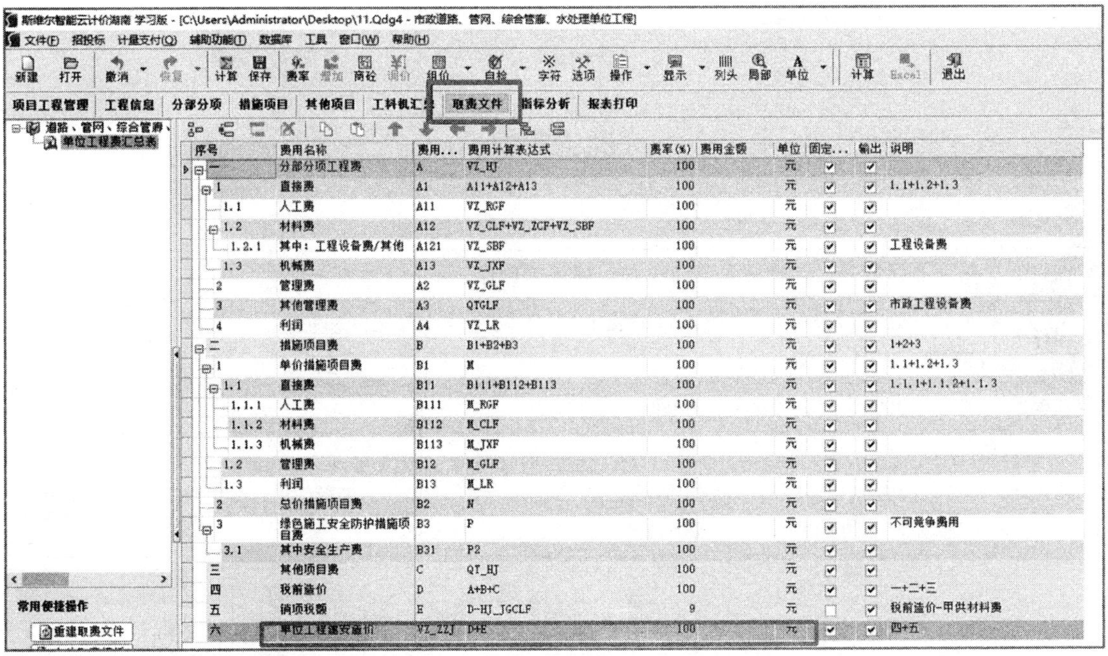

图 8-23

械、管理费、利润各项单价，并可以通过执行[撤消调价]命令，恢复至原价。在调整总价时，如果一次不能调整到指定的造价，可通过多次调整来实现。如图 8-24 所示。

第八步：报表输出，如图 8-25 所示。

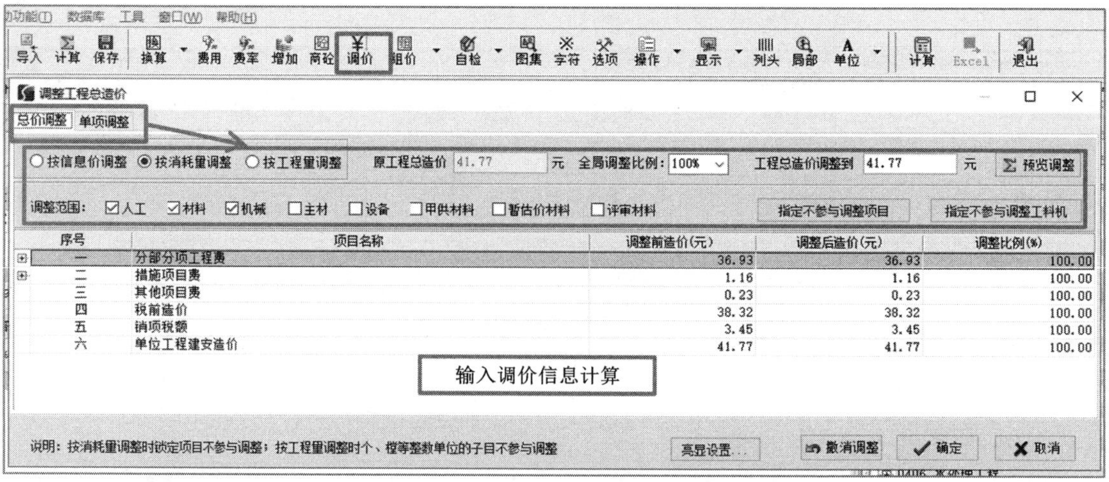

图 8-24

图 8-25

课堂实训

班级：　　　　学号：　　　　姓名：　　　　日期：

<table>
<tr><td>实训目的</td><td colspan="8">熟练掌握市政造价软件菜单命令和快捷键的操作</td></tr>
<tr><td>实训任务</td><td colspan="8">完成《湖南省长沙市某广场入口铺装工程》建设项目计价文件编制。
(模块二　任务 12)</td></tr>
<tr><td>实训提示</td><td colspan="8">注意导出保存时，要选择整个建设项目导出</td></tr>
<tr><td>实训记录</td><td colspan="8"></td></tr>
<tr><td rowspan="6">实训评价</td><td>评价</td><td>学习/工作态度</td><td>完成度</td><td>专业技能操作能力</td><td>遵纪守法</td><td>交流沟通能力</td><td>自主学习效果</td><td>专业思维拓展能力</td></tr>
<tr><td>优秀(A)</td><td></td><td></td><td></td><td></td><td></td><td></td><td></td></tr>
<tr><td>良好(B)</td><td></td><td></td><td></td><td></td><td></td><td></td><td></td></tr>
<tr><td>合格(C)</td><td></td><td></td><td></td><td></td><td></td><td></td><td></td></tr>
<tr><td>有待改进(D)</td><td></td><td></td><td></td><td></td><td></td><td></td><td></td></tr>
<tr><td colspan="8">综合评价结果：________________</td></tr>
</table>

8.3　新点云计价软件编制流程

第一步：新建工程文件，如图 8-26 和图 8-27 所示。

图 8-26

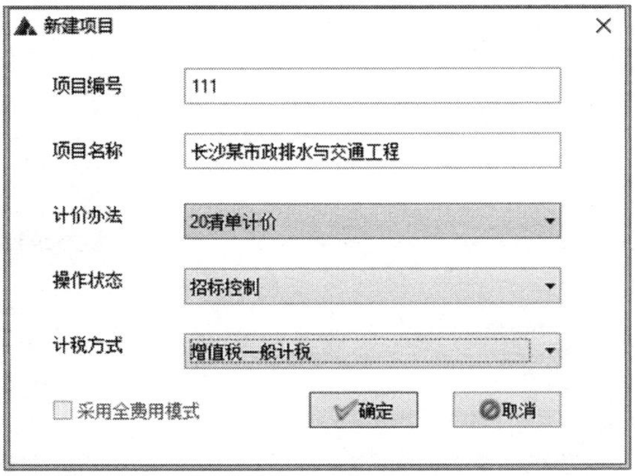

图 8-27

新建建设项目之后，选择清单计价文件。

①确认计价方式，按向导新建。

②选择清单库、清单专业、定额库、定额专业。

③输入工程名称，输入工程相关信息。

④点击[确定]，新建完成，如图 8-28 和图 8-29 所示。

第二步：分部分项编辑。

①添加清单与定额，如图 8-30 和图 8-31 所示。

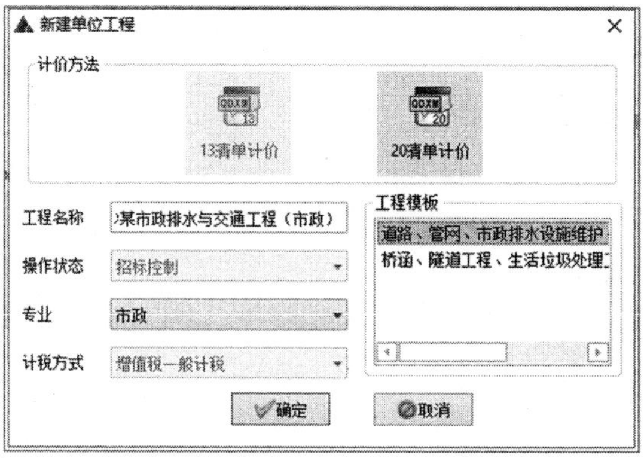

图 8-28

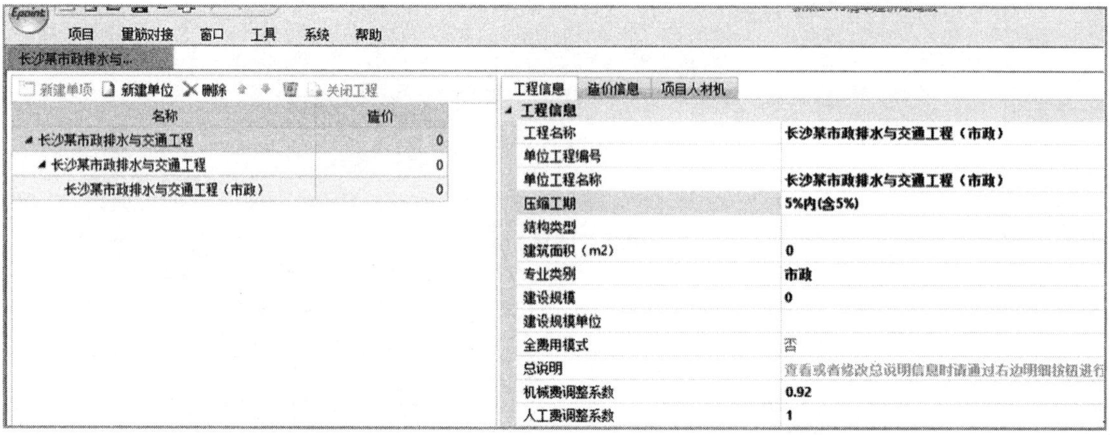

图 8-29

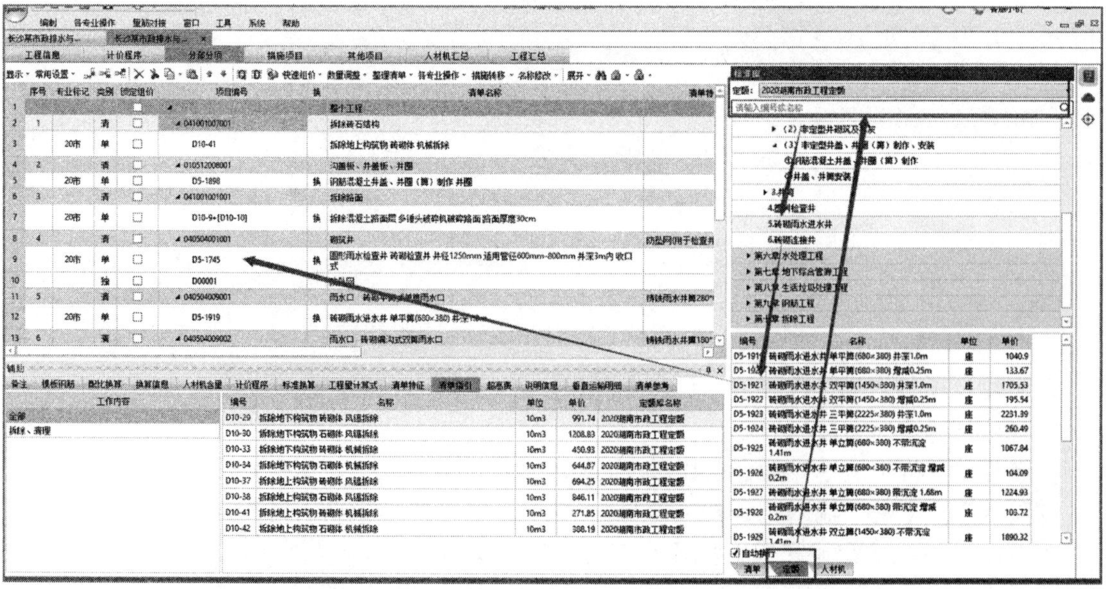

图 8-30

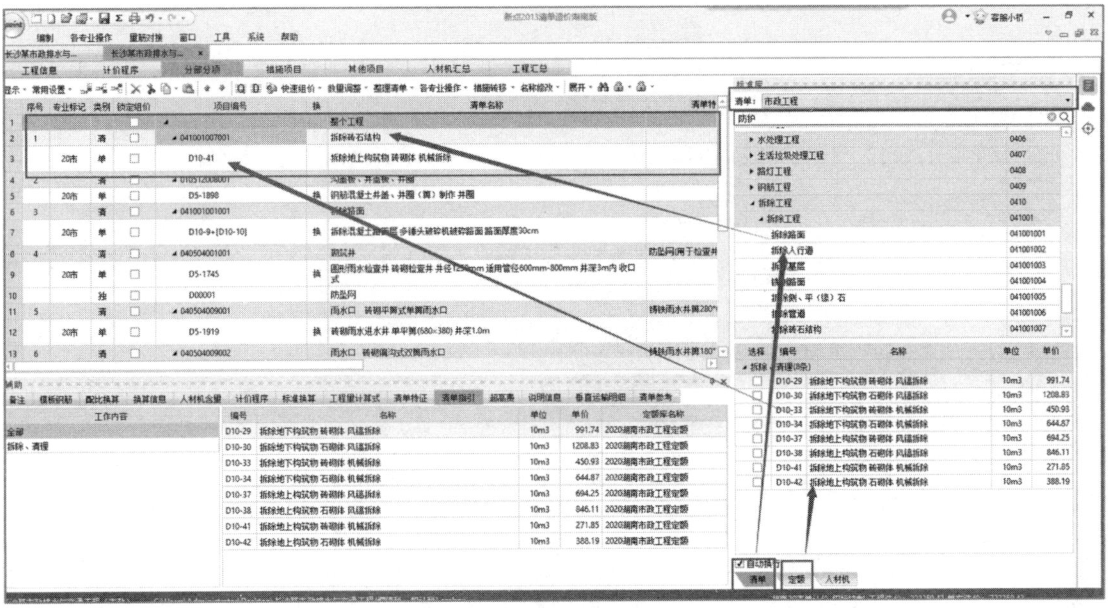

图 8-31

②定额调整，如图 8-32 所示。

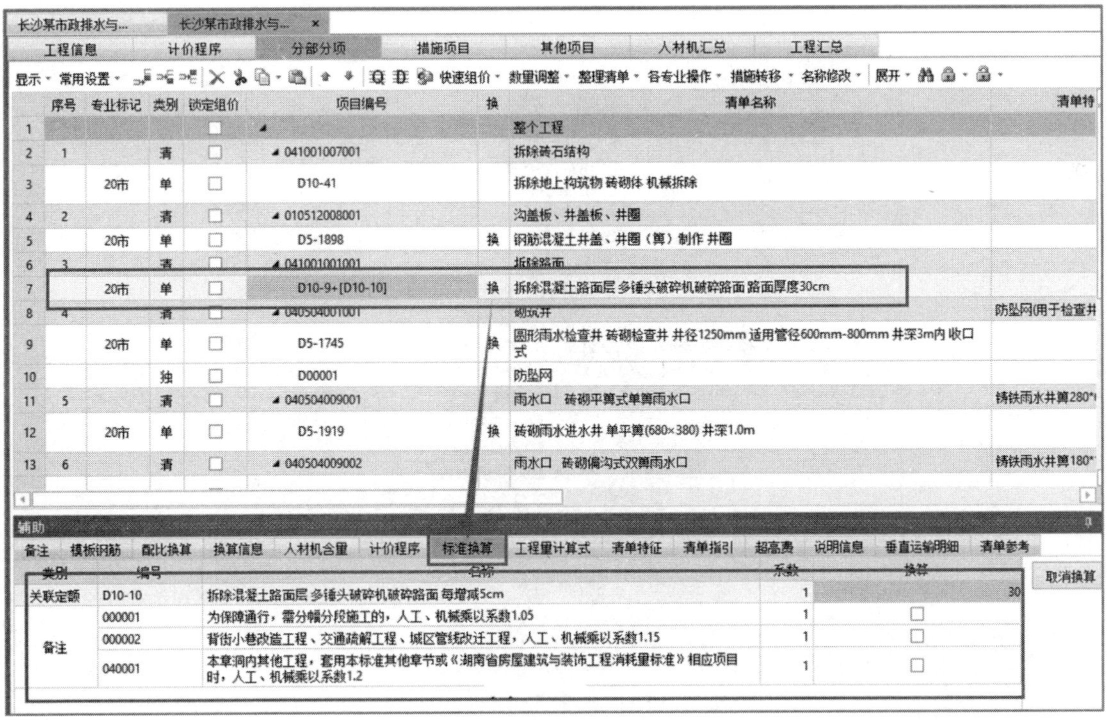

图 8-32

③材料换算，如图 8-33~图 8-36 所示。

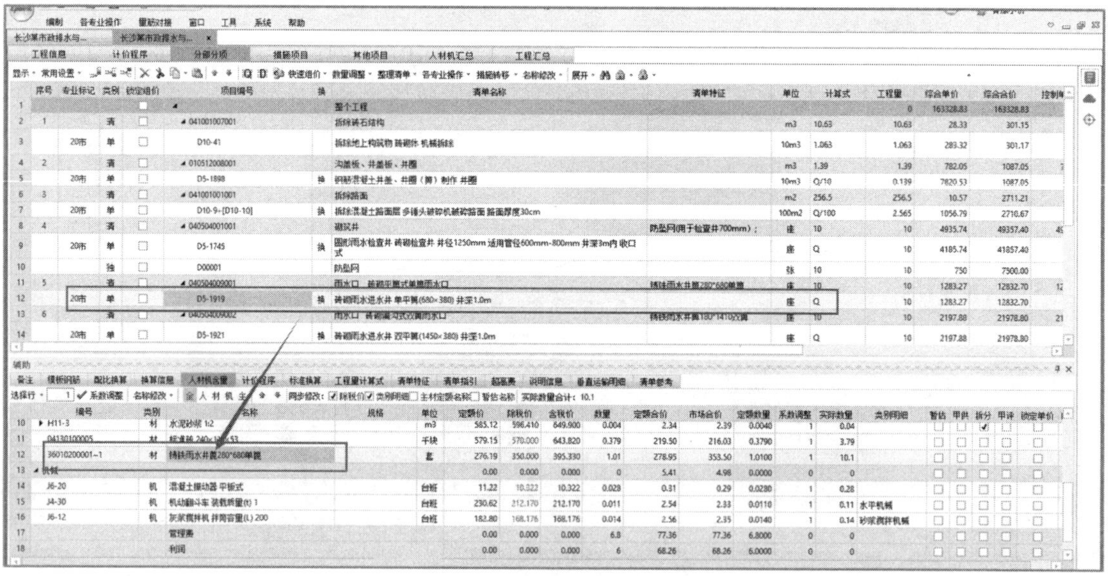

图 8-33

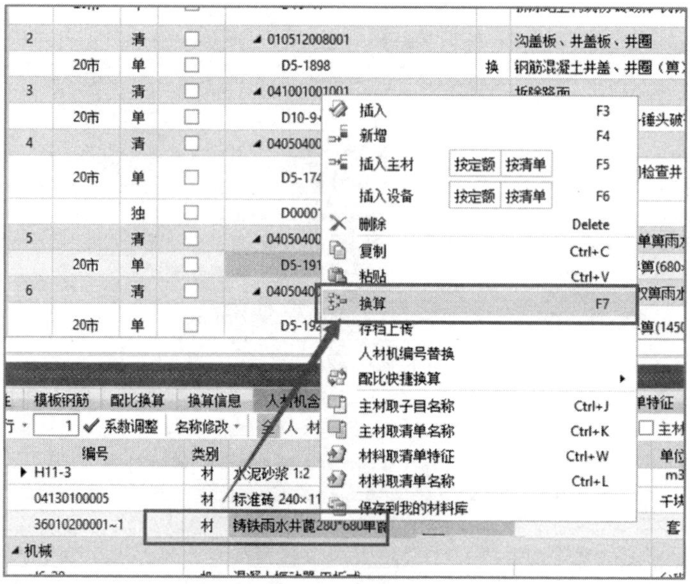

图 8-34

第三步：措施项目计算，如图 8-37 所示。
第四步：其他项目计算，如图 8-38 所示。
第五步：工料机计算，如图 8-39~图 8-42 所示。

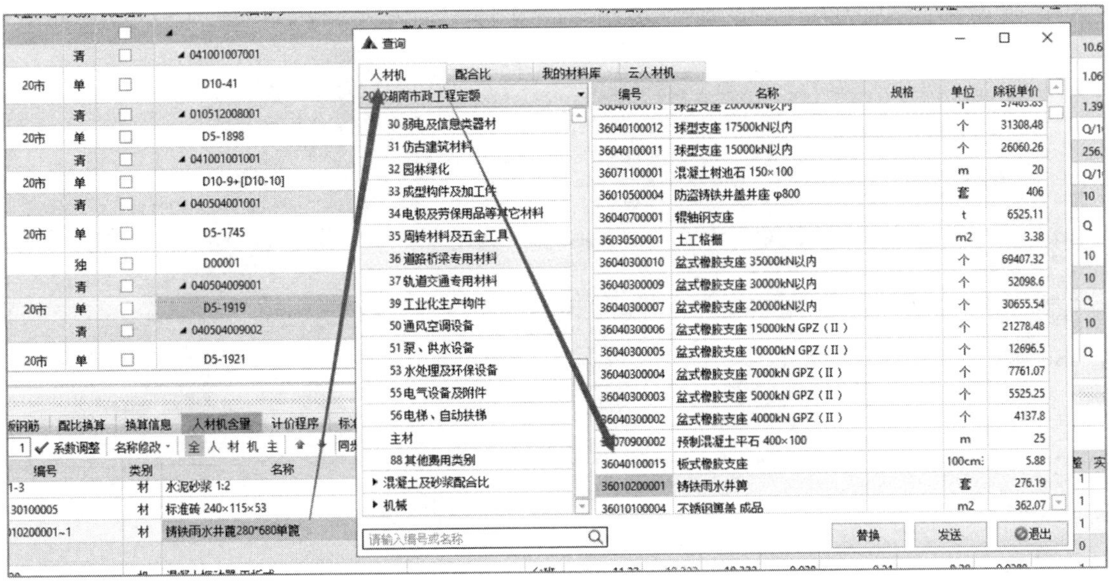

图 8-35

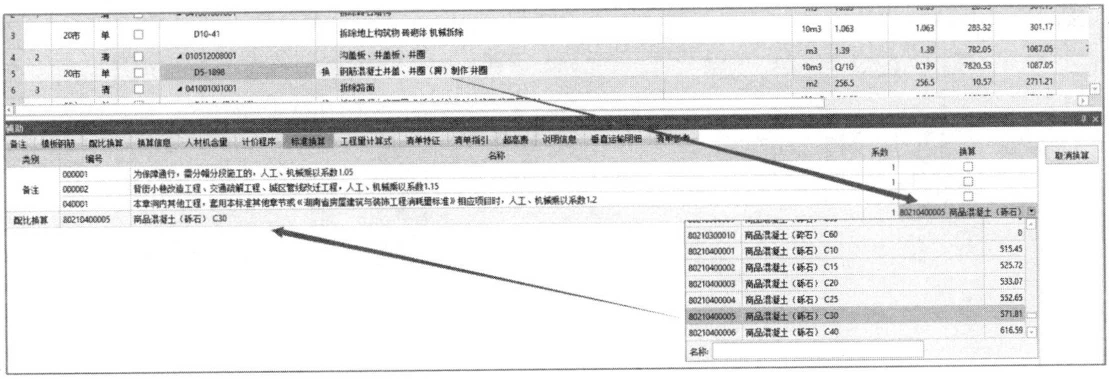

图 8-36

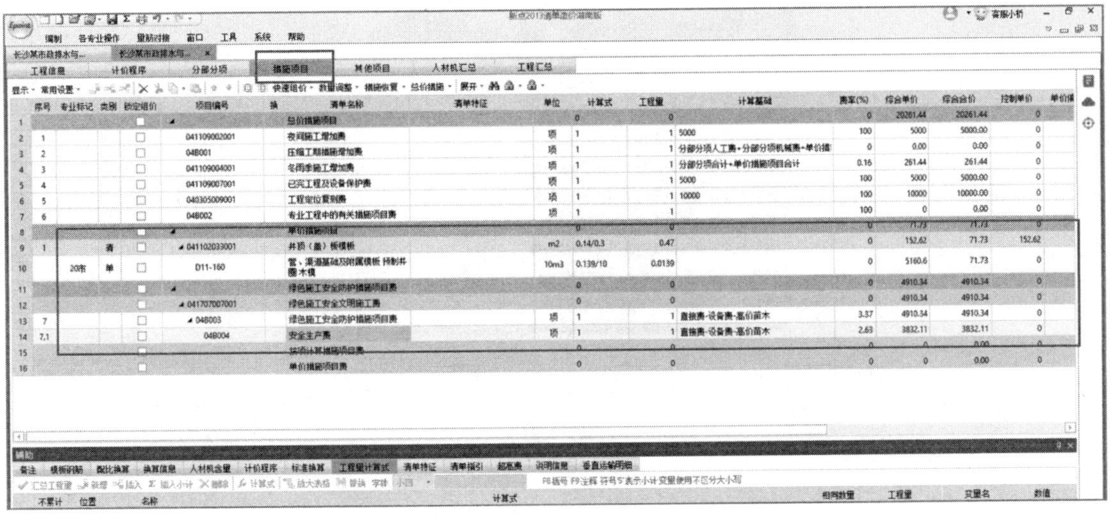

图 8-37

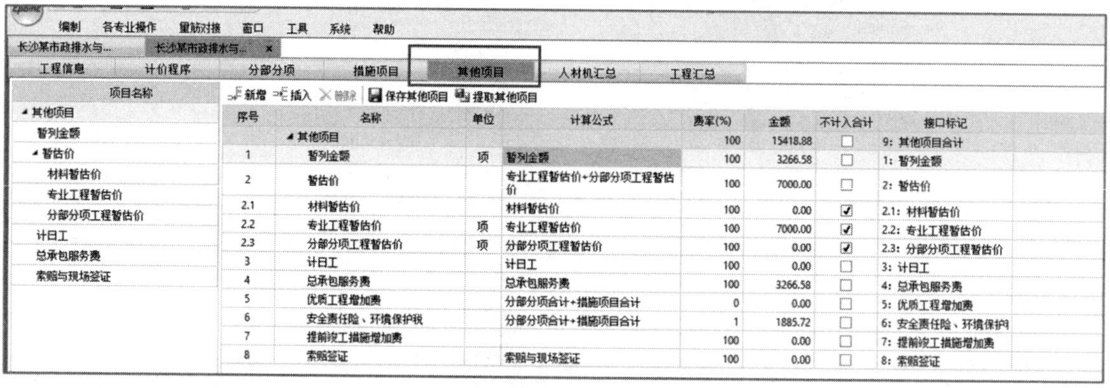

图 8-38

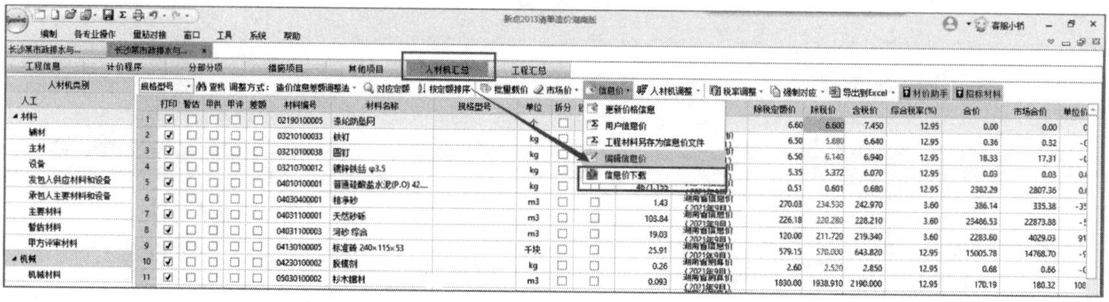

图 8-39

图 8-40

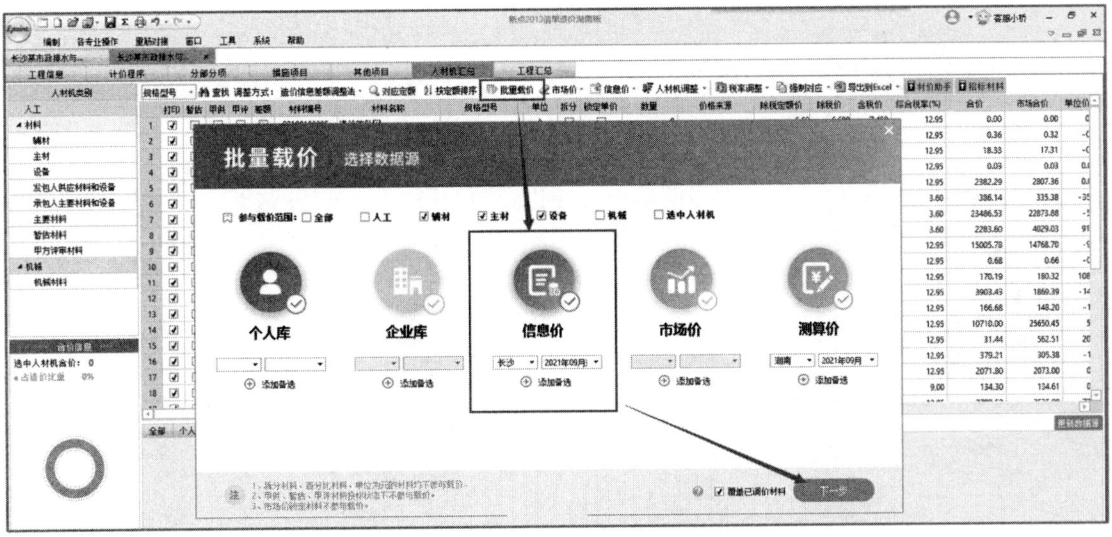

图 8-41

图 8-42

第六步：工程造价汇总，如图 8-43 所示。

图 8-43

课堂实训

班级：　　　　　　　　　学号：　　　　　　　　　姓名：　　　　　　　　　日期：

实训目的	熟练掌握市政造价软件菜单命令和快捷键的操作
实训任务	完成《湖南省益阳市赫山区某市政道路工程》建设项目计价文件编制。 (模块二　任务 14)
实训提示	注意导出保存时，要选择整个建设项目导出
实训记录	

实训评价：

评价	学习/工作态度	完成度	专业技能操作能力	遵纪守法	交流沟通能力	自主学习效果	专业思维拓展能力
优秀(A)							
良好(B)							
合格(C)							
有待改进(D)							

综合评价结果：________________

8.4　CSPK 造价软件编制流程

第一步：新建工程文件，如图 8-44 所示。

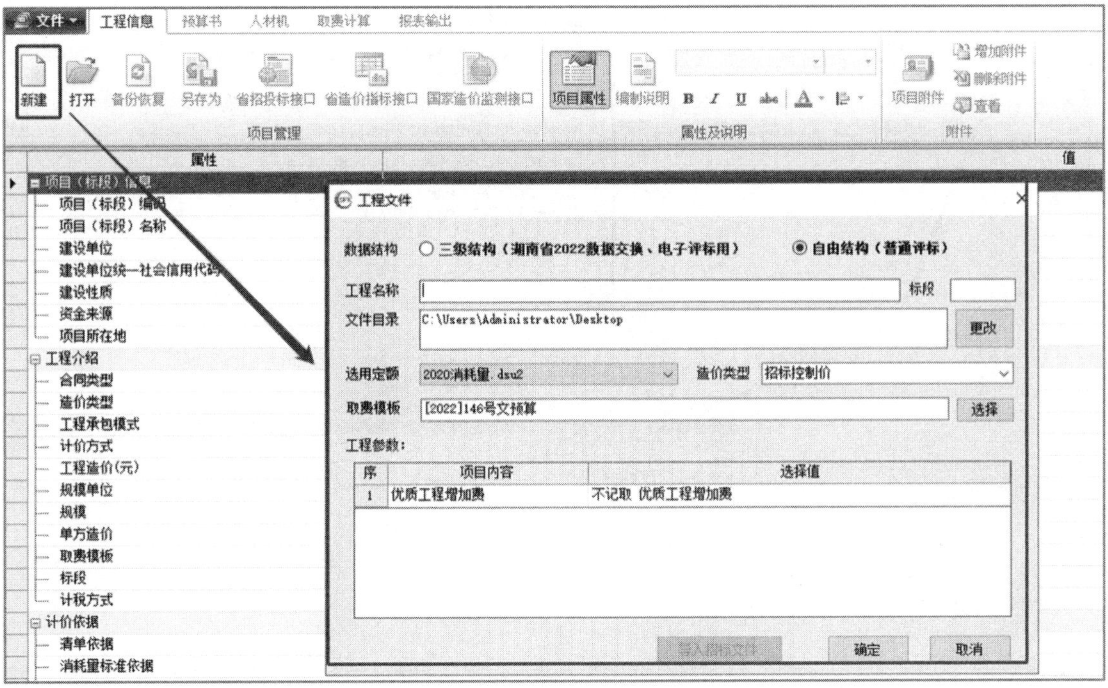

图 8-44

第二步：分部分项编辑。

①添加清单与定额，如图 8-45 所示。

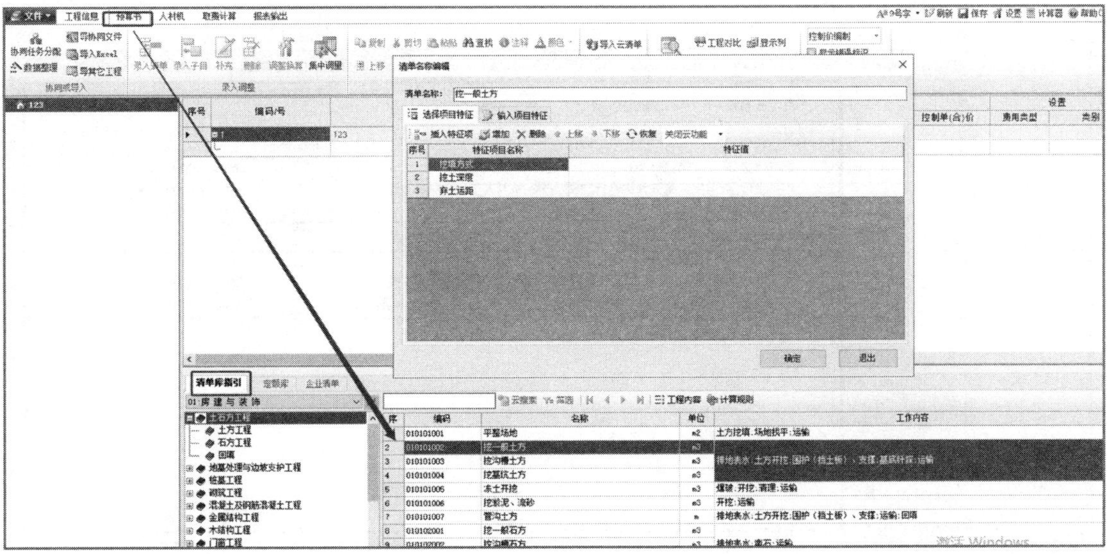

图 8-45

②定额调整，如图 8-46 所示。

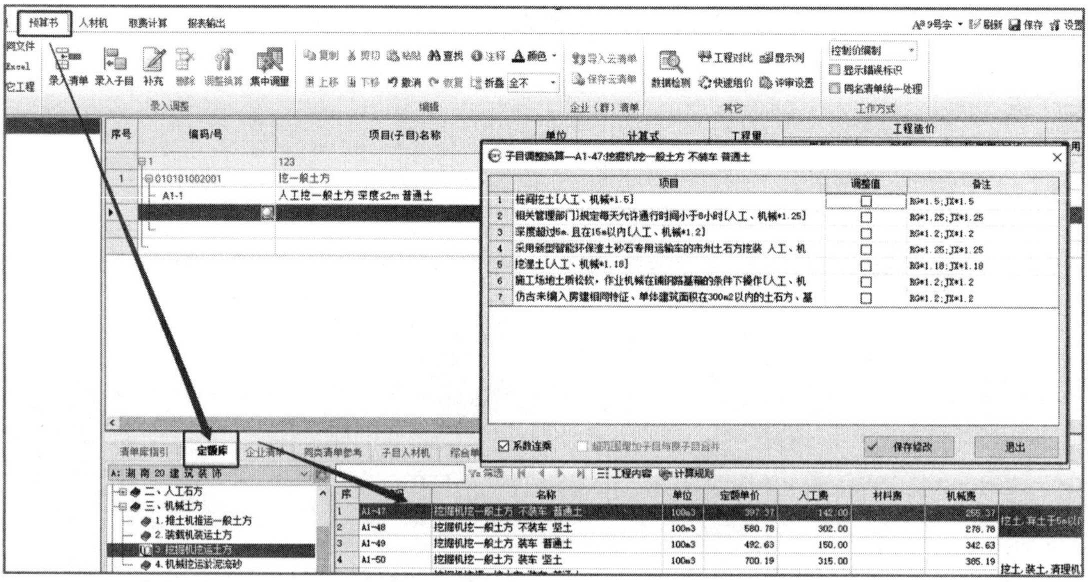

图 8-46

③材料换算，如图 8-47 所示。

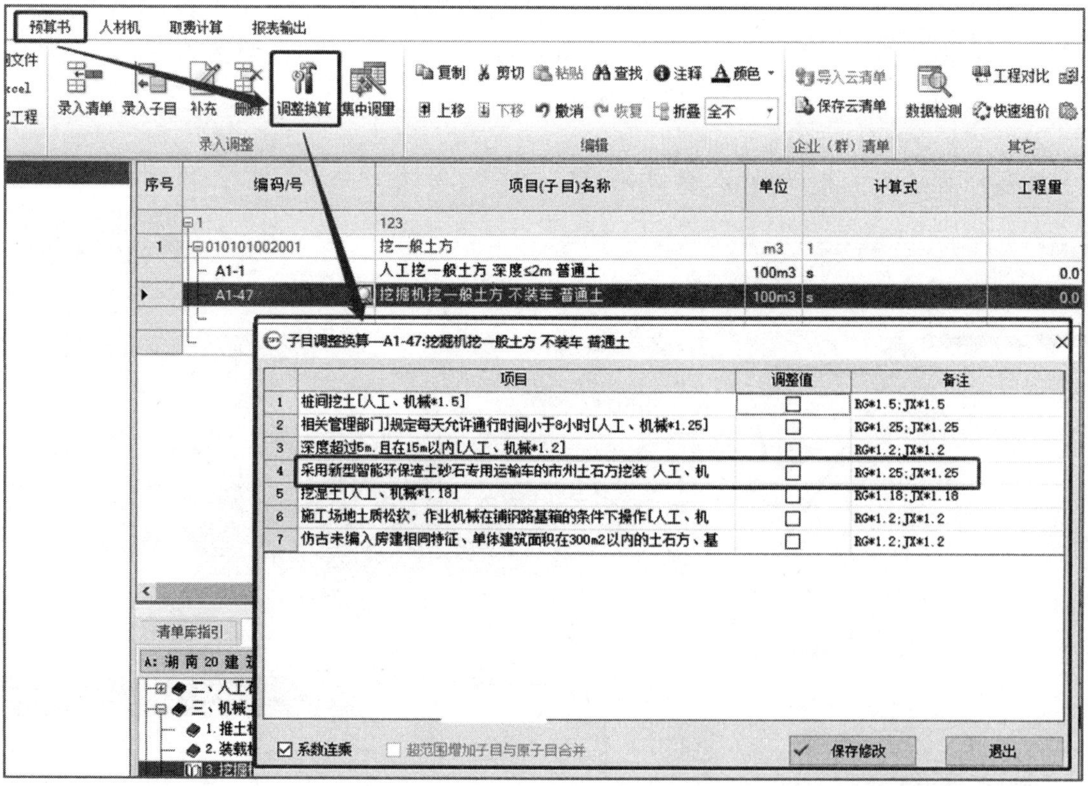

图 8-47

第三步：措施项目计算，如图 8-48 所示。

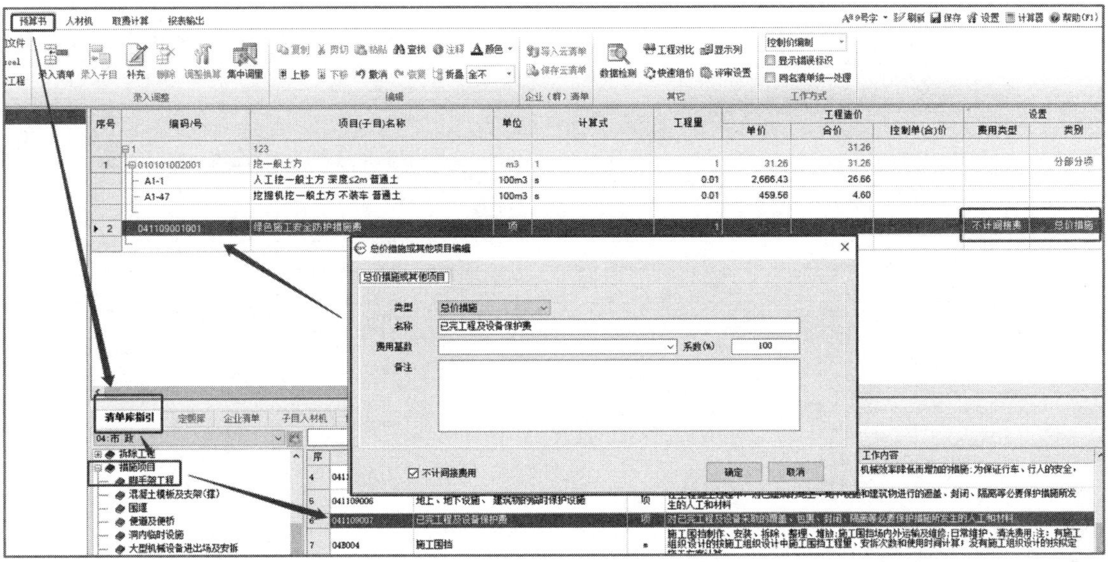

图 8-48

第四步：其他项目计算，如图 8-49 所示。

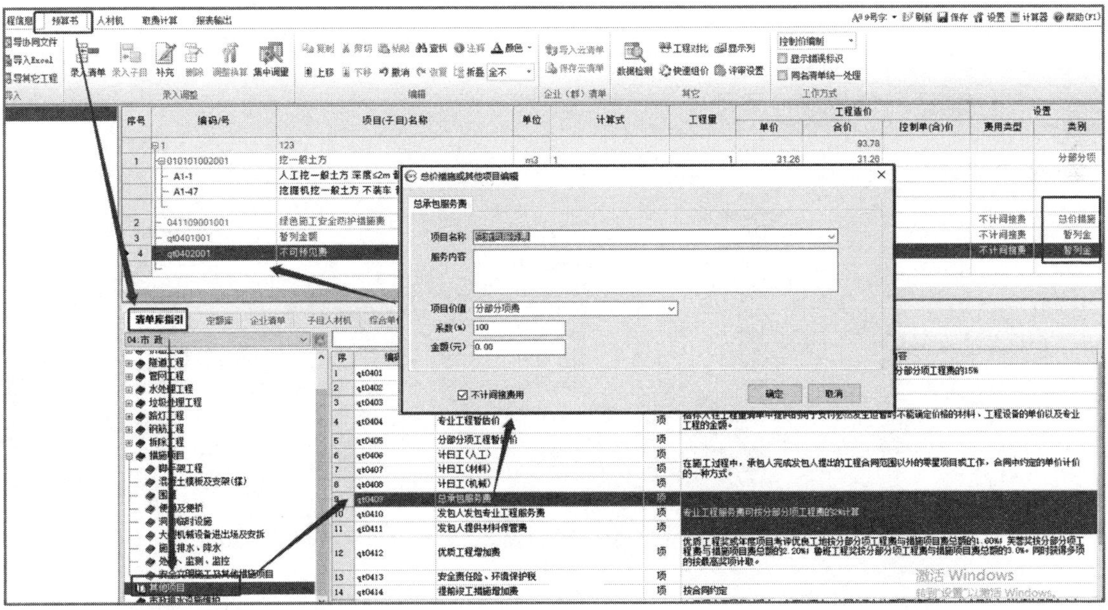

图 8-49

第五步：工料机计算，如图 8-50 所示。

第六步：工程造价汇总，如图 8-51 所示。

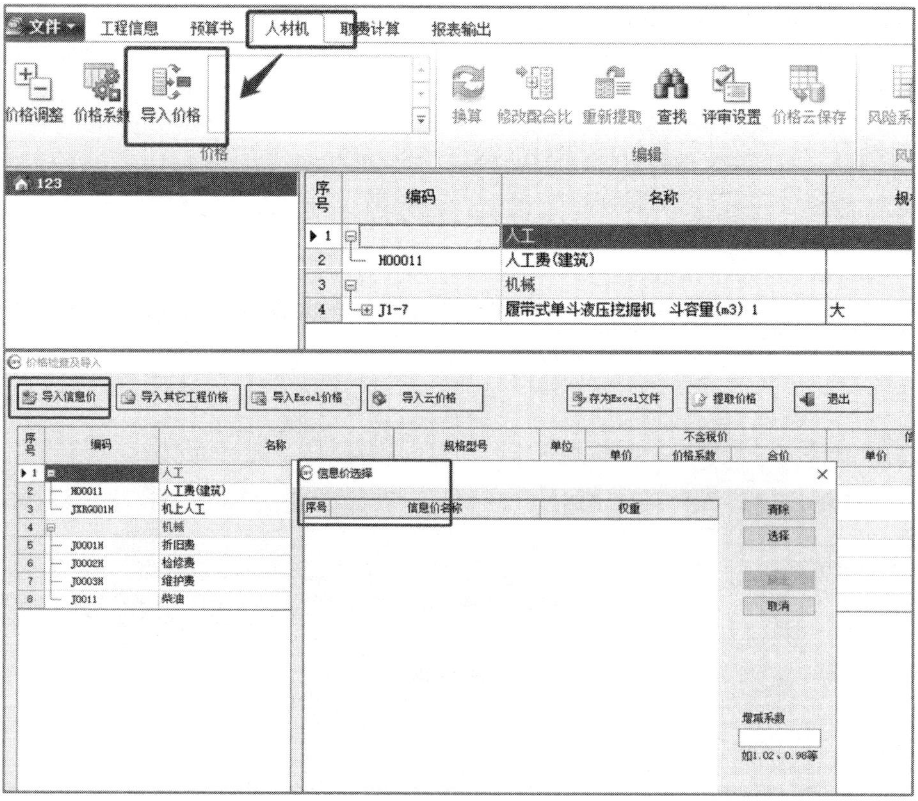
文件
工程信息
预算书
人材机
取费计算
报表输出
价格调整
价格系数
导入价格
价格
换算
修改配合比
重新提取
查找
评审设置
价格云保存
编辑
123
序号
编码
名称
人工
H00011
人工费(建筑)
机械
J1-7
履带式单斗液压挖掘机 斗容量(m3) 1
价格检查及导入
导入信息价
导入其它工程价格
导入Excel价格
导入云价格
存为Excel文件
提取价格
退出
信息价选择
信息价名称
权重
清除
选择
取消
增减系数
如1.02、0.98等

图 8-50

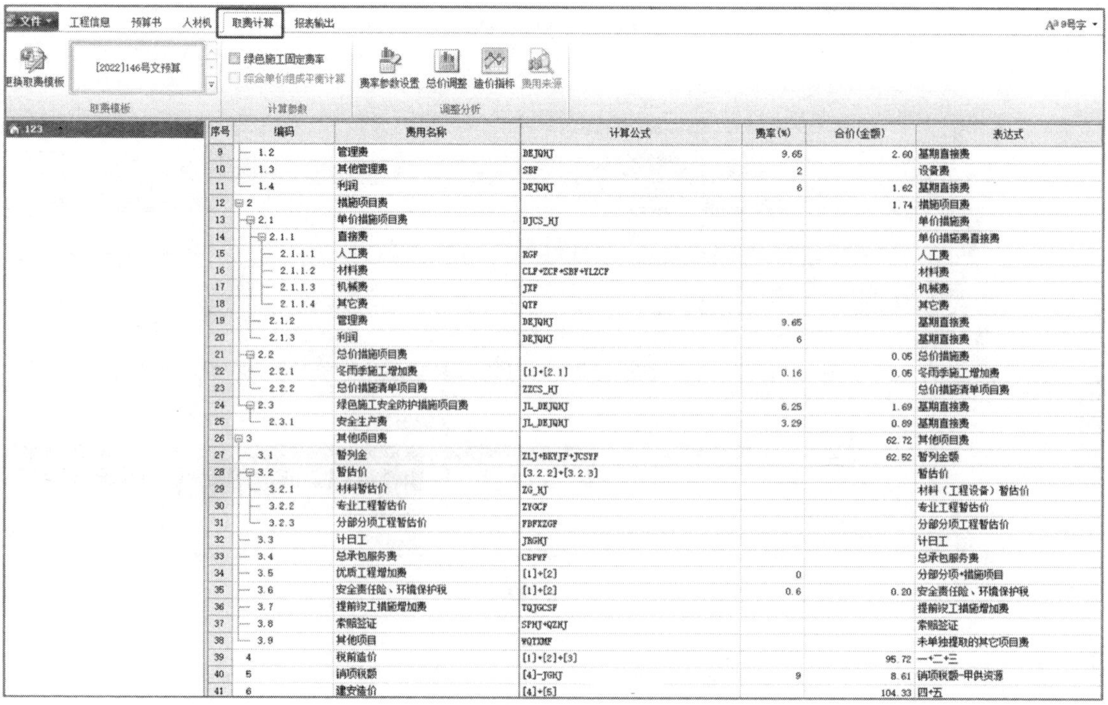
文件
工程信息
预算书
人材机
取费计算
报表输出
更换取费模板
[2022]146号文预算
绿色施工固定费率
取费模板
计算参数
费率参数设置
总价调整
造价指标
费用来源
调整分析
序号
编码
费用名称
计算公式
费率(%)
合价(金额)
表达式

图 8-51

课堂实训

班级：　　　　　　　学号：　　　　　　　姓名：　　　　　　　日期：

<table>
<tr><td>实训目的</td><td>熟练掌握市政造价软件菜单命令和快捷键的操作</td></tr>
<tr><td>实训任务</td><td>完成《湖南省湘潭某电厂进厂及安置区道路工程》建设项目计价文件编制。
（模块二　任务 13）</td></tr>
<tr><td>实训提示</td><td>注意导出保存时，要选择整个建设项目导出</td></tr>
<tr><td>实训记录</td><td></td></tr>
<tr><td>实训评价</td><td>
<table>
<tr><td>评价</td><td>学习/工作态度</td><td>完成度</td><td>专业技能操作能力</td><td>遵纪守法</td><td>交流沟通能力</td><td>自主学习效果</td><td>专业思维拓展能力</td></tr>
<tr><td>优秀（A）</td><td></td><td></td><td></td><td></td><td></td><td></td><td></td></tr>
<tr><td>良好（B）</td><td></td><td></td><td></td><td></td><td></td><td></td><td></td></tr>
<tr><td>合格（C）</td><td></td><td></td><td></td><td></td><td></td><td></td><td></td></tr>
<tr><td>有待改进（D）</td><td></td><td></td><td></td><td></td><td></td><td></td><td></td></tr>
</table>
综合评价结果：________________
</td></tr>
</table>

模块小结

1. 运用造价软件完成工程项目新建。
2. 运用造价软件进行分部分项工程量清单的编制及组价、换算和调价。
3. 运用造价软件进行措施项目费的编制与组价。
4. 运用造价软件进行其他项目费的编制与组价。
5. 运用造价软件进行信息价的载入、工料机的用量和价格调整。
6. 运用造价软件导出计价文件与报表。
7. 独立完成课堂实训和课后实训。

复习思考题

1. 简述建设项目的编制过程。
2. 简述措施项目清单的分类。
3. 其他项目费有哪些?
4. 简述材料单价的组成。
5. 简述冬雨季施工增加费的计算步骤。
6. 简述材料信息价的载入方法。

模块二　市政案例分析

【知识目标】

能熟练地运用软件编制计价文件。
通过案例分析训练，加强对软件应用的掌握。

【能力目标】

熟练掌握市政造价软件的应用。
能运用造价软件对成本进行有效的管理。

【素质目标】

增强专业能力与专业水准。
增加制度自信与职业自豪感。

任务 9　湖南省长沙市雨花区某市政工程

1. 项目名称

长沙市雨花区某市政道路工程。

2. 要求

(1)清单计价模式，一般计税法。

(2)根据工程清单编制投标报价。

(3)在软件中导出数据文件，并保存至桌面。

(4)清单库及定额都选用最新的市政工程相关计算规则和消耗量标准。

3. 分部分项工程费及单价措施组价

序号	项目编码	项目名称	项目特征描述	计量单位	工程量
	0401	市政：附录 A　土石方工程			
1	040101001001	挖一般土方	1. 土壤类别：Ⅲ类坚土； 2. 要求：长沙市采用新型智能环保专用运输车运输	m^3	14910.95
	D1-2	人工挖一般土方　坚土		100 m^3	44.7328
	D1-38	挖掘机挖土方　挖土装车　坚土		1000 m^3	10.43767
	D1-59 换	自卸汽车运土方运距 1 km 内~长沙市采用新型智能环保专用运输车运输		1000 m^3	14.91095
2	040101005001	挖淤泥、流砂	1. 运距：3 km； 2. 要求：长沙市采用新型智能环保专用运输车运输	m^3	14882.34
	D1-39	挖掘机挖土方　挖土装车　淤泥		1000 m^3	14.88234
	D1-61+ D1-62 * 2 换	自卸汽车运淤泥运距 1 km 内~实际运距(km)：3~长沙市采用新型智能环保专用运输车运输		1000 m^3	14.88234
	0402	市政：附录 B　道路工程			
3	040201021001	土工合成材料	自黏式玻纤格栅	m^2	560.00
	D2-25 换	土工格栅~换：自黏式玻纤格栅		100 m^2	5.60
4	040202001001	路床(槽)整形	含量：人工含量 50	m^2	1648.00
	D2-6 换	路床(槽)整形　车行道路床整形　碾压		100 m^2	16.48
5	040202011001	碎石　40 cm　级配碎石　基层		m^2	1080.00
	D2-46+ D2-47 * 20 换	级配碎石基层　机械拌和　厚度 20 cm~实际厚度(cm)：40		100 m^2	10.80

续上表

序号	项目编码	项目名称	项目特征描述	计量单位	工程量
6	040202015001	水泥稳定碎(砾)石　基层	1. 厚度：30 cm； 2. 水泥含量：5%	m^2	1080.00
	D2-42+ D2-43 * 10 换	水泥稳定料基层　水泥稳定碎石厚度 20 cm~实际厚度(cm)：30		100 m^2	10.80
	D2-56	多合料基层养生　洒水养护		100 m^2	10.80
7	040203001001	沥青表面处治 1 cm 改性沥青应力吸收层	1. 沥青品种：改性沥青； 2. 位置：城镇道路两侧接 顺处； 3. 层数：双层	m^2	1648.00
	D2-79 换	沥青表面处治　机械喷油、撒料双层式~换：改性沥青		100 m^2	16.48
8	040203003001	透层、黏层　透层	1. 材料品种：乳化沥青； 2. 位置：城镇道路两侧接顺处； 3. 喷油量：0.8 kg/m^2	m^2	1648.00
	D2-86 * 0.8 换	喷洒沥青油料　透层　乳化沥青油量(1.0 kg/m^2)~单价×0.8		100 m^2	16.48
9	040203006001	沥青混凝土　面层	1. 沥青混凝土种类：改性细粒式沥青混凝土(AC-13)商品混凝土； 2. 厚度：4 cm； 3. 运距：5 km	m^2	1648.00
	D2-106+ D2-107 * 2 换	细粒式沥青混凝土路面　机械摊铺　厚度 3 cm~实际厚度(cm)：4~换：改性细粒式沥青混凝土 AC-13(商品混凝土)		100 m^2	16.48
	D2-116	沥青混合料场外运输　自卸汽车运距 5 km 内		100 m^3	0.6592
10	040203008001	块料面层　台阶	1. 要求：拼花铺装； 2. 块料品种、规格：透水砖　240×115×60	m^2	56.40
	D2-141 换	铺砌式面层　花岗岩料石　厚度 50~90 mm　每块面积 0.36 m^2 以内~拼花铺装~换：透水砖		100 m^2	0.564
11	040205004001	标志板	1. 类型：道口标志牌 1.2 m×1.2 m； 2. 板面反光膜等级：超强反光膜； 3. 基础：C30　商品混凝土	块	11.00
	D2-225	标志杆、门架钢结构制作　制作法兰底座单柱杆		t	1.07
	D2-233	标志牌制作　方形		m^2	15.84
	D2-234 换	标志牌贴膜~换：超强反光膜		m^2	31.68
	D2-235	反光膜文字、图案制作		m^2	0.101
	D2-239	标志杆、标牌整体安装　单柱式杆高 3500 mm 以内		套	11.00
	D1-4	人工挖沟槽、基坑土方　普通土深度在 2 m 以内		100 m^3	0.15
	D1-9	人工运土　运距 20 m 以内		100 m^3	0.15
	D3-43 换	现浇混凝土　立柱、端柱，灯柱~换：商品混凝土(砾石)　C30		10 m^3	1.48

续上表

序号	项目编码	项目名称	项目特征描述	计量单位	工程量
12	040205004002	标志板 减速让行+人行横道标志牌	1. 钢管立柱：ϕ89×4.5×3720； 2. 标志板：铝板、钻石级　反光膜	块	3.00
	D2-224	标志杆、门架钢结构制作　制作　直埋单柱杆		t	0.10512
	D2-233	标志牌制作　方形		m^2	1.71
	D2-234 换	标志牌贴膜~换：钻石级反光膜		m^2	1.71
	D2-235	反光膜文字、图案制作		m^2	1.71
	BCDE-003	标志杆、标牌整体安装　单柱式		套	3.00
	D3-3 换	现浇混凝土　混凝土基础~换：商品混凝土(砾石)　C25		10 m^3	0.1512
	D9-1 换	非预应力钢筋制作安装　现浇圆钢(直径 mm)ϕ10 以内~换：圆钢 ϕ8		t	0.009
	D9-4 换	非预应力钢筋制作安装　现浇带肋钢筋(直径 mm)ϕ10 以外~换：螺纹钢筋 HRB400　ϕ12		t	0.0162
	D9-10	铁件制作安装　预埋铁件		t	0.0597
13	040205006001	标线		m^2	433.36
	D2-259	普通标线　标线　热熔涂料　普通　型		100 m^2	4.3336
14	040205014001	信号灯　满屏信号灯	1. 类型：满屏信号灯； 2. 灯架材质、规格：400 型	套	10.00
	D2-280	交通信号灯具安装　机动车灯		套	10.00
	D3-43 换	现浇混凝土　立柱、端柱，灯柱~换：商品混凝土（砾石）　C30		10 m^3	1.2048
	BCDE-001	立杆制作		套	10.00
	BCDE-002	立杆安装		套	10.00
	BGJ-001	预埋钢筋		kg	135.60
15	040205014002	信号灯 人行横道信号灯(双向)	1.类型：人行横道信号灯(双向)； 2. 基础垫层：C30 商品混凝土基础； 3. 灯架材质、规格：立杆 ϕ89×4.5×3000	套	28.00
	D3-43 换	现浇混凝土　立柱、端柱，灯柱~换：商品混凝土（砾石）　C30		10 m^3	1.2048
	D2-279	人行灯灯杆		套	28.00
	D2-281	交通信号灯具安装　人行灯		套	28.00
	0403	市政：附录 C　桥涵工程			

续上表

序号	项目编码	项目名称	项目特征描述	计量单位	工程量
16	040303020001	混凝土桥头搭板	1. 混凝土强度等级：C25 商品混凝土； 2. 要求：顺接	m^3	682.90
	D3-38 换	现浇混凝土 桥头搭板～换：商品混凝土（砾石） C25		10 m^3	68.29
	0410	市政：附录 K 拆除工程			
17	041001001001	拆除路面		m^2	1080.00
	D10-7	拆除混凝土路面层 机械拆除 厚 15 cm 内		100 m^2	10.80
18	041001003001	拆除基层	1. 厚度：挖除水稳基层 20 cm； 2. 机械、运输：机械挖除，自卸汽车运输，运距 1 km； 3. 长沙市采用新型智能环保专用运输车运输	m^2	1080.00
	D10-13+ D10-14 换	拆除道路基层 有骨料多合土 机械拆除 厚 15 cm 内～实际厚度（cm）：20		100 m^2	10.80
	D1-111	挖掘机挖石碴 平地 装车		100 m^3	2.16
	D1-116 换	自卸汽车运石碴 运距 1 km 以内～长沙市采用新型智能环保专用运输车运输		100 m^3	2.16

4. 措施项目费组价

（1）总价（计项）措施项目清单组价。

序号	项目编码	项目名称	计算基础	费率/%	金额/元
1	041109002001	夜间施工增加费	50000		50000
2	041109004001	冬雨季施工增加费	分部分项合计 + 单价措施	0.16	自行计算
3	041109006001	地上、地下设施，建筑物的临时保护设施	50000		50000
4	041109007001	已完工程及设备保护	30000		30000
5	041108001001	地下管线交叉处理	30000		30000
6	ZJCS001002	工程定位复测费	10000		10000

（2）单价（计量）措施项目清单组价。

序号	项目编码	项目名称	工程量表达式	计量单位	工程数量
1	041106001001	大型机械设备进出场及安拆	3	台·次	3
	J14-20	场外运输 履带式挖掘机 1 m^3 以内	1	台次	1
	J14-35	场外运输 压路机	1	台次	1
	J14-37	场外运输 沥青混凝土摊铺机	1	台次	1

续上表

序号	项目编码	项目名称	工程量表达式	计量单位	工程数量
2	041104001001	便道	7692.95	m^2	7692.95
	D11-297	施工便道　路基　宽 7 m	5	km	5
	D11-301	施工便道　便道维护　路基宽 7 m	5×3	km·月	15

(3)绿色施工安全防护措施项目费组价。

序号	项目编码	项目名称	工程量表达式	费率/%	金额
1	LSAQ001001	绿色施工安全防护措施项目费	分部分项人工费+分部分项材料费+分部分项机械费+单价措施的人工费+单价措施的材料费+单价措施的机械费-分部分项工程设备费其他	3.37	自行计算
其中	LSAQ001011	安全生产费	分部分项人工费+分部分项材料费+分部分项机械费+单价措施的人工费+单价措施的材料费+单价措施的机械费-分部分项工程设备费其他	2.63	自行计算

5. 其他项目费组价

序号	项目名称	计算公式	金额/元
1	暂列金额		汇总
1.1	不可预见费	分部分项工程费×2%	自行计算
2	暂估价		30000
2.1	材料(工程设备)暂估价		—
2.2	专业工程暂估价		30000
2.2.1	原水渠移位复位费 2 m×2 m×250 m		30000
3	计日工		—
4	总承包服务费		汇总
4.1	发包人发包专业工程服务费	分部分项工程费×2%	自行计算
5	索赔与现场签证		—
6	优质工程增加费	(分部分项合计+单价措施+绿色施工安全防护措施项目费+总价措施费)×1.6%	
7	安全责任险、环境保护税	(分部分项合计+单价措施+绿色施工安全防护措施项目费+总价措施费)×0.6%	

6. 工料机汇总计算

(1)价格文件：下载并载入湖南省长沙市最新的信息价。

(2)部分单独调整的材料单价(含税)如下：

热熔标线涂料：7.5 元/kg　　　400 型满屏信号灯：1155 元/套

水：3.49 元/t　　透水砖：38 元/m^2　　超强反光膜：224 元/m^2

单臂交通信号灯灯杆 ϕ89×4.5×3000：7530 元/套。

(3)通过"真材实价助手——平台综合价/信息价"命令，完成以下材料的市场价查询。不限区域和时间自行选用合适的材料单价：钻石级反光膜、改性细粒式沥青混凝土 AC-13(商品混凝土)、灯具支架、直杆杆高 3500 mm 以内、ϕ400 人行灯(2 个灯盘)、单向单悬臂+标牌。

7. 结果

造价：________________

________________工程

考核项目	考核内容	标准分	评分标准	得分
课堂表现(100 分)	到课情况	30	旷课 1 节扣 5 分，迟到 1 次扣 2 分，早退 1 次扣 3 分，扣至 0 分为止	
	认真听讲，积极操作	40	上课不操作一次扣 5 分，扣至 0 分，本次考核分数减半	
	维护教室卫生不乱扔垃圾	30	乱丢垃圾扣 5 分，离开教室没带自己的垃圾扣 5 分，不打扫卫生扣 10 分，扣完为止	

续上表

<table>
<tr><th colspan="2">考核项目</th><th>考核内容</th><th>标准分</th><th>评分标准</th><th>得分</th></tr>
<tr><td rowspan="17">成果（100分）</td><td>新建建设项目</td><td>正确新建项目计价文件</td><td>2</td><td>每错一项扣1分，扣至基本分为止</td><td></td></tr>
<tr><td>项目信息与费率</td><td>正确输入基础信息；
正确选择技术、计算参数；正确设置费率及其他取费</td><td>2</td><td>每错一项扣1分，扣至基本分为止</td><td></td></tr>
<tr><td>添加分部分项工程清单项及输出项目特征</td><td>清单列项正确，不重不漏；工程量填写/计算正确；
正确输出项目特征信息；
正确整理清单；
正确选取单价构成文件</td><td>7</td><td>每错一项扣1分，扣至基本分为止</td><td></td></tr>
<tr><td>定额子目的直接套用</td><td>正确正确选择定额子项；
正确定义取费类别；能正确理解项目与定额子目的关系</td><td>10</td><td>每错或漏一项扣1分，扣至基本分为止</td><td></td></tr>
<tr><td>定额的调整换算</td><td>正确换算定额</td><td>20</td><td>每错一项扣2分，扣至基本分为止</td><td></td></tr>
<tr><td>独立费用的计算</td><td>正确计算协商项目费</td><td>7</td><td>每错一项扣1分，扣至基本分为止</td><td></td></tr>
<tr><td rowspan="2">补充定额的添加</td><td>正确添加补充定额</td><td>6</td><td>每错一项扣2分，扣至基本分为止</td><td></td></tr>
<tr><td>正确添加补充材料</td><td>10</td><td>每错一项扣1分，扣至基本分为止</td><td></td></tr>
<tr><td>措施项目的计算</td><td>正确计算单价措施项目；
正确计算总价措施项目</td><td>6</td><td>每错一项扣1分，扣至基本分为止</td><td></td></tr>
<tr><td>其他项目的计算</td><td>正确计算其他项目费用</td><td>6</td><td>每错一项扣1分，扣至基本分为止</td><td></td></tr>
<tr><td rowspan="2">工料机单价计算</td><td>正确调整市场价格</td><td>7</td><td>每错一项扣1分，扣至基本分为止</td><td></td></tr>
<tr><td>正确载入信息价文件</td><td>2</td><td>每错一项扣2分，扣至基本分为止</td><td></td></tr>
<tr><td>调价</td><td>正确调价</td><td>3</td><td>每错一项扣1分，扣至基本分为止</td><td></td></tr>
<tr><td>数据文件导出</td><td>正确导出数据文件</td><td>2</td><td>每错一项扣2分，扣至基本分为止</td><td></td></tr>
<tr><td>造价结果</td><td>单价正确，结果在±5%以内</td><td>10</td><td>每错一项扣2分，扣至基本分为止</td><td></td></tr>
</table>

课堂表现得分：________________

本次考核成果得分：______________

任务 10　湖南省长沙芙蓉路–东风路道路工程

1. 按要求完成《湖南省长沙芙蓉路–东风路道路工程招标控制价》计价文件的编制

(1)本项目是市政工程，位于长沙市地区，采用湖南省最新计价办法计取。

(2)清单计价模式，一般计税法。

(3)人工费指数、机械费指数，以及其他取费费率均按湖南省最新取费标准计。

(4)工期压缩范围 5%以内。

2. 分部分项工程费与措施项目费组价

序号	项目编码	项目名称	项目特征描述	计量单位	工程量
	0402	市政：附录 B　道路工程			
1	040201007001	抛石挤淤	回填　压实　综合抛石方式	m^3	2000.00
	D2–26	抛石挤淤 弹软土基处理		100 m^3	20.00
2	040201021001	土工合成材料　土工格栅	搭接方式：铺设、固定	m^2	14048.00
	D2–25	土工格栅		100 m^2	140.48
3	040202001001	路床(槽)整形		m^2	12830.00
	D2–6	路床(槽)整形　车行道路床整形　碾压		100 m^2	128.30
4	040202001002	路床(槽)整形		m^2	2076.00
	D2–7	路床(槽)整形　人行道整形碾压		100 m^2	20.76
5	040202009001	砂砾石	1. 石料规格：级配砂砾石；含量 12.24； 2. 厚度：20 cm	m^2	4000.00
	D2–58 换	砂砾石底层(天然级配)　厚度 20 cm~换：级配砂砾石		100 m^2	40.00
6	040202011001	碎石级配碎石垫层 150 mm 厚		m^2	13603.00
	D2–66+ D2–67 * (–5)换	碎石底层　厚度 20 cm~实际厚度(cm)：15~换：级配碎石		100 m^2	136.03
7	040202015001	水泥稳定碎(砾)石　下基层	1. 厚度：20 cm； 2. 水泥含量：5.5%水泥稳定碎石下基层	m^2	13603.00
	D2–6	路床(槽)整形　车行道路床整形　碾压		100 m^2	136.03
	D2–56	多合料基层养生　洒水养护		100 m^2	136.03
	D2–42 换	水泥稳定料基层　水泥稳定碎石厚度 20 cm~换：商品水泥稳定料　水泥稳定碎石基层 5.5%		100 m^2	136.03

续上表

序号	项目编码	项目名称	项目特征描述	计量单位	工程量
	D2-54+ D2-55 * 5 换	多合料场外运输　载重 12 t 内　运距 1 k m 内～实际运距(km)：6		100 m^3	27.206
8	040202015002	水泥稳定碎(砾)石 上基层	1. 厚度：20 cm； 2. 水泥含量：6% 水泥稳定碎石上基层	m^2	13496.00
	D2-6	路床(槽)整形　车行道路床整形　碾压		100 m^2	134.96
	D2-42 换	水泥稳定料基层　水泥稳定碎石　厚度 20 cm～换：商品水泥稳定料　水泥稳定碎石基层 6%		100 m^2	134.96
	D2-56	多合料基层养生　洒水养护		100 m^2	134.96
	D2-54+ D2-55 * 5 换	多合料场外运输　载重 12 t 内　运距 1 km 内～实际运距(km)：6		100 m^3	26.992
9	040203003001	透层、黏层	1. 材料品种：乳化沥青； 2. 喷油量：0.8 kg/m^2	m^2	12830.00
	D2-88 * B1.6 换	喷洒沥青油料　黏(粘)层　乳化　沥青　油量(0.5 kg/m^2)～材料×1.6		100 m^2	128.30
10	040203003002	透层、黏层	喷洒石油沥青　喷油量 1.0 kg/m^2	m^2	25660.00
	D2-87	喷洒沥青油料 透层 石油沥青 油量(1.0 kg/m^2)		100 m^2	256.60
11	040203004001	封层	厚度：1 cm 沥青碎石同步封层	m^2	12830.00
	D2-91	喷洒沥青油料　同步沥青碎石封层(1 cm 厚)		100 m^2	128.30
12	040203006001	沥青混凝土　面层	1. 4 cm 厚改性细粒式沥青混凝土(AC-13)； 2. 5 cm 厚改性中粒式沥青混凝土(AC-20)； 3. 7 cm 厚改性粗粒式沥青混凝土(AC-25)	m^2	12830.00
	D2-106+ D2-10　7 * 2 换	细粒式沥青混凝土路面　机械摊铺　厚度 3 cm～实际厚度(cm)：4 ～换：改性细粒式沥青混凝土 AC-13(商品混凝土)		100 m^2	128.30
	D2-102 换	中粒式沥青混凝土路面　机械摊铺　厚度(cm) 5～换：改性中粒式　沥青混凝土　AC-20(商品混凝土)		100 m^2	128.30
	D2-98+ D2-99 换	粗粒式沥青混凝土路面　机械摊铺　厚度 6 cm～实际厚度(cm)：7 ～换：改性粗粒式沥青混凝土 AC-25(商品混凝土)		100 m^2	128.30
	D2-116+ D2-11　7 * 20 换	沥青混合料场外运输　自卸汽车　运距 5 km 内～实际运距(km)：25		100 m^3	20.528

续上表

序号	项目编码	项目名称	项目特征描述	计量单位	工程量
13	040204001001	人行道整形碾压		m^2	2076.00
	D2-7	路床(槽)整形　人行道整形碾压		100 m^2	20.76
14	040204002001	人行道块料铺设	1. 基础、垫层：材料品种、厚度：C15 商品混凝土垫层，厚 15 cm； 2. 水泥砂浆：1∶2 水泥砂浆； 3. 块料品种、规格：人行道水泥彩砖　各种规格厚 5 cm、机压成型	m^2	2076.00
	D2-153 换	人行道板安砌　预制块料人行道板　矩形~换：水泥砂浆　1∶2~换：人行道水泥彩砖　各种规格厚 5 cm、机压成型		100 m^2	20.76
	D2-151+D2-15　2＊5 换	人行道板垫层　混凝土垫层　厚度 10 cm~实际厚度(cm)：15		100 m^2	20.76
15	040204002002	人行道块料铺设　盲道板	1. 块料品种、规格：6 cm　厚 24.8 × 24.8 cm　预制中黄色盲道砖； 2. 黏结层：3 cm 中粗砂； 3. 基础、垫层：10 cm 砂碎石垫层(压实度 ≥ 94%) + 15 cm C20 透水混凝土； 4. 图形及要求：详设计	m^2	560.00
	D2-151+D2-15　2＊5 换	人行道板垫层　混凝土垫层　厚度 10 cm~实际厚度(cm)：15~换：透水混凝土 C20(商品混凝土)		100 m^2	5.60
	D2-147+D2-14　8＊5 换	人行道板垫层　砂垫层　厚度 5 cm~实际厚度(cm)：10		100 m^2	5.60
	D2-153 换	人行道板安砌　预制块料人行道板　矩形~换：水泥砂浆 1∶2~换：6 cm　厚 24.8×24.8 cm 预制中黄色盲道砖~结合料为中粗砂		100 m^2	5.60
16	040204004001	安砌侧(平、缘)石　侧石	材料品种、规格：400 mm×150 mm　麻石侧石	m	1075.00
	D2-161	侧平石、缘石垫层　人工铺装砂　垫层		m^3	15.30
	D2-166 换	侧平石、缘石安砌　麻石侧石勾　缝~换：麻石侧石 400 mm×150 mm		100 m	10.75
17	040204004002	安砌侧(平、缘)石　缘石	1. 材料品种、规格：600×300×150 路缘石，倒角； 2. 基础、垫层：材料品种、厚度：100 mm 厚　C15 混凝土垫层	m	3040.00
	D2-170 换	侧平石、缘石安砌　麻石缘石~换：芝麻黑梯形路缘石 600×300×150		100 m	30.40
	A16-124	石材、瓷砖加工　石材现场磨边磨边(倒角)		100 m	30.40
	D2-162	侧平石、缘石垫层　人工铺装混凝土垫层		m^3	160.80

续上表

序号	项目编码	项目名称	项目特征描述	计量单位	工程量
18	040204004003	安砌侧(平、缘)石　平石	1. 材料品种、规格：400×150 麻石平石	m	1075.00
	D2-168 换	侧平石、缘石安砌　麻石平石勾　缝~换：麻石平石 400×150 ~　换：水泥砂浆 1∶2		100 m	10.75
	D2-161	侧平石、缘石垫层　人工铺装砂　垫层		m^3	550.00
19	040204004004	安砌侧(平、缘)石　花坛石	1. 材料品种、规格：烧面 芝麻灰花岗岩花坛石条 200×150×1000； 2. 基础、垫层：材料品种、厚度：3 cm 厚　M10 水泥砂浆	m	950.00
	D2-162	侧平石、缘石垫层　人工铺装混凝土垫层		m^3	66.00
	D2-166 换	侧平石、缘石安砌　麻石侧石勾缝~换：水泥　42.5　水泥砂浆　M10~换：烧面芝麻灰花岗岩花坛石条 200×150×1000		100 m	9.50
20	040204004005	安砌侧(平、缘)石　锁边石	材料品种、规格：1000×100×200　花岗岩锁边石	m	1075.00
	D2-170 换	侧平石、缘石安砌　麻石缘石~换：1000×100×200　花岗岩锁边石		100 m	10.75
	D2-162	侧平石、缘石垫层　人工铺装混凝土垫层		m^3	89.00
21	040204007001	树池砌筑	1. 材料品种、规格：花岗岩树池石 22 cm×10 cm×150 cm； 2. 结合层：3 cm 厚 1∶3　水泥砂浆； 3. 垫层材料及厚度：8 cm 厚　C15 混凝土； 4. 树池尺寸：1.2 m×1.2 m	个	100.00
	D2-174 换	砌筑树池　麻石~换：花岗岩树池石 22 cm×10 cm×150 cm		100 m	4.80
	D2-162	侧平石、缘石垫层　人工铺装混凝土垫层		m^3	0.47

续上表

序号	项目编码	项目名称	项目特征描述	计量单位	工程量
22	040205004001	标志板	1. 类型：饮用水水源Ⅰ/Ⅱ级保护区界标； 2. 材质、规格尺寸：见图示大样； 3. 板面反光膜等级：1200×1600 双面钻石级反光膜； 4. 立杆：无缝钢管立柱 镀锌 ϕ89×4.5×3800	块	2.00
	D2-233	标志牌制作 方形		m^2	3.84
	D2-234 换	标志牌贴膜～换：1200×1600 双面钻石级反光膜		m^2	12.288
	D2-235	反光膜文字、图案制作		m^2	7.68
	D2-225 换	标志杆、门架钢结构制作 制作 法兰底座单柱杆～换：无缝钢管立柱镀锌 ϕ89×4.5×3800		t	0.0998
	D2-240	标志杆、标牌整体安装 单柱式 杆高 5000 mm 以内		套	2.00
23	040205004002	标志板	1. 类型：人行横道标志正方形； 2. 材质、规格尺寸：边长 0.6 m； 3. 板面反光膜等级：V	块	10.00
	D2-233	标志牌制作 方形		m^2	3.60
	D2-247	标志牌安装 标志牌面积 0.36 m^2 以内		块	10.00
	D2-234	标志牌贴膜		m^2	5.76
	D2-235	反光膜文字、图案制作		m^2	2.16
	BC-001	标志牌立杆安装(消耗见后)		套	10.00
24	040205004003	标志板	1. 类型：减速让行标志，三角形； 2. 材质、规格尺寸：边长 0.7 m； 3. 板面反光膜等级：V	块	6.00
	D2-229	标志牌制作 三角形(面积以内)0.5 m^2		m^2	1.47
	D2-234	标志牌贴膜		m^2	1.47
	D2-235	反光膜文字、图案制作		m^2	0.882
	D2-248 换	标志牌安装 标志牌面积 1 m^2 以内 ～高架车含量 0		块	6.00
	BC-001	标志牌立杆安装(同前)		套	6.00

续上表

序号	项目编码	项目名称	项目特征描述	计量单位	工程量
25	040205004004	标志板	1. 类型：单立柱，圆形标志牌＋圆形标志牌； 2. 材质、规格尺寸：立柱：φ89×5×3000（镀锌钢管＋喷塑），铝板：800×800×2（等边三角形）、φ800×2； 3. 板面反光膜等级：工程级反光膜：800×800×800×2、φ800×2； 4. 基础、预埋件：C25商品混凝土600×600×800，钢筋预埋件； 5. 其他：详见设计图DG17-2、DG17-3	块	6.00
	A5-82换	现浇混凝土基础　带形基础　混凝土～换：商品混凝土（砾石）C25		$10\ m^3$	0.1728
	D9-10	铁件制作安装　预埋铁件		t	0.0912
	A6-12换	钢柱制作　轻钢结构件　钢管柱159 mm以内～换：镀锌钢管φ159以内		t	0.339
	A6-140	钢结构件运输1类　金属构件运输(市内)　运距5 km以内		10 t	0.0336
	A6-150	钢柱安装　单体(t以内) 4		t	0.339
	BC-002	标牌制作与安装(消耗后附)		$100\ m^2$	0.03
26	040205006001	标线		m^2	500.00
	D2-259	普通标线　标线　热熔涂料　普通型		$100\ m^2$	5.00
27	040205014001	信号灯	1. 钢管立杆φ89×4.5×3000　制安　其他钢构件　制安； 2. C25商品混凝土基础(含基础铁构件制安)； 3. 基础钢筋制安； 4. 挖运土方（不论运距）； 5. 含接地； 6. 含模板的安装、拆除	套	16.00
	D2-279	人行灯灯杆		套	16.00
	D2-281	交通信号灯具安装　人行灯		套	16.00
	C4-1988换	路灯基础制作　C20　钢筋混凝土基础～换：商品混凝土（碎石）C25		m^3	8.1872
	D5-3	垫层　碎石		$10\ m^3$	0.16
	D1-40	挖掘机挖沟槽、基坑土方　挖土不装车　普通土		$1000\ m^3$	0.02821
	D1-21	人工填土夯实 槽、坑		$100\ m^3$	0.184
	0403	市政：附录C　桥涵工程			
28	040303015001	混凝土挡墙墙身	混凝土强度等级：商品混凝土C30(碎石)	m^3	139.00
	D2-212换	挡土墙　现浇混凝土　墙身～换：商品　混凝土(碎石)　C30		$10\ m^3$	13.90
	0405	市政：附录E　管网工程			

续上表

<table>
<tr><th>序号</th><th>项目编码</th><th>项目名称</th><th>项目特征描述</th><th>计量单位</th><th>工程量</th></tr>
<tr><td>29</td><td>040504001001</td><td>砌筑井　700×700　路灯井(防盗井、带暗井)</td><td rowspan="10">1. M10　水泥 42.5 砂浆砖砌筑，砖墙采用 MU10 实心黏土砖；
2. 1 : 3 水泥砂浆抹面；
3. 铰链型球墨铸铁无噪声　弹片防盗井盖 ϕ700；
4. 井底渗水层需铺设卵石；
5. C30 预制 620×620×50 暗井盖板，配筋为 ϕ12；
6. 内置 L50 镀锌角钢，采用 L50 镀锌扁钢及橡胶垫来固定电缆；
7. 固定螺母型号为 3-M12，间距 200 mm；
8. 预埋 8 mm 镀锌钢板；
9. 包干价 9 元/kg</td><td>座</td><td>14.00</td></tr>
<tr><td></td><td>D5-1882 换</td><td>非定型井砌筑　砖砌　矩形～换：水泥 42.5　水泥砂浆 M10～换：MU10　实心黏土砖</td><td>10 m^3</td><td>1.036</td></tr>
<tr><td></td><td>D5-1886 换</td><td>非定型井砖墙抹灰　井内侧～换：水泥　砂浆　1 : 3</td><td>100 m^2</td><td>0.497</td></tr>
<tr><td></td><td>D5-1901 换</td><td>非定型检查井安装　铸铁井盖、座～换：铰链型球墨铸铁无噪声弹片防盗　井盖 ϕ700</td><td>10 套</td><td>1.40</td></tr>
<tr><td></td><td>D5-686 换</td><td>钢筋混凝土盖板的预制井室盖板～换：商品混凝土(砾石)　C30</td><td>10 m^3</td><td>0.238</td></tr>
<tr><td></td><td>D5-694</td><td>钢筋混凝土盖板的安装　井室盖板　每块体积(m^3 以内)　0.1</td><td>10 m^3</td><td>0.238</td></tr>
<tr><td></td><td>D9-4 换</td><td>非预应力钢筋制作安装　现浇带肋钢筋(直径 mm)ϕ10 以外～换：螺纹钢筋　HRB400 ϕ12</td><td>t</td><td>0.42</td></tr>
<tr><td></td><td>D5-5</td><td>垫层　混凝土</td><td>10 m^3</td><td>0.434</td></tr>
<tr><td></td><td>D5-3 换</td><td>垫层　碎石～换：卵石</td><td>10 m^3</td><td>0.14</td></tr>
<tr><td></td><td>BG-002
包干价</td><td>内置井盖钢构件，含下料、镀锌、制安等达到路灯验收要求</td><td>kg</td><td>370.30</td></tr>
</table>

续上表

序号	项目编码	项目名称	项目特征描述	计量单位	工程量
30	040504001002	砌筑井　700×700　路灯井(人行道或绿化带)	1. 垫层、基础材质及厚度：井底渗水层铺卵石； 2. 砌筑材料品种、规格、强度等级：M10水泥 42.5　砂浆砖砌筑，砖墙采用MU10混凝土实心砖(标准砖)； 3. 砂浆强度等级、配合比：1∶3 水泥砂浆抹面； 4. 盖板材质、规格：C30 预制盖板，配筋为带肋钢筋HRB400ϕ12； 5. 井盖、井圈材质及规格：铰链型球墨铸铁无噪声弹片防盗井盖 ϕ700； 6. 其他：内置 L50 镀锌角钢，用 L50 镀锌扁钢及橡胶垫来固定电缆；固定螺母型号为 2 - M14，间距200 mm；预埋 8 mm镀锌钢板； 7. 包干价 9 元/kg	座	14.00
	D5-1882 换	非定型井砌筑　砖砌　矩形~换：水泥 42.5　水泥砂浆 M10~换：混凝土实心砖 MU10 240×115×53		10 m^3	0.882
	D5-1886 换	非定型井砖墙抹灰　井内侧~换：水泥　砂浆　1∶3		100 m^2	0.3878
	D5-1901 换	非定型检查井安装　铸铁井盖、座~换：铰链型球墨铸铁无噪声弹片防盗　井盖 ϕ700		10 套	1.40
	D5-686 换	钢筋混凝土盖板的预制井室盖板~换：商品混凝土(砾石)　C30		10 m^3	0.14
	D5-694	钢筋混凝土盖板的安装　井室盖板　每块体积(m^3 以内)　0.1		10 m^3	0.14
	D9-4 换	非预应力钢筋制作安装　现浇带肋钢筋(直径 mm)ϕ10 以外~换：螺纹钢筋 HRB400 ϕ12		t	0.42
	D5-5	垫层　混凝土		10 m^3	0.35
	D5-3 换	垫层　碎石~换：卵石		10 m^3	0.098
	BG-002 包干价	内置井盖钢构件，含下料、镀锌、制安等达到路灯验收要求		kg	303.30
	0408	市政：附录 H　路灯工程			
31	040805001001	常规照明灯	1. 名称：单臂路灯； 2. 型号：150 W； 3. 灯杆材质、高度：10 m 高； 4. 光源数量：1 个高压钠灯	套	49.00
	D1-43	挖掘机挖沟槽、基坑土方　挖土装车　普通土		1000 m^3	0.09878
	C4-1988	路灯基础制作 C20 钢筋混凝土基础		m^3	35.182
	D9-5	非预应力钢筋制作安装　预制圆钢(直径 mm)ϕ10 以内		t	1.22304
	D9-10	铁件制作安装　预埋铁件		t	1.22304
	C4-2008	单臂悬挑灯架安装　顶套式　成套型　臂长(m 以内)　3		10 套	4.90

续上表

序号	项目编码	项目名称	项目特征描述	计量单位	工程量
32	041102001001	垫层模板		m^2	607.50
	A19-9	现浇混凝土模板　混凝土基础垫层　木模板		100 m^2	6.075
33	041102033001	井顶(盖)板模板		m^2	283.00
	D11-159	管、渠道基础及附属模板　预制井盖板　木模		10 m^3	1.698
34	041101005001	井字架		座	48.00
	D11-180	井字架　井深(m 以内)　2		座	48.00

3. 总价措施费

序号	项目编号	项目名称	计算基础	费率/%	金额/元
1	041109002001	夜间施工增加费		100	50000.00
2	041109004001	冬雨季施工增加费	分部分项工程费+单价措施费	0.16	自行计算
3	041109007001	已完工程及设备保护费		100	60000.00
4	ZJCS001002	工程定位复测费		100	20000.00

序号	工程内容	计费基数	费率/%	金额/元
一	绿色施工安全防护措施项目费	直接费	3.37	自行计算
其中：	安全生产费	直接费	2.63	自行计算

4. 其他项目费

(1)暂列金：不可预见费=FBFXF×2%。

(2)专业工程暂估价：

序号	工程名称	工程内容	暂估金额/元
2	专业暂估价项目		汇总
2.1	施工排水、降水费		20000.00
2.2	原有排水系统临时改迁及加固费费用		50000.00
2.3	智能环保渣土运输增加费		50000.00
2.4	交通组织、疏解费		10000.00
2.5	高清电子警察		35000.00

续上表

序号	工程名称	工程内容	暂估金额/元
2.6	路灯箱变基础	1. 本体安装； 2. 基础型钢制作、安装； 3. 温控箱安装； 4. 接地； 5. 网门、保护门制作、安装； 6. 补刷(喷)油漆	12000.00

(3)总承包服务费：发包人发包专业工程服务费=FBFXF×2%。

(4)优质工程增加费：根据计价办法规定按1.6%计取。

(5)安全责任险、环境保护税：根据计价办法规定按0.6%计取。

5. 工料机汇总计算

(1)价格文件：下载并载入湖南省长沙市最新的信息价。

(2)部分单独调整的材料单价(含税)如下：

固定螺栓带帽带垫　M12×50：2.23元/套	精制六角螺栓带帽带垫　M16×90：63元/套
6 cm厚24.8×24.8 cm预制中黄色盲道砖：76.15元/m^2	
水：4.22元/t	千斤顶：1151.84元/台
河砂综合：122.42/m^3	花岗岩树池石22×10×150 cm：33.15元/m
麻石平石400×150：79.5元/m	3M　反光膜　V类：266元/m^2
芝麻黑梯形路缘石600×300×150：125.8元/m	超级反光膜：224元/m^2
1200×1600双面钻石级反光膜：286元/m^2	ϕ89×4.5×3000人行灯灯杆：459.76元/套
立杆ϕ89×4.5×3800：903.75元/套	标志牌△0.7：90元/个
标志牌0.6×0.6：76元/个	单臂路灯150 W：2500元/套
直杆杆高5000 mm以内：485元/套	无缝钢管立柱镀锌ϕ89×4.5×3800：4901.81元/t
铰链型球墨铸铁无噪声弹片防盗井盖ϕ700：425.73元/套	

(3)通过"真材实价助手"命令，完成以下材料的市场价查询。不限区域和时间自行选用合适的材料单价：

钢丝绳　ϕ12	热石油沥青60#~100#	商品混凝土(碎石)　C30
型钢　综合	无纺土工布	改性粗粒式沥青混凝土　AC-25(商品混凝土)
铝板　δ3 mm	镀锌钢管ϕ159以内	改性中粒式沥青混凝土　AC-20(商品混凝土)
单层养护膜	土工格栅	改性细粒式沥青混凝土　AC-13(商品混凝土)
焊丝ϕ3.2	1000×200×100花岗岩锁边石	透水混凝土　C20(商品混凝土)
级配砂砾石	石侧石400×150	烧面芝麻灰花岗岩花坛石条　200×150×1000

续上表

级配碎石	铝板　δ2 mm	水泥稳定碎石基层　5.5%
灯具支架	商品混凝土　(碎石)C25	ϕ400　人行灯(2 个灯盘)

标志牌立杆安装消耗如下：

编号	名称	型号规格	单位	基期价	不含税价	不含税合价	含量
H00001	人工费		元	1	1	213.78	35.63
03010500247	螺栓带帽带垫　M18×80		套	1.5	1.5	180	20
03011300016	地脚螺母、垫圈　M20		套	35	35	12.6	6
88010500001	其他材料费		元	1	1	2.92	0.487
J4-3	载重汽车　装载重量(t)4	中型	台班	468.31	430.845	149.93	0.058
BC0011111111~2	立杆 ϕ89×4.5×3800		套		903.75	5422.5	1

标牌制作与安装消耗如下：

编号	名称	型号规格	单位	基期价	不含税价	不含税合价	含量
H00001	人工费		元	1	1	310.85	10361.6
BC~3	槽铝　80×40×4		m	4.24	4.24	67.42	530
WJJ014303	铝板　δ2 mm		m^2	87.11	87.11	731.72	280
03010500139	精制六角螺栓带帽带垫 M16×80		套	1.06	63	152.71	80.8
0131010002	不锈钢轧带(20×0.8)×400		m	6.02	6.02	63.57	352
01310100002	304 不锈钢带　厚 0.9 mm 宽 30 m		m	9.11	9.11	240.5	880
BC~11111112	超级反光膜		m^2	12.43	224	3763.2	560
88010500001	其他材料费		元	1	1	7.07	235.679
J7-124	电锤　520 W	小型	台班	8.57	7.884	1.03	4.376
J9-4	交流弧焊机 容量(kV·A) 42	小型	台班	133.8	123.096	109.92	29.768

6. 结果

造价：________________

________________工程

考核项目		考核内容	标准分	评分标准	得分
课堂表现（100分）		到课情况	30	旷课1节扣5分，迟到1次扣2分，早退1次扣3分，扣至0分为止	
		认真听讲，积极操作	40	上课不操作一次扣5分，扣至0分，本次考核分数减半	
		维护教室卫生不乱扔垃圾	30	乱丢垃圾扣5分，离开教室没带自己的垃圾扣5分，不打扫卫生扣10分，扣完为止	
成果（100分）	新建建设项目	正确新建项目计价文件	2	每错一项扣1分，扣至基本分为止	
	项目信息与费率	正确输入基础信息； 正确选择技术、计算参数； 正确设置费率及其他取费	2	每错一项扣1分，扣至基本分为止	
	添加分部分项工程清单项及输出项目特征	清单列项正确，不重不漏； 工程量填写/计算正确； 正确输出项目特征信息； 正确整理清单； 正确选取单价构成文件	7	每错一项扣1分，扣至基本分为止	
	定额子目的直接套用	正确正确选择定额子项；正确定义取费类别；能正确理解项目与定额子目的关系	10	每错或漏一项扣1分，扣至基本分为止	
	定额的调整换算	正确换算定额	20	每错一项扣2分，扣至基本分为止	
	独立费用的计算	正确计算协商项目费	7	每错一项扣1分，扣至基本分为止	
	补充定额的添加	正确添加补充定额	6	每错一项扣2分，扣至基本分为止	
		正确添加补充材料	10	每错一项扣1分，扣至基本分为止	
	措施项目的计算	正确计算单价措施项目； 正确计算总价措施项目	6	每错一项扣1分，扣至基本分为止	
	其他项目的计算	正确计算其他项目费用	6	每错一项扣1分，扣至基本分为止	
	工料机单价计算	正确调整市场价格	7	每错一项扣1分，扣至基本分为止	
		正确载入信息价文件	2	每错一项扣2分，扣至基本分为止	
	调价	正确调价	3	每错一项扣1分，扣至基本分为止	
	数据文件导出	正确导出数据文件	2	每错一项扣2分，扣至基本分为止	
	造价结果	单价正确，结果在±5%以内	10	每错一项扣2分，扣至基本分为止	

课堂表现得分：________________

本次考核成果得分：________________

任务 11 湖南省岳阳某广场道路及铺装工程

1. 分部分项项目表

序号	项目编码	项目名称	项目特征描述	计量单位	工程量
1	040101001001	挖一般土方		m^3	70.72
	D2-2	挖路槽土方 人工开挖 坚土		100 m^3	0.2122
	D1-51	挖掘机挖土装车坚土		1000 m^3	0.0495
	D1-61	自卸汽车运土方 载重 8 t 以内运距 1 km 内		1000 m^3	0.0707
2	040103001001	填方(估量)		m^3	20
	D1-32	人工填土夯实平地		100 m^3	0.2
3	040202001001	路床(槽)整形		m^2	136
	D2-6	路床碾压检验 路床(槽)整形		100 m^2	1.36
4	040202011001	碎石底层厚度 15 cm		m^2	136
	D2-133+D2-134×-5 换	碎石底层 人机配合厚度(cm)20(实际厚度 15 cm)		100 m^2	1.36
5	040202015001	水泥稳定碎石厚度 17 cm		m^2	136
	D2-61	道路基层 拌和机拌和 厚度 20 cm 水泥含量(%)5		100 m^2	1.36
	D2-64	道路基层 拌和机拌和 每增减 1 cm 水泥含量(%)5		100 m^2	-4.08
6	040203007001	C30 水泥混凝土厚度 20 cm		m^2	120
	D2-212	水泥混凝土路面 厂拌厚度(cm)20		100 m^2	1.2
	D2-227	水泥混凝土路面养护 草袋养护		100 m^2	1.2
	D2-221	锯缝机锯缝		10 m	2.1
	D2-222	PG 道路嵌缝胶		100 m^2	0.0105
	D2-220	人工做缝 缩缝 沥青玛蹄脂		10 m^2	0.3
7	040204004001	安砌侧(平、缘)石		m	80
	D2-255 换	麻石侧石勾缝[石灰砂浆 1∶3，水泥砂浆 1∶3，换成麻石侧石 350×120]		100 m	0.8

2. 措施项目清单计费表

序号	项目编码	项目名称	计算基础及费率	单位	工程量
1	041109001001	安全文明施工费	按计价办法计取×费率	项	1
2	041109004001	冬雨季施工增加费	按计价办法计取×费率	项	1

3. 其他项目费

序号	项目名称	金额/元	结算金额/元	备注
1	暂列金额(不可预见)			分部分项 * 1%

4. 工料机

(1)载入市场信息价：岳阳市最新一期市场价。

(2)根据以下市场信息价调整，未涉及的为定额价。

序号	编码	名称(材料、机械规格型号)	单位	基准价或结算价/元
1	040104(1)	麻石侧石 350×120	m	55
2	040074	级配碎石	m^3	82

5. 结果

造价：________________________

__________________________工程

考核项目		考核内容	标准分	评分标准	得分
课堂表现（100分）		到课情况	30	旷课1节扣5分，迟到1次扣2分，早退1次扣3分，扣至0分为止	
		认真听讲，积极操作	40	上课不操作一次扣5分，扣至0分，本次考核分数减半	
		维护教室卫生不乱扔垃圾	30	乱丢垃圾扣5分，离开教室没带自己的垃圾扣5分，不打扫卫生扣10分，扣完为止	
成果（100分）	新建建设项目	正确新建项目计价文件	2	每错一项扣1分，扣至基本分为止	
	项目信息与费率	正确输入基础信息；正确选择技术、计算参数；正确设置费率及其他取费	2	每错一项扣1分，扣至基本分为止	
	添加分部分项工程清单项及输出项目特征	清单列项正确，不重不漏；工程量填写/计算正确；正确输出项目特征信息；正确整理清单；正确选取单价构成文件	7	每错一项扣1分，扣至基本分为止	
	定额子目的直接套用	正确正确选择定额子项；正确定义取费类别；能正确理解项目与定额子目的关系	10	每错或漏一项扣1分，扣至基本分为止	
	定额的调整换算	正确换算定额	20	每错一项扣2分，扣至基本分为止	
	独立费用的计算	正确计算协商项目费	7	每错一项扣1分，扣至基本分为止	
	补充定额的添加	正确添加补充定额	6	每错一项扣2分，扣至基本分为止	
		正确添加补充材料	10	每错一项扣1分，扣至基本分为止	
	措施项目的计算	正确计算单价措施项目；正确计算总价措施项目	6	每错一项扣1分，扣至基本分为止	
	其他项目的计算	正确计算其他项目费用	6	每错一项扣1分，扣至基本分为止	
	工料机单价计算	正确调整市场价格	7	每错一项扣1分，扣至基本分为止	
		正确载入信息价文件	2	每错一项扣2分，扣至基本分为止	
	调价	正确调价	3	每错一项扣1分，扣至基本分为止	
	数据文件导出	正确导出数据文件	2	每错一项扣2分，扣至基本分为止	
	造价结果	单价正确，结果在±5%以内	10	每错一项扣2分，扣至基本分为止	

课堂表现得分：____________________

本次考核成果得分：__________________

任务 12　湖南省长沙市某广场入口铺装工程

1. 按要求完成《湖南省长沙市某广场入口铺装工程(市政)招标控制价》计价文件的编制

(1)本项目是市政工程，位于长沙市地区，采用湖南省最新计价办法计取。

(2)清单计价模式，一般计税法。

(3)压缩工期范围 5%以内。

2. 分部分项项目表

序号	项目编码	项目名称	项目特征描述	计量单位	工程量
1	040204002001	400×400×50　芝麻灰花岗岩块料铺设		m^2	25
	D2-133+ D2-134＊-5 换	碎石底层　人机配合厚度(cm)20(实际厚度 15 cm)		100 m^2	0.25
	D2-236+ D2-238＊10 换	人行道板垫层　混凝土垫层厚度 10 cm 厂拌(实际厚度 20 cm)[普通商品混凝土 C15(砾石)　换成　普通商品混凝土 C20(砾石)]		100 m^2	0.25
	D2-241 换	400×400×50　芝麻灰花岗岩块料铺设[水泥砂浆 1：3，花岗岩板材换成 400×400×50 芝麻灰花岗岩]		100 m^2	0.25
2	040204004001	直形 500×300×120 麻石平石块料铺设		m	21.9
	D2-131+ D2-132＊-5 换	碎石底层　人工铺装厚度(cm)20(实际厚度 15 cm)		100 m^2	0.0876
	D2-247	侧缘石垫层　人工铺装混凝土垫层厂拌		m^3	0.9855
	D2-257	麻石平石勾缝[石灰砂浆 1：3，水泥砂浆 1：3，麻石平石换成麻石平石　直形 500×300×120]		100 m	0.219
3	040204004002	弧形　500×300×120　麻石平石块料铺设		m	8.8
	D2-131+ D2-132＊-5 换	碎石底层 人工铺装厚度(cm)20(实际厚度 15 cm)		100 m^2	0.0075
	D2-247	侧缘石垫层　人工铺装混凝土垫层厂拌		m^3	0.087
	D2-257	麻石平石勾缝[石灰砂浆 1：3，水泥砂浆 1：3，麻石平石换成麻石平石　弧形 500×300×120]		100 m	0.088

续上表

序号	项目编码	项目名称	项目特征描述	计量单位	工程量
4	040204004003	剖面 300×300×100　镜面花岗岩铺设及基层	花坛 1—1	m	10
	D2-131+ D2-132 * -5 换	碎石底层　人工铺装厚度(cm)20(实际厚度 15 cm)		100 m^2	0.18
	D2-303	挡土墙　现浇混凝土墙身现场拌[现浇及现场混凝土砾石最大粒径 40 mm C20　水泥 32.5]		10 m^3	0.2952
	D10-2	现浇混凝土挡墙　墙身		10 m^2	1.908
	D2-241	300×300×100 镜面花岗岩		100 m^2	0.0868
	B6-91	石材装饰线　现场磨边磨边		100 m	0.106
	B2-92	粘贴花岗岩　水泥砂浆粘贴　混凝土墙面(水泥砂浆 1∶1，水泥砂浆 1∶3)		100 m^2	0.0005
5	040204004004	剖面 300×300×100 镜面花岗岩铺设及基层	花坛 2—2	m	10
	D2-131+ D2-132 * -5 换	碎石底层　人工铺装厚度(cm)20(实际厚度 15 cm)		100 m^2	0.2817
	D2-303	挡土墙　现浇混凝土墙身现场拌(现浇及现场混凝土砾石最大粒径 40 mm C20　水泥 32.5)		10 m^3	0.194
	D10-2	现浇混凝土挡墙　墙身		10 m^2	2.56
	D2-241	300×300×100 镜面花岗岩		100 m^2	0.02
	B6-91	石材装饰线　现场磨边磨边		100 m	0.401
	B2-92	粘贴花岗岩　水泥砂浆粘贴　混凝土墙面(水泥砂浆 1∶1，水泥砂浆 1∶3)		100 m^2	0.0802
6	040204004005	剖面　150 mm　宽烧毛面花岗石	花坛 3—3	m	10
	D2-256	麻石侧石不勾缝[石灰砂浆 1∶3，麻石侧石换成 150 mm 宽烧毛面花岗石]		100 m	0.054
	D2-131+ D2-132 * -5 换	碎石底层　人工铺装厚度(cm)20(实际厚度 15 cm)		100 m^2	0.0297
	D2-246 换	侧缘石垫层　人工铺装混凝土垫层现场(现浇及现场混凝土砾石最大粒径 40 mm C15　水泥 32.5 换成现浇及现场混凝土砾石最大粒径 40 mm C20　水泥 32.5)		m^3	0.27

续上表

序号	项目编码	项目名称	项目特征描述	计量单位	工程量
7	040204007001	树池砌筑		个	32
	D2-261	砌筑树池　麻石		100 m	1.92
	D2-246 换	侧缘石垫层　人工铺装混凝土垫层现场(现浇及现场混凝土砾石最大粒径40 mm C15　水泥32.5换成现浇及现场混凝土砾石最大粒径40 mm C20　水泥32.5)		m^3	9.6
	D2-131+D2-132 * -5 换	碎石底层　人工铺装厚度(cm)20(实际厚度15 cm)		100 m^2	1.056
8	040101001001	挡土墙处挖土方(估算)		m^3	357
	D1-2	人工挖土方　坚土		100 m^3	3.57
9	040103001001	土(石)方人工回填(估算)		m^3	200
	D1-32	人工填土夯实平地		100 m^3	2
10	010403004001	石挡土墙		m^3	197.9722
	D2-299	挡土墙　浆砌块石[水泥砂浆(水泥32.5级)强度等级M10]		10 m^3	19.7972
	D2-309	浆砌块石面　勾凸缝[水泥砂浆(水泥32.5级)强度等级M10]		100 m^2	3.9594
	D2-267	砂石滤沟　断面积(m^2)0.1以上		10 m^3	1.47
	D2-273	碎石滤层厚度(cm 内)30		10 m^3	0.315
	D2-24	弹软土基处理　土工布		100 m^2	0.49
	A5-93 换	现拌混凝土　地沟电缆沟(现浇及现场混凝土砾石最大粒径40 mm C35　水泥42.5换成现浇及现场混凝土砾石最大粒径40 mm C15　水泥32.5)		10 m^3	0.9275
	D3-415	安装泄水孔　塑料管		10 m	4.225

3. 措施项目清单计费表

序号	项目编码	项目名称	计算基础及费率	单位	工程量
1	041109001001	安全文明施工费	按计价办法计取×费率	项	1
2	041109004001	冬雨季施工增加费	按计价办法计取×费率	项	1

4. 其他项目费

序号	项目名称	金额/元	结算金额/元	备注
1	暂列金额（不可预见）			分部分项×1%

5. 工料机

(1)载入长沙市最新一期信息价；

(2)人工单价按项目所在地的综合人工单价计取；

(3)其他根据以下市场价（含税）调整，未涉及的为定额价。

300×300×100 镜面花岗岩：168 元/m^2

普通商品混凝土 C20(砾石)：430 元/m^3

麻石板树池：45 元/m

土工布：5 元/m^2

400×400×50 芝麻灰花岗岩：140 元/m^2

钢脚手架管：2. 55 元/kg

花岗岩板(综合)：90 元/m^2

硬塑料管 150：35 元/m

中粗砂(天然综合)：90/m^3

6. 结果

造价：________________________

______________________________工程

考核项目		考核内容	标准分	评分标准	得分
课堂表现（100分）		到课情况	30	旷课1节扣5分，迟到1次扣2分，早退1次扣3分，扣至0分为止	
		认真听讲，积极操作	40	上课不操作一次扣5分，扣至0分，本次考核分数减半	
		维护教室卫生不乱扔垃圾	30	乱丢垃圾扣5分，离开教室没带自己的垃圾扣5分，不打扫卫生扣10分，扣完为止	
成果（100分）	新建建设项目	正确新建项目计价文件	2	每错一项扣1分，扣至基本分为止	
	项目信息与费率	正确输入基础信息； 正确选择技术、计算参数； 正确设置费率及其他取费	2	每错一项扣1分，扣至基本分为止	
	添加分部分项工程清单项及输出项目特征	清单列项正确，不重不漏； 工程量填写/计算正确； 正确输出项目特征信息； 正确整理清单； 正确选取单价构成文件	7	每错一项扣1分，扣至基本分为止	
	定额子目的直接套用	正确正确选择定额子项；正确定义取费类别；能正确理解项目与定额子目的关系	10	每错或漏一项扣1分，扣至基本分为止	
	定额的调整换算	正确换算定额	20	每错一项扣2分，扣至基本分为止	
	独立费用的计算	正确计算协商项目费	7	每错一项扣1分，扣至基本分为止	
	补充定额的添加	正确添加补充定额	6	每错一项扣2分，扣至基本分为止	
		正确添加补充材料	10	每错一项扣1分，扣至基本分为止	
	措施项目的计算	正确计算单价措施项目； 正确计算总价措施项目	6	每错一项扣1分，扣至基本分为止	
	其他项目的计算	正确计算其他项目费用	6	每错一项扣1分，扣至基本分为止	
	工料机单价计算	正确调整市场价格	7	每错一项扣1分，扣至基本分为止	
		正确载入信息价文件	2	每错一项扣2分，扣至基本分为止	
	调价	正确调价	3	每错一项扣1分，扣至基本分为止	
	数据文件导出	正确导出数据文件	2	每错一项扣2分，扣至基本分为止	
	造价结果	单价正确，结果在±5%以内	10	每错一项扣2分，扣至基本分为止	

课堂表现得分：______________________

本次考核成果得分：__________________

任务 13 湖南省湘潭某电厂进厂及安置区道路工程

1. 按要求完成《湖南省湘潭某电厂进厂及安置区道路工程（市政）招标控制价》计价文件的编制

（1）本项目是市政工程，位于湘潭市地区，采用湖南省最新计价办法计取。

（2）清单计价模式，一般计税法。

（3）压缩工期范围 5%以内。

2. 分部分项项目表

序号	项目编码	项目名称	项目特征描述	计量单位	工程量
1	040202015001	水泥稳定碎（砾）石	1. 水泥含量：4%； 2. 石料规格：级配碎石； 3. 厚度：15 cm	m^2	16119.00
	D2-60 换	水泥稳定碎石基层 拌和机拌和 厚度 20 cm 水泥含量（4%）（实际厚度：15 cm）		100 m^2	161.190
	D2-118	多合土场外运输载重 8 t 内运距 1 km 内		100 m^3	请列式计算工程量
2	040202001001	路床（槽）整形		m^2	16119.00
	D2-6	路床碾压检验		100 m^2	161.190
3	040203007001	道路水泥混凝土路面	1. 混凝土强度等级：C35； 2. 厚度：24 cm	m^2	17346.20
	D2-214 换	水泥混凝土路面 厂拌 厚度（24 cm）替换：普通商品混凝土 C30（砾石）换成普通商品混凝土 C35（碎石）		100 m^2	173.462
	D2-227	水泥混凝土路面养护 草袋养护		100 m^2	173.462
	D2-221	锯缝机锯缝		10 m	349.200
	D2-220	人工做缝 缩缝 沥青玛蹄脂		10 m^2	20.952
4	040204002001	人行道块料铺设麻石板	1. 块料品种、规格：麻石板； 2. 基础、垫层：15 cm 厚 C15 混凝土垫层； 3. 1：2 水泥砂浆	m^2	5693.00
	D2-7	人行道整形碾压		100 m^2	56.930
	D2-23 换	人行道板垫层 混凝土垫层 厚度 10 cm 现场 替换：现浇及现场混凝土砾石最大粒径 40 mm C15 水泥 32.5 换成现浇及现场混凝土碎石最大粒径 40 mm C15 水泥 32.5（实际厚度：15 cm）		100 m^2	56.930
	D2-241 换	人行道板安砌 花岗岩板材		100 m^2	56.930

续上表

序号	项目编码	项目名称	项目特征描述	计量单位	工程量
5	040901009001	传力杆及拉杆制安		t	11.469
	D8-29	钢筋笼、传力杆制作、安装　道路传力杆制作安装　带套筒		t	11.469
6	040204004001	安砌侧(平、缘)石　安砌花坛石	1. 材料品种、规格：100 cm×20 cm×55 cm 花岗岩； 2. 基础、垫层：材料品种、厚度：12 cm 厚 C15 混凝土垫层	m	1444.00
	D2-246	侧缘石垫层　人工铺装　混凝土垫层　现场		m^3	34.66
	D2-255 换	麻石侧石　勾缝 替换：麻石侧石换成花岗岩 100 cm×20 cm×55 cm		100 m	14.440
7	040204004002	安砌侧(平、缘)石	1. 材料品种、规格：麻石锁边石 100 cm×15 cm×35 cm； 2. 基础、垫层：材料品种、厚度：12 cm 厚 C15 混凝土垫层	m	1506.00
	D2-246	侧缘石垫层　人工铺装　混凝土垫层　现场		m^3	27.11
	D2-255 换	麻石侧石　勾缝 1)替换：麻石侧石换成麻石锁边石 100 cm×15 cm×35 cm		100 m	15.060
8	040204007001	树池砌筑	1. 材料品种、规格：花岗岩树池； 2. 树池尺寸：1.2 m×1.2 m	个	330
	D2-261 换	砌筑树池　麻石 1)替换：麻石树池石换成花岗岩树池石 120 cm×20 cm×10 cm		100 m	18.400
	D2-246	侧缘石垫层　人工铺装　混凝土垫层　现场		m^3	14.72
9	040305003001	浆砌挡土墙	M7.5 浆砌片石	m^3	2454.76
	D2-299 换	挡土墙浆砌块石 替换：水泥砂浆(水泥 32.5 级)强度等级 M10 换成水泥砂浆(水泥 32.5 级)强度等级 M7.5； 换片石		10 m^3	245.476
10	040205006001	交通标线(进场主路部分)		m^2	969.58
	D2-264	路面标线　热熔涂料标线　手扶自行式		100 m^2 标线面积	9.6958
	协商费用 B	树池篦子安装	综合单价 200 元/个	个	330

3. 总价措施项目清单计费表

序号	项目编码	项目名称	计算基础	费率/%	金额/元
1	041109001001	安全文明施工费	按计价办法计取	10.83	计算公式组价
2	041109002001	夜间施工增加费	2000		2000
3	041109004001	冬雨季施工增加费	按计价办法计取	0.16	计算公式组价
4	041109005001	行车、行人干扰	10000		10000

4. 单价措施项目清单计费表

序号	项目编码	项目名称	项目特征描述	计量单位	工程量
1	041104001001	便道		m^2	2090
	D2-69	道路基层　装载机拌和　石灰：黏土：煤渣：河砾石 = 18：9：36.5：36.5 (1：0.5：2：2)　每增减 1 cm		100 m^2	20.90
	D2-109	道路基层　装载机拌和泥结碎石　每增减 1 cm		100 m^2	20.90

5. 其他项目费

序号	项目名称	金额/元	结算金额/元	备注
1	暂列金额			
1.1	不可预见费	自行计算		FBFXHJ×2%
2	暂估价			
2.2	专业工程暂估价			如专业工程暂估价表所示
4	总承包服务费			
4.1	发包人发包专业工程服务费	自行计算		FBFXHJ×1%

专业工程暂估价表

序号	项目名称	单位	数量	单价/元
1	垃圾箱	个	30	800
2	消火栓	个	22	1200

6. 工料机：自行载调整以下市场信息价（含税）

序号	编号	名称（材料、机械规格型号）	单位	市场价/元
1	00014	综合人工（市政）	工日	100
2	410448-1	花岗岩树池石　120 cm×20 cm×10 cm	m	35
3	040112	片石	m^3	91.25
4	040274	普通商品混凝土　C35（碎石）	m^3	460.03
5	010519	钢筋 ϕ10 以外	t	5200
6	040141	水泥 42.5 级	t	446
7	040074	级配碎石	m^3	106.38
8	040104_2	麻石锁边石　100 cm×15 cm×35 cm	m	85.00
9	040104_1	花岗岩　100 cm×20 cm×55 cm	m	176.00
10	070056_1	麻石板	m^2	68.00
11	410575	生石灰	t	313.35

7. 结果

造价：________________

________________________工程

考核项目		考核内容	标准分	评分标准	得分
课堂表现（100 分）		到课情况	30	旷课 1 节扣 5 分，迟到 1 次扣 2 分，早退 1 次扣 3 分，扣至 0 分为止	
		认真听讲，积极操作	40	上课不操作一次扣 5 分，扣至 0 分，本次考核分数减半	
		维护教室卫生不乱扔垃圾	30	乱丢垃圾扣 5 分，离开教室没带自己的垃圾扣 5 分，不打扫卫生扣 10 分，扣完为止	
成果（100 分）	新建建设项目	正确新建项目计价文件	2	每错一项扣 1 分，扣至基本分为止	
	项目信息与费率	正确输入基础信息； 正确选择技术、计算参数； 正确设置费率及其他取费	2	每错一项扣 1 分，扣至基本分为止	
	添加分部分项工程清单项及输出项目特征	清单列项正确，不重不漏； 工程量填写/计算正确； 正确输出项目特征信息； 正确整理清单； 正确选取单价构成文件	7	每错一项扣 1 分，扣至基本分为止	
	定额子目的直接套用	正确正确选择定额子项；正确定义取费类别；能正确理解项目与定额子目的关系	10	每错或漏一项扣 1 分，扣至基本分为止	
	定额的调整换算	正确换算定额	20	每错一项扣 2 分，扣至基本分为止	
	独立费用的计算	正确计算协商项目费	7	每错一项扣 1 分，扣至基本分为止	
	补充定额的添加	正确添加补充定额	6	每错一项扣 2 分，扣至基本分为止	
		正确添加补充材料	10	每错一项扣 1 分，扣至基本分为止	
	措施项目的计算	正确计算单价措施项目； 正确计算总价措施项目	6	每错一项扣 1 分，扣至基本分为止	
	其他项目的计算	正确计算其他项目费用	6	每错一项扣 1 分，扣至基本分为止	
	工料机单价计算	正确调整市场价格	7	每错一项扣 1 分，扣至基本分为止	
		正确载入信息价文件	2	每错一项扣 2 分，扣至基本分为止	
	调价	正确调价	3	每错一项扣 1 分，扣至基本分为止	
	数据文件导出	正确导出数据文件	2	每错一项扣 2 分，扣至基本分为止	
	造价结果	单价正确，结果在 ±5% 以内	10	每错一项扣 2 分，扣至基本分为止	

课堂表现得分：________________

本次考核成果得分：________________

任务 14　湖南省益阳市赫山区某市政道路工程

1. 按要求完成《湖南省益阳市赫山区某市政道路工程招标控制价》计价文件的编制

(1)本项目是市政工程，位于益阳市地区，采用湖南省最新计价办法计取。

(2)清单计价模式，一般计税法。

(3)压缩工期范围 5%以内。

2. 分部分项项目表

序号	项目编码	项目名称	项目特征描述	计量单位	工程量
1	040601017001	拆除部分复原及加高	混凝土强度等级：C30	m^3	10.63
	D3-221	现浇混凝土　实心板梁　厂拌 C30		10 m^3	1.063
2	010512008001	井圈	混凝土强度等级：C30	m^3	1.39
	D6-427 换	井圈　厂拌 C20~换：普通商品　混凝土 C30(砾石)		10 m^3	0.139
	D10-132	井圈木模	放入措施项目费用计取	10 m^3	0.139
3	041001001001	拆除路面	1. 厚度：采用人机配合，破碎机破碎； 2. 运距：自卸汽车运输 1 km	m^2	256.50
	XSF-B	破碎机拆除路面	单价：24.00 元/m^2	m^2	256.50
4	041001007001	拆除砖石结构	1. 拆除：拆除砖结构； 2. 运输：人工运输 50 m 以内	m^3	1.39
	D9-55	拆除砖石构筑物　检查井、沟渠 砖砌体		10 m^3 实体	0.139
	D1-88	人工运石碴　双轮斗车运 50 m 以内		100 m^3	0.0139
5	040504001001	砌筑井	防坠网：防坠网(用于检查井 700 mm)	座	10
	D6-294	圆形砖砌雨水检查井　井径 1000 mm 收口式，适用管径 200~600 mm，井深 3 m 内		座	10
	XSF-B	防坠网	单价：750 元/张	张	10

续上表

序号	项目编码	项目名称	项目特征描述	计量单位	工程量
6	040504009001	砖砌平箅式单箅雨水口	规格：铸铁雨水井蓖 280×680 单篦	座	10
	D6-368 换	砖砌雨水进水井 单平箅(680×380) 井深 1.0 m C15 ~换：铸铁雨水井蓖 280×680 单篦		座	10
7	040504009002	砖砌偏沟式双箅雨水口	规格：铸铁雨水井蓖 180×1410 双篦	座	10
	D6-370 换	砖砌雨水进水井 双平箅(1450×380) 井深 1.0 m C15 ~换：铸铁雨水井蓖 180×1410 双篦		座	10
8	040501003001	铸铁管 HDPE 雨水口连接管 直径 300 mm		m	100
	D6-247	双壁波纹管接口 橡胶圈接口(承插式) 公称直径 300 mm 以内		10 个口	10.00
	D6-268	管道闭水试验 管径 400 mm 以内		100 m	1.00
	C8-185	室外管道安装 塑料排水管安装(胶粘接口) 公称外径 300 mm 以内		10 m	10.00
9	040501004001	塑料管	材质及规格：PVC ϕ200 排水管	m	70
	D4-116 换	纵向排水管 HPDE 管 ~ 换：PVC ϕ200 排水管		100 m	0.7
10	040101005001	挖淤泥、流砂	人工挖淤泥	m^3	2.00
	D1-3	淤泥		100 m^3	0.02
11	040101002001	挖沟槽土方		m^3	91.12
	D1-56	挖掘机挖沟槽、基坑土方装车 普通土		1000 m^3	0.0911
	D1-26	机动翻斗车运土 运距 200 m 内		100 m^3	0.9112
12	040103001001	回填砂砾		m^3	88.02
	D1-34	沟槽基坑回填 砂		100 m^3	0.8802

分部分项项目表(交通工程)

序号	项目编码	项目名称	项目特征描述	计量单位	工程量
1	040205018004	防护柱(反光防护柱)	1. 材料品种:镀锌钢管; 2. 规格型号:长 1.5 m; 3. 基础:人工开挖土方,C30 混凝土	根	8.00
	D3-179 换	现浇混凝土 混凝土基础 厂拌 C20~换:普通商品混凝土 C30(砾石)		10 m^3	0.05
	D1-1	人工挖土方 普通土		100 m^3	0.01
	XSF-B	防护柱	单价:58 元/根	根	8.00
2	040205006001	振动标线	线型:设计宽度 30 cm,厚度 4.5 mm,间距为 30 cm,每处设置 3 道	m^2	54.00
	XSF-B	振动标线	单价:148 元/m^2	m^2	54.00
3	040205006002	标线		m^2	595.00
	D2-265	路面标线 热熔涂料标线 车载式		100 m^2 标线面积	5.95
4	040205004007	单柱三角 700×3	1. 类型:警告标志三角; 2. 材质、规格尺寸:铝合金△700×3; 3. 板面反光膜等级:高级反光膜; 4. 基础:C30 混凝土基础,800×1200×1400; 5. 土方:人工土方开挖; 6. 立柱 标志板:立柱标志板 制作与安装	块	11.00
	XSF-B	立柱标志板制作与安装(含反光膜) 单柱三角 700×3	单价:600 元/块	块	11.00
	D1-1 换	人工挖土方 普通土~在支撑下挖土		100 m^3	0.15
	D1-22	人工运土 运距 20 m 内		100 m^3	0.15
	D3-179 换	现浇混凝土 混凝土基础 厂拌 C20~换:普通商品混凝土 C30(砾石)		10 m^3	1.48

续上表

序号	项目编码	项目名称	项目特征描述	计量单位	工程量
	040205004009	单柱单圆 $D=60$ cm	1. 类型：指示标志； 2. 材质、规格尺寸：铝合金标志牌 600×600×3； 3. 板面反光膜等级：高级反光膜； 4. 立柱、标志板：立柱、标志板制作与安装； 5. 基础：C30 混凝土基础 800×1200×1400； 6. 土方：人工土方开挖	块	2.00
	XSF-B	单柱单圆 $D=60$ cm	单价：540/块	块	2.00
	D1-1 换	人工挖土方　普通土～在支撑下挖土		100 m^3	0.03
	D1-22	人工运土　运距 20 m 内		100 m^3	0.03
	D3-179 换	现浇混凝土　混凝土基础　厂拌　C20～换：普通商品混凝土 C30(砾石)		10 m^3	0.27
6	040205004010	单柱矩形 $L=60$ cm	1. 类型：指示标志； 2. 材质、规格尺寸：铝合金标志牌 600×600×3； 3. 板面反光膜等级：高级反光膜； 4. 立柱、标志板：立柱、标志板制作与安装； 5. 基础：C30 混凝土基础 800×1200×1400； 6. 土方：人工土方开挖	块	4.00
	XSF-B	单柱矩形 $L=60$ cm	单价：570 元/块	块	4.00
	D1-22	人工运土　运距 20 m 内		100 m^3	0.05
	D1-1 换	人工挖土方　普通土～在支撑下挖土		100 m^3	0.05
	D3-179 换	现浇混凝土　混凝土基础　厂拌　C20～换：普通商品混凝土 C30(砾石)		10 m^3	0.54

3. 措施项目清单计费表

序号	项目编码	项目名称	计算基础及费率	单位	工程量
1	041109001001	安全文明施工费	按计价办法计取×费率	项	1
2	041109004001	冬雨季施工增加费	按计价办法计取×费率	项	1
3		行车干扰	总额：4000 元		
4		已完工程保护	总额：5000 元		

4. 其他项目费

序号	项目名称	金额/元	结算金额/元	备注
1	暂列金额(不可预见)			分部分项×1%
2	专业暂估价项目			
2.1	施工排水、降水费		2000	
2.2	原有排水系统临时改迁及加固费费用		5000	

5. 工料机

(1)载入市场信息价：益阳市最新一期市场价。

(2)根据以下市场含税价调整，未涉及的为定额价。

序号	编码	名称(材料、机械规格型号)	单位	含税市场价/元
1	010417	防盗铸铁井盖井座	套	1210.00
2	140441~2	PVC ϕ200 排水管	m	48.00
3	ZC01076~1	HDPE 铸铁管 DN300	m	490.00
4	ZC01298~1	直接头	个	3.70
5	410200	反光玻璃珠	kg	1.85

6. 结果

造价：______________________

______________________工程

考核项目		考核内容	标准分	评分标准	得分
课堂表现（100分）		到课情况	30	旷课1节扣5分，迟到1次扣2分，早退1次扣3分，扣至0分为止	
		认真听讲，积极操作	40	上课不操作一次扣5分，扣至0分，本次考核分数减半	
		维护教室卫生不乱扔垃圾	30	乱丢垃圾扣5分，离开教室没带自己的垃圾扣5分，不打扫卫生扣10分，扣完为止	
成果（100分）	新建建设项目	正确新建项目计价文件	2	每错一项扣1分，扣至基本分为止	
	项目信息与费率	正确输入基础信息； 正确选择技术、计算参数； 正确设置费率及其他取费	2	每错一项扣1分，扣至基本分为止	
	添加分部分项工程清单项及输出项目特征	清单列项正确，不重不漏； 工程量填写/计算正确； 正确输出项目特征信息； 正确整理清单； 正确选取单价构成文件	7	每错一项扣1分，扣至基本分为止	
	定额子目的直接套用	正确正确选择定额子项；正确定义取费类别；能正确理解项目与定额子目的关系	10	每错或漏一项扣1分，扣至基本分为止	
	定额的调整换算	正确换算定额	20	每错一项扣2分，扣至基本分为止	
	独立费用的计算	正确计算协商项目费	7	每错一项扣1分，扣至基本分为止	
	补充定额的添加	正确添加补充定额	6	每错一项扣2分，扣至基本分为止	
		正确添加补充材料	10	每错一项扣1分，扣至基本分为止	
	措施项目的计算	正确计算单价措施项目； 正确计算总价措施项目	6	每错一项扣1分，扣至基本分为止	
	其他项目的计算	正确计算其他项目费用	6	每错一项扣1分，扣至基本分为止	
	工料机单价计算	正确调整市场价格	7	每错一项扣1分，扣至基本分为止	
		正确载入信息价文件	2	每错一项扣2分，扣至基本分为止	
	调价	正确调价	3	每错一项扣1分，扣至基本分为止	
	数据文件导出	正确导出数据文件	2	每错一项扣2分，扣至基本分为止	
	造价结果	单价正确，结果在±5%以内	10	每错一项扣2分，扣至基本分为止	

课堂表现得分：______________________

本次考核成果得分：______________________

任务 15　湖南省长沙市某高架桥

1. 按要求完成《湖南省长沙市某高架招标控制价》计价文件的编制

(1)本项目是市政工程，位于长沙市地区，采用湖南省最新计价办法计取。

(2)清单计价模式，一般计税法。

(3)压缩工期范围 5%以内。

2. 分部分项项目表

序号	项目编码	项目名称	单位	工程量
1	040101001001	挖一般土方	m^3	44.00
	D1-51	挖掘机挖土方　挖掘机挖土装车坚土	1000 m^3	0.044
	D1-63+ D1-64 * 9 换	自卸汽车运土方、淤泥　运土方载重 12 t 以内　运距 1 km 内～10 km	1000 m^3	0.044
2	040101005001	挖淤泥、流砂 运距：10 km	m^3	11110.00
	D1-52	淤泥	1000 m^3	11.11
	D1-67+ D1-68 * 9 换	自卸汽车运土方、淤泥　运淤泥载重 12 t 以内　运距 1 km 内～10 km	1000 m^3	11.11
	XSF-A001	淤泥排放费(单价 3 元/m^3)	m^3	11110.00
3	040701001001	场地平整	m^2	17550.00
	D1-30 换	人工　平整场地～换：履带式推土机　功率 75 kW 大	100 m^2	175.50
4	040304001001	预制混凝土梁 1. 构件代号、名称：小箱梁　单跨 30 m； 2. 混凝土强度等级：反击式碎石商品混凝土 C50	m^3	3902.80
	D3-267 换	预制混凝土箱形梁　厂拌　C40～换：反击式碎石商品混凝土　C50	10 m^3	390.28
	D3-356 换	陆上安装 T 型梁　起重机 $L \leq 30$ m～换：汽车式起重机　提升质量 150 t 特	10 m^3	390.28
5	040303011001	混凝土箱梁 1. 部位：30 m 跨现浇； 2. 混凝土强度等级：反击式碎石商品混凝土 C50	m^3	471.80
	D3-431 换	梁与梁接头　现场拌 C30～换：反击式碎石商品混凝土 C50	10 m^3	47.18

续上表

序号	项目编码	项目名称	单位	工程量
6	040303019001	桥面铺装 4 cm 沥青玛蹄脂混合料 改性沥青黏层　运距 15 km	m^2	6930.00
	D2-163 换	喷洒乳化沥青　喷油量 1.0 kg/m^2~换：改性乳化沥青	100 m^2	69.30
	D2-200+ D2-201 * 2 换	细粒式沥青混凝土路面　机械摊铺　厚度 3 cm~4 cm ~换：沥青玛蹄脂混合料 SBS 改性沥青	100 m^2	69.30
	D2-202+ D2-203 * 10 换	沥青混合料场外运输　自卸汽车　运距 5 km 内~15 km	100 m^3	2.772
7	040303019002	桥面铺装 中粒式沥青混凝土路面 6 cm	m^2	6930.00
	D2-163 换	喷洒乳化沥青　喷油量 1.0kg/m^2~换：改性乳化沥青	100 m^2	69.30
	D2-194 换	中粒式沥青混凝土路面　机械摊铺　厚度 6 cm~换：中粒式沥青混凝土 AH-70　重交沥青(商品混凝土)	100 m^2	69.30
	D2-202+ D2-203 * 5 换	沥青混合料场外运输　自卸汽车　运距 5 km 内~10	100 m^3	4.158
8	040309010001	防水层	m^2	6930.00
	D3-238 换	桥面防水层　一涂沥青~换：FYT-1 桥面防水涂料	100 m^2	69.30
9	040309007001	桥梁伸缩装置	m	82.00
	D3-419 换	安装伸缩缝毛勒~换：毛勒伸缩缝 *D*80 mm	10 m	8.20
10	040303018001	混凝土防撞护栏	m	260.00
	D3-229 换	现浇混凝土　防撞护栏　厂拌　C25~换：普通商品混凝土 C35(砾石)	10 m^3	84.10
11	040303020001	混凝土桥头搭板	m^3	226.80
	D3-251 换	预制混凝土矩形板　厂拌　C40~换：普通商品混凝土 C35(砾石)	10 m^3	22.68
	D2-61+ D2-64 * 20 换	道路基层　拌和机拌和　厚度 20 cm　水泥含量 5%~40%	100 m^2	5.67
	D2-118+ D2-119 * 9 换	多合土场外运输载重 8 t 内　运距 1 km 内~10 km	100 m^3	2.268
12	040309009001	桥面排(泄)水管	m	1140.00
	D3-427	塑料排水管 PVC 管道安装　ϕ160	10 m	114.00
	D6-924	格栅安装　不锈钢	t	1.41
	D6-921	格栅制作　不锈钢　0.3 t 以内	t	1.41

续上表

序号	项目编码	项目名称	单位	工程量
	XSF-A002	不锈钢盖板 300×1000×6 (单价 1000 元/块)	块	15.00
	C8-1119	铸铁地面扫除口安装　地面扫除口　150	10 个	5.20
13	040204002001	人行道块料铺设 块料品种、规格：3 cm 彩色人行道板	m^2	1716.00
	D2-242 换	人行道板安砌　广场砖~换：3 cm 彩色人行道板	100 m^2	17.16
14	040204002002	人行道块料铺设 块料品种、规格：透水砖	m^2	1650.00
	D2-242 换	人行道板安砌　广场砖~换：透水砖 240×115×60	100 m^2	16.50
15	040309001001	金属栏杆	m	1100.00
	D3-399	钢管栏杆	100 m	11.00
16	040303004001	混凝土墩(台)帽 台帽	m^3	848.40
	D3-199 换	现浇混凝土　台帽　厂拌　C30~换：普通商品混凝土 C40(砾石)	10 m^3	84.84
17	040303005001	混凝土墩(台)身 桥墩	m^3	311.06
	D3-195 换	现浇混凝土　柱式墩台身　厂拌　C25~换：普通商品混凝土 C35(砾石)	10 m^3	31.106
18	040303003001	混凝土承台	m^3	507.90
	D3-181 换	现浇混凝土　承台　厂拌　C20~换：普通商品混凝土 C35(砾石)	10 m^3	50.79
19	040303005002	混凝土墩(台)身 台身	m^3	129.40
	D3-189 换	现浇混凝土　实体式桥台　厂拌　C25~换：普通商品混凝土 C35(砾石)	10 m^3	12.94
20	040303007001	混凝土墩(台)盖梁	m^3	110.02
	D3-201 换	现浇混凝土　墩盖梁　厂拌　C30~换：普通商品混凝土 C35(砾石)	10 m^3	11.002
21	040309004001	橡胶支座	个	180.00
	D3-405	四氟板式橡胶	100 cm^3	3687.93
22	040309004002	橡胶支座	个	180.00
	D3-404	板式橡胶支座	100 cm^3	9947.52

续上表

序号	项目编码	项目名称	单位	工程量
23	040305005001	护坡	m^2	180.00
	D2-287	浆砌块石　锥型坡	10 m^3	9.00
	D2-231+ D2-232 * 15 换	人行道板垫层　砂垫层　厚度 5 cm~20 cm	100 m^2	0.45
	D10-210	填砂砾石夯填	100 m^3	1.76
24	040303015001	混凝土挡墙墙身	m^3	645.00
	D3-217 换	现浇混凝土　矩形实体连续板　厂拌　C30~换：普通商品混凝土 C35(砾石)	10 m^3	64.50
25	040201015001	高压水泥旋喷桩 D50 m 高压粉喷桩	m	2187.00
	A2-37	双重管高喷	100 m	21.87
26	040201021001	土工合成材料 双向土工格栅	m^2	1400.00
	D2-25 换	弹软土基处理　土工格栅~换：双向土工格栅	100 m^2	14.00
27	040305001001	垫层 30 cm　碎石垫层	m^3	1396.67
	D2-133+ D2-134 * 10 换	碎石底层　人机配合　厚度 20 cm~30 cm	100 m^2	46.556
28	040901006001	后张法预应力钢筋(钢丝束、钢绞线)	t	39.88
	D8-22	后张法(OVM 锚)　束长 40 m 以内　19 孔以内	t	39.88
29	040901006002	后张法预应力钢筋(钢丝束、钢绞线)	t	27.44
	D8-18	后张法(OVM 锚)　束长 20 m 以内　7 孔以内	t	27.44
30	040901006003	后张法预应力钢筋(钢丝束、钢绞线)	t	127.55
	D8-20	后张法(OVM 锚)　束长 40 m 以内　7 孔以内	t	127.55
31	040901001001	现浇构件钢筋 圆钢 ϕ8	t	14.98
	D8-1 换	非预应力钢筋制作安装　现浇 ϕ10 mm 以内~换：钢筋 ϕ8	t	14.98
32	040901001002	现浇构件钢筋 螺纹钢 ϕ12	t	298.55
	D8-2 换	非预应力钢筋制作安装　现浇 ϕ10 mm 以外~换：钢筋 ϕ12	t	298.55
33	040501003001	铸铁管 材质及规格：DN300 球墨铸铁管	m	61.00

续上表

序号	项目编码	项目名称	单位	工程量
	D5-61	球墨铸铁管安装(胶圈接口)　公称直径 300 mm 以内	10 m	6.10
	D5-262	铸铁管件安装(胶圈接口)　公称直径 300 mm 以内	个	12.00
34	040501001001	混凝土管 DN600 钢筋混凝土管	m	160.00
	D6-128	混凝土管道铺设　平接(企口)式　管径 600 mm 以内	100 m	1.60
	D6-202	现浇混凝土套环接口(120 度管基)　管径 600 mm 以内　C20	10 个口	3.20
35	040504009001	雨水口	座	7.00
	D6-370 换	砖砌雨水进水井　双平箅(1450×380)　井深 1.0 m C15~换：普通商品混凝土 C15(砾石)	座	7.00
	C6-3053	刚性防水套管制作　公称直径 300 mm 以内	个	7.00
	C6-3066	刚性防水套管安装　公称直径 300 mm 以内	个	7.00
36	040504001001	砌筑井 雨水检查井　砖砌　井深 2.5 m 内　管径 600 mm 井径 1000 mm	座	7.00
	D6-294 换	圆形砖砌雨水检查井　井径 1000 mm　收口式，适用管径 200~600 mm，井深 3 m 内~换：普通商品混凝土 C15(砾石)	座	7.00
37	040205004001	标志板	块	1.00
	BCDE-001	立杆、版面制作、安装[具体见下表中 5. 补充定额添加(1)]	块	1.00
38	040205005001	视线诱导器	只	1.00
	D3-179	现浇混凝土　混凝土基础　厂拌　C20	10 m^3	0.30
	XSF-A002	底座加劲肋(单价 100 元/套)	套	1.00
	BCDE-002	立杆、版面制作、安装[具体见下表 5. 补充定额添加(2)]	块	1.00
39	040205006001	标线	m^2	712.00
	D2-265	路面标线　热熔涂料标线　车载式	100 m^2 标线面积	7.12
40	040301006001	干作业成孔灌注桩 1. 桩径：120 cm； 2. 混凝土种类、强度等级：C35	m	450.00
	D3-112	回旋钻机钻孔 $\phi \leq 1200$、$H \leq 40$ m 土类	10 m^3	23.00
	D3-114	回旋钻机钻孔 $\phi \leq 1200$、$H \leq 40$ m Ⅳ级岩体	10 m^3	23.00

续上表

序号	项目编码	项目名称	单位	工程量
	D3-115	回旋钻机钻孔 $\phi\leq1200$、$H\leq40$ m Ⅲ级岩体	10 m^3	23.237
	D3-97	凿除桩顶钢筋混凝土　钻孔灌注桩	10 m^3	1.11
	D3-150 换	灌注桩混凝土　机械成孔桩　厂拌　回旋钻机 C25～换：普通商品混凝土 C35(砾石)	10 m^3	69.237
	D3-100	埋设钢护筒　陆上 $\phi\leq1200$ mm	10 m	12.76
41	040301006002	干作业成孔灌注桩 1. 桩径：150 cm； 2. 混凝土种类、强度等级：C35	m	1587.03
	D3-120	回旋钻机钻孔 $\phi\leq1500$、$H\leq40$ m 土类	10 m^3	150.00
	D3-122	回旋钻机钻孔 $\phi\leq1500$、$H\leq40$ m Ⅳ级岩体	10 m^3	150.00
	D3-123	回旋钻机钻孔 $\phi\leq1500$、$H\leq40$ m Ⅲ级岩体	10 m^3	81.778
	D3-97	凿除桩顶钢筋混凝土　钻孔灌注桩	10 m^3	4.76
	D3-150 换	灌注桩混凝土　机械成孔桩　厂拌　回旋钻机 C25～换：普通商品混凝土 C35(砾石)	10 m^3	381.778
	D3-101	埋设钢护筒　陆上 $\phi\leq1500$ mm	10 m	40.73
42	040901004001	钢筋笼	t	325.03
	D8-28	灌注桩钢筋笼	t	325.03
43	040805001001	常规照明灯 12 m 单招路灯	套	36.00
	C2-783	单杆　混凝土杆　13 m 以内　12 m 单招路灯	根	36.00
	C2-1829	大马路弯灯　臂长 1200 mm 以下　高压钠灯/400 W	10 套	3.60
	C2-290	熔断器　管式	个	36.00
	C2-1851	路灯设施编号　路灯杆号	100 个	0.36
	C2-1845	杆座安装　成套型　金属杆座	10 只	3.60
	C5-543	塔器地脚螺栓制作　直径 24 mm 以内	个	36.00
	C2-768	工地运输　汽车运输　运输	10 t/km	89.42
	C2-767	工地运输　汽车运输　装卸	10t	12.78
44	040803001001	电缆 电缆敷设 VV-1KV-1×35 mm^2　敷设	m	4800.00
	C2-629	铜芯电力电缆敷设　电缆截面 120 mm^2 以下	100 m	48.00
	C2-640	户内干包式电力电缆头制作、安装　干包中间头 1 kV 以下截面 35 mm^2 以下	个	168.00

续上表

序号	项目编码	项目名称	单位	工程量
	C2-637	户内干包式电力电缆头制作、安装　干包终端头 1 kV 以下截面 35 mm^2 以下	个	18.00
45	040803001002	电缆 电缆敷设 BVR-3×2.5 mm^2　敷设	m	540.00
	C2-1191	管内穿线　照明线路　导线截面 2.5 mm^2 以内　铜芯	100 m 单线	5.40
46	040804001001	配管	m	1200.00
	C2-1020	砖、混凝土结构暗配　钢管公称口径 125 mm 以内	100 m	12.00

3. 措施项目清单计费表

(1)单价措施。

序号	项目编码	项目名称	单位	工程量
47	041102011001	箱梁模板	m^2	32057.00
	D10-51	箱形梁　模板	10 m^2	3205.70
48	041102004001	墩(台)帽模板	m^2	1386.00
	D10-16	桥梁混凝土现浇模板　台帽	10 m^2	138.60
49	041102005001	墩(台)身模板	m^2	846.00
	D10-14	桥梁混凝土现浇模板　柱式墩台身	10 m^2	84.60
50	041102015001	板梁模板	m^2	248.00
	D10-9	桥梁混凝土现浇模板　横梁	10 m^2	24.80
51	041102019001	防撞护栏模板	m^2	3484.80
	D10-35	桥梁混凝土现浇模板　防撞护栏	10 m^2	348.48
52	041102003001	承台模板	m^2	175.00
	D10-7	桥梁混凝土现浇模板　承台　有底模	10 m^2	17.50
53	041102005002	墩(台)身模板	m^2	179.80
	D10-14	桥梁混凝土现浇模板　柱式墩台身	10 m^2	17.98
54	041102007001	墩(台)盖梁模板	m^2	117.40
	D10-17	桥梁混凝土现浇模板　墩盖梁	10 m^2	11.74
55	041102040001	桥涵支架	m^3	15427.00
	D10-151	桥梁支架　满堂式钢管支架	100 m^3 空间体积	154.27
56	041102017001	挡墙模板	m^2	1394.80

续上表

序号	项目编码	项目名称	单位	工程量
	D10-35	桥梁混凝土现浇模板　防撞护栏	10 m^2	139.48
57	041101002001	柱面脚手架	m^2	945.65
	D10-213	钢管脚手架　单排 8 m 内	100 m^2	9.457
58	041104001001	便道	m^2	5200.00
	D2-129+D2-130＊5 换	卵石底层　人机配合　厚度 20 cm~25 cm ~换：片石	100 m^2	52.00
	D2-133+D2-134＊(-5)换	碎石底层　人机配合　厚度 20 cm~15 cm	100 m^2	52.00
59	041106001001	大型机械设备进出场及安拆	台·次	1.00
	XSF-B001	龙门吊租赁(2 台大型，1 台小型)(单价 200000 元/3 台/套)	套	1.00
	XSF-B002	P50 走形钢轨　(单价 80000 元/延米)	延米	1.00
	XSF-B003	起重机租赁　(单价 120000 元/台)	台	1.00

(2)总价措施。

序号	项目编码	项目名称	计算基础	费率/%	金额/元
1	041109001001	安全文明施工费	按计价办法计取×费率		
2	041109004001	冬雨季施工增加费	按计价办法计取×费率		
3		施工用电源设备及线路安装拆除费			30000.00

4. 其他项目费

序号	项目名称	金额/元	结算金额/元	备注
1	暂列金额(不可预见)			分部分项×1%
1.2	检验试验费		112050.00	
1.2.1	钻孔桩机无损检测		18250.00	
1.2.2	高压旋喷抽芯检测		5500.00	
1.2.3	高压旋喷桩单桩荷载试验		2800.00	
1.2.4	复合地基荷载试验		3500.00	
1.2.5	防电棚检测费		2000.00	
1.2.6	整桥检测费		80000.00	

5. 补充定额添加

(1) BCDE-001 标志板　立杆、版面制作、安装(消耗材料及含量如下)。

编号	名称	型号规格	单位	含量	类别	基期价
200001	标志牌		个	1	材料	4.05
011241	专用螺母垫圈　3#钢　1#		块	4	材料	77
010679	角钢　∠30×3		kg	6.6	材料	4.52
010118	槽钢		kg	8.5	材料	4.75
150034	U 型抱箍		套	4	材料	11.34
030247	螺母		kg	3.6	材料	8.4
170021	法兰盘　DN150		个	1	材料	71.28
140087	钢管　ϕ80		kg	10	材料	5

(2) BCDE-002 视线诱导器　立杆、版面制作、安装(消耗材料及含量如下)。

编号	名称	型号规格	单位	含量	类别	基期价
010118	槽钢		kg	7.5	材料	4.75
030247	螺母		kg	2.6	材料	8.4
170021	法兰盘　DN150		个	1	材料	71.28
11111111~1	反光膜		张	2	材料	10
150619	垫圈　10~20		10 个	2.2	材料	2.43
011194	圆钢　ϕ15~24		kg	2.1	材料	4.09
010033	扁钢　-50×5		kg	1.8	材料	4.37
ZC00133	铸铁块		t	0.01	主材	3600
010985	普通钢板　0#~3#　δ3.5~4		kg	4.2	材料	4.22
010232	地脚螺栓　M6~8×100		套	2	材料	58

6. 工料机

(1)载入市场信息价:长沙市最新一期市场价。

(2)根据以下市场含税价调整,未涉及的为定额价。

序号	材料名称	单位	含税单价/元	序号	材料名称	单位	含税单价/元
1	不锈钢板	kg	24	2	片石	M3	70
3	钢护筒	t	5000	4	砂砾石	M3	78
5	螺栓	kg	8.21	6	3 cm 彩色人行道板	M2	50
7	四氟板式橡胶支座	100 cm^3	11.64	8	改性乳化沥青	kg	3.8

续上表

序号	材料名称	单位	含税单价/元	序号	材料名称	单位	含税单价/元
9	标准砖 240×115×53	千块	590	10	反光膜	张	200
11	FYT-1 桥面防水涂料	t	2500	12	PVC 塑料排水管 ϕ160	m	52
13	透水砖 240×115×60	M2	45	14	毛勒伸缩缝 D80 mm	m	3151.2
15	双向土工格栅	M2	18	16	反击式碎石商品混凝土 C50	M3	492
17	中粒式沥青混凝土 AH-70 重交沥青(商品混凝土)	M3	1275	18	沥青玛蹄脂混合料 SBS 改性沥青	M3	2560
19	钢管公称口径 125 mm 以内	m	200	20	绝缘导线	m	5.58
21	高压钠灯/400 W	套	120	22	铸铁块	t	3600
23	焊接钢管	kg	3.8	24	灯座箱	个	20
25	路灯号牌	个	15	26	熔断器	个	11
27	球墨铸铁管 DN300	m	181.26	28	铸铁管件	个	40.32
29	普通钢板 0#~3# δ10~15 mm	kg	3.168	30	地面扫除口	个	180
31	电缆中间接头盒	套	55	32	户内电缆终端 35~400 mm^2	套	55

7. 结果

造价：____________________

______________________工程

考核项目		考核内容	标准分	评分标准	得分
课堂表现（100分）		到课情况	30	旷课1节扣5分，迟到1次扣2分，早退1次扣3分，扣至0分为止	
		认真听讲，积极操作	40	上课不操作一次扣5分，扣至0分，本次考核分数减半	
		维护教室卫生不乱扔垃圾	30	乱丢垃圾扣5分，离开教室没带自己的垃圾扣5分，不打扫卫生扣10分，扣完为止	
成果（100分）	新建建设项目	正确新建项目计价文件	2	每错一项扣1分，扣至基本分为止	
	项目信息与费率	正确输入基础信息； 正确选择技术、计算参数； 正确设置费率及其他取费	2	每错一项扣1分，扣至基本分为止	
	添加分部分项工程清单项及输出项目特征	清单列项正确，不重不漏； 工程量填写/计算正确； 正确输出项目特征信息； 正确整理清单； 正确选取单价构成文件	7	每错一项扣1分，扣至基本分为止	
	定额子目的直接套用	正确正确选择定额子项；正确定义取费类别；能正确理解项目与定额子目的关系	10	每错或漏一项扣1分，扣至基本分为止	
	定额的调整换算	正确换算定额	20	每错一项扣2分，扣至基本分为止	
	独立费用的计算	正确计算协商项目费	7	每错一项扣1分，扣至基本分为止	
	补充定额的添加	正确添加补充定额	6	每错一项扣2分，扣至基本分为止	
		正确添加补充材料	10	每错一项扣1分，扣至基本分为止	
	措施项目的计算	正确计算单价措施项目； 正确计算总价措施项目	6	每错一项扣1分，扣至基本分为止	
	其他项目的计算	正确计算其他项目费用	6	每错一项扣1分，扣至基本分为止	
	工料机单价计算	正确调整市场价格	7	每错一项扣1分，扣至基本分为止	
		正确载入信息价文件	2	每错一项扣2分，扣至基本分为止	
	调价	正确调价	3	每错一项扣1分，扣至基本分为止	
	数据文件导出	正确导出数据文件	2	每错一项扣2分，扣至基本分为止	
	造价结果	单价正确，结果在±5%以内	10	每错一项扣2分，扣至基本分为止	

课堂表现得分：______________________

本次考核成果得分：__________________

任务 16　湖南省溆浦县工业园道路工程

1. 项目名称

湖南省溆浦县工业园道路工程。

2. 要求

(1)采用清单计价模式；一般计税法。

(2)根据工程清单编制招标控制价。

(3)在软件中导出你的数据文件，以你的姓名命名并保存至桌面。

(4)清单库及定额都选用最新的市政工程相关计算规则和消耗量标准。

3. 分部分项工程费

序号	项目编码	项目名称	项目特征描述	计量单位	工程量
1	040101001001	挖一般土方 1. 土壤类别：Ⅲ类坚土； 2. 挖土深度：3 m 内； 3. 运距：10 km	1. 土壤类别：Ⅲ类坚土； 2. 挖土深度：3 m 内； 3. 运距：10 km	m^3	93933.00
	D1-38	挖掘机挖土方　挖土装车　坚土		1000 m^3	93.933
	D1-59+D1-60＊9 换	自卸汽车运土方　运距 1 km 内~实际运距(km)：10 km		1000 m^3	93.933
2	040101003001	挖基坑土方 1. 土壤类别：综合各类土； 2. 挖土深度：2 m； 3. 运距：10 km	1. 土壤类别：综合各类土； 2. 挖土深度：2 m； 3. 运距：10 km	m^3	62622.00
	D1-44	挖掘机挖沟槽、基坑土方　挖土装车　坚土		1000 m^3	62.622
	D1-59+D1-60＊9 换	自卸汽车运土方　运距 1 km 内~实际运距(km)：10 km		1000 m^3	62.622
3	040103001001	回填方(基坑)		m^3	62622.00
	D1-67	机械回填沟槽、基坑　土方		100 m^3	313.11
	D1-21	人工填土夯实　槽、坑		100 m^3	313.11

续上表

序号	项目编码	项目名称	项目特征描述	计量单位	工程量
4	040103001002	回填方(路线) 1. 填方材料品种：综合施工部位、综合施工方法、综合土质类别	1. 填方材料品种：综合施工部位、综合施工方法、综合土质类别	m^3	93933.00
	D1-65	机械填土碾压		1000 m^3	93.933
	D1-29	推土机推土　推土机推距 20 m 以内　坚土		1000 m^3	93.933
5	040202001001	路床(槽)整形		m^2	21298.518
	D2-6	路床(槽)整形　车行道路床整形碾压		100 m^2	212.98518
6	040202011001	碎石　级配碎石垫层 厚度：15 cm 级配碎石垫层	厚度：15 cm 级配碎石垫层	m^2	28398.024
	D2-66+ D2-67 * (-5)换	碎石底层　厚度 20 cm~实际厚度(cm)：15 cm~换级配碎石		100 m^2	283.98024
7	040202015001	水泥稳定碎(砾)石　底基层 1. 水泥含量：4%； 2. 厚度：18 cm；	1. 水泥含量：4%； 2. 厚度：18 cm	m^2	28398.024
	D2-42+ D2-43 * (-2)换	水泥稳定料基层　水泥稳定碎石厚度 20 cm~18 cm~换：商品水泥稳定料　水泥稳定碎石底基层 4%		100 m^2	283.98024
	D2-56	多合料基层养生　洒水养护		100 m^2	283.98024
8	040202015002	水泥稳定碎(砾)石　基层 1. 水泥含量：5%； 2. 厚度：20 cm	1. 水泥含量：5%； 2. 厚度：20 cm	m^2	28398.024
	D2-42 换	水泥稳定料基层　水泥稳定碎石厚度 20 cm~换：商品水泥稳定料　水泥稳定碎石基层 5%		100 m^2	283.98024
	D2-56	多合料基层养护　洒水养护		100 m^2	283.98024
9	040203003001	透层、黏层		m^2	28398.024
	D2-87 换	喷洒沥青油料　透层　石油沥青油量(1.0 kg/m^2)~换：煤油稀释沥青 T-2		100 m^2	283.98024
10	040203004001	封层		m^2	28398.024
	D2-91	喷洒沥青油料　同步沥青碎石封层(1 cm 厚)		100 m^2	283.98024

续上表

序号	项目编码	项目名称	项目特征描述	计量单位	工程量
11	040203007001	水泥混凝土　面层 1. 混凝土强度等级：C30； 2. 厚度：30 cm	1. 混凝土强度等级：C30； 2. 厚度：30 cm	m^2	28398.024
	D2-118+ D2-119＊10 换	水泥混凝土路面　厚度 20 cm～实际厚度(cm)：30		100 m^2	283.98024
	D2-125	伸缝　沥青玛蹄脂		10 m^2	8.5476
	D2-126	缩缝　锯缝机锯缝　缝深(cm) 5 cm		100 m	5.9184
	D2-135	水泥混凝土路面养护　土工布养护		100 m^2	283.98024
12	040204001001	人行道整形碾压		m^2	7099.506
	D2-7	路床(槽)整形　人行道整形碾压		100 m^2	70.99506
13	040204002001	人行道块料铺设		m^2	5916.255
	D2-158	人行道板安砌　透水砖面层　厚 6 cm 内		100 m^2	59.16255
	D2-151+ D2-152＊5 换	人行道板垫层　混凝土垫层　厚度 10 cm～实际厚度(cm)：15 cm～换商品混凝土(砾石) C20		100 m^2	59.16255
14	040202009001	砂砾石　人行道 5 cm 砂砾层		m^2	7099.506
	D2-58+ D2-59＊(-15)换	砂砾石底层(天然级配)　厚度 20 cm～实际厚度(cm)：5 cm～换砂砾 5～12 mm		100 m^2	70.99506
15	040204004001	安砌侧(平、缘)石　平石		m	2366.00
	D2-168 换	侧平石、缘石安砌　麻石平石勾缝～换：麻石平石 400×150		100 m	23.66
	D2-151+ D2-152＊(-5)换	人行道板垫层　混凝土垫层　厚度 10 cm～实际厚度(cm)：5 cm～换水泥砂浆 1∶3		100 m^2	9.464
16	040204004002	安砌侧(平、缘)石　侧石		m	2366.00
	D2-166 换	侧平石、缘石安砌　麻石侧石勾缝～换：麻石侧石 150×300		100 m	23.66
	D2-151+ D2-152＊(-5)换	人行道板垫层　混凝土垫层　厚度 10 cm～实际厚度(cm)：5 cm～换水泥砂浆 1∶3		100 m^2	0.01

续上表

序号	项目编码	项目名称	项目特征描述	计量单位	工程量
17	040204004003	安砌侧(平、缘)石　石　锁边		m	4732.00
	D2-165 换	侧平石、缘石安砌　混凝土缘石~换：预制 C20 混凝土路缘石 120×160		100 m	47.32
	D2-151+D2-152 * 3 换	人行道板垫层　混凝土垫层　厚度 10 cm~实际厚度(cm)：13 cm~换水泥砂浆 1：3		100 m^2	5.6784
18	040204002002	人行道块料铺设　盲道板		m^2	1183.251
	D2-158 换	人行道板安砌　透水砖面层　厚 6 cm 内~换：盲道砖		100 m^2	11.83251
	D2-151+D2-152 * 5 换	人行道板垫层 混凝土垫层　厚度 10 cm~实际厚度(cm)：15 cm~换商品混凝土(砾石)C20		100 m^2	11.83251
19	040204007001	树池砌筑		个	298.00
	D2-174	砌筑树池　麻石		100 m	10.728
	D2-151	人行道板垫层　混凝土垫层　厚度 10 cm		100 m^2	1.6092
20	040205004001	标志板　F 型标志牌		块	12.00
	D1-41	挖掘机挖沟槽、基坑土方　挖土不装车　坚土		1000 m^3	0.30643
	D3-3	现浇混凝土　混凝土基础		10 m^3	11.9808
	D9-10	铁件制作安装　预埋铁件		t	3.43956
	D9-3	非预应力钢筋制作安装　现浇带肋钢筋(直径 mm)ϕ10 以内		t	0.25788
	D9-4	非预应力钢筋制作安装　现浇带肋钢筋(直径 mm)ϕ10 以外		t	0.7896
	D2-226	标志杆、门架钢结构制作　制作法兰底座 F 型、T 型钢管杆		t	1.46
	D2-233	标志牌制作 方形		m^2	10.535
	D2-234	标志牌贴膜		m^2	10.535
	D2-235	反光膜文字、图案制作		m^2	10.535
	D2-241	标志杆、标牌整体安装　单向双悬臂式		套	12.00
	D2-248	标志牌安装　标志牌面积　1 m^2 以内		块	12.00

续上表

序号	项目编码	项目名称	项目特征描述	计量单位	工程量
21	040205006001	标线　所有标线+导向箭头		m^2	981.03825
	D2-259	普通标线　标线　热熔涂料　普通型		100 m^2	9.81038
22	040205014001	信号灯　人行道		套	15.00
	D2-279	人行灯灯杆		套	15.00
	D2-281	交通信号灯具安装　人行灯		套	15.00
	C4-1988	路灯基础制作　C20　钢筋混凝土基础		m^3	3.00
	D1-41	挖掘机挖沟槽、基坑土方　挖土不装车　坚土		1000 m^3	0.0234
	D9-10	铁件制作安装　预埋铁件		t	0.2877
	D9-3	非预应力钢筋制作安装　现浇带肋钢筋(直径 mm)ϕ10 以内		t	0.0513
	D9-4	非预应力钢筋制作安装　现浇带肋钢筋(直径 mm)ϕ10 以外		t	0.1128
23	040205014002	信号灯　车行道　机动车三色信号灯具　L 杆		套	14.00
	D2-277	交通信号灯灯杆安装　立杆高 H6.5 m　悬臂长 L9 m 以上(单臂)		套	14.00
	D2-232	标志牌制作　圆形(面积) 1.2 m^2 以内		m^2	17.8038
	D2-234	标志牌贴膜		m^2	17.8038
	D2-235	反光膜文字、图案制作		m^2	17.8038
	D2-280	交通信号灯具安装 机动车灯		套	28.00
	C4-1988	路灯基础制作　C20　钢筋混凝土基础		m^3	47.25
	D1-41	挖掘机挖沟槽、基坑土方　挖土不装车　坚土		1000 m^3	0.26804
	D9-10	铁件制作安装　预埋铁件		t	2.67862
	D9-3	非预应力钢筋制作安装　现浇带肋钢筋(直径 mm)ϕ10 以内		t	0.27986
	D9-4	非预应力钢筋制作安装　现浇带肋钢筋(直径 mm)ϕ10 以外		t	0.06776

续上表

序号	项目编码	项目名称	项目特征描述	计量单位	工程量
24	040501001001	混凝土管　DN1800　钢筋混凝土Ⅱ级雨水管		m	330.40
	D5-10	基础　混凝土管座		10 m^3	29.736
	D5-36 换	平接(企口)式混凝土管道铺设　公称直径(mm)1800 以内~换:钢筋混凝土排水管 $D1800\times180\times2000$　Ⅱ级　承插口		100 m	3.304
	D5-792	管道闭水试验　管径(mm)1800 以内		100 m	3.304
	D5-718	钢丝网水泥砂浆抹带接口　120°混凝土基础管径(mm)1800 以内		10 个口	16.62
25	040501001002	混凝土管　DN1350　钢筋混凝土　Ⅱ级雨水管		m	280.00
	D5-10	基础　混凝土管座		10 m^3	18.90
	D5-33 换	平接(企口)式混凝土管道铺设　公称直径(mm)1350 以内~换:钢筋混凝土排水管　$D1350\times150\times2000$　Ⅱ级　承插口		100 m	2.80
	D5-789	管道闭水试验　管径(mm)1350 以内		100 m	2.80
	D5-729	钢丝网水泥砂浆抹带接口　180°混凝土基础管径(mm)1350 以内		10 个口	14.10
26	040501001003	混凝土管　DN1200　钢筋混凝土　Ⅱ级雨水管		m	245.00
	D5-10	基础　混凝土管座		10 m^3	14.70
	D5-32 换	平接(企口)式混凝土管道铺设　公称直径(mm)1200 以内~换:钢筋混凝土排水管　$D1200\times120\times2000$　Ⅱ级　承插口		100 m	2.45
	D5-788	管道闭水试验　管径(mm)1200 以内		100 m	2.45
	D5-728	钢丝网水泥砂浆抹带接口　180°混凝土基础　管径(mm)1200 以内		10 个口	12.35

续上表

序号	项目编码	项目名称	项目特征描述	计量单位	工程量
27	040501001004	混凝土管 DN1000 钢筋混凝土 Ⅱ级雨水管		m	350.00
	D5-10	基础 混凝土管座		10 m^3	17.50
	D5-31 换	平接(企口)式混凝土管道铺设 公称直径(mm)1000以内~换：钢筋混凝土排水管 *D*1000×100×2000 Ⅱ级 承插口		100 m	3.50
	D5-787	管道闭水试验 管径(mm)1000以内		100 m	3.50
	D5-727	钢丝网水泥砂浆抹带接口 180°混凝土基础 管径(mm)1000以内		10个口	17.60
28	040501004001	塑料管 DN400HDPE 双壁波纹管 污水管		m	841.40
	D5-256	HDPE 管道铺设 公称直径(mm)400以内		100 m	8.414
	D5-277	HDPE 管铺设 橡胶圈承插接口 公称直径(mm)400以内		10个口	14.12333
	D5-784	管道闭水试验 管径(mm)400以内		100 m	8.414
29	040501004002	塑料管 DN500HDPE 双壁波纹管 污水管		m	321.10
	D5-257	HDPE 管道铺设 公称直径(mm)500以内		100 m	3.211
	D5-278	HDPE 管铺设 橡胶圈承插接口 公称直径(mm)500以内		10个口	5.45167
	D5-785	管道闭水试验 管径(mm)600以内		100 m	3.211
30	040504003001	塑料检查井 雨水检查井		座	36.00
	D5-1747	圆形雨水混凝土检查井 井径1000 mm 适用管径200~600 mm 井深2.35 m以内		座	36.00
31	040504003002	塑料检查井 污水检查井		座	33.00
	D5-1754	圆形污水混凝土检查井 井径1000 mm 适用管径200~600 mm 井深2.75 m以内		座	33.00

续上表

序号	项目编码	项目名称	项目特征描述	计量单位	工程量
32	040504009001	雨水口　单箅偏沟式雨水口　雨水口　连接支管均采用管径为 DN300 的 HDPE 管	单箅偏沟式雨水口雨水口连接支管均采用管径为 DN300 的 HDPE 管	座	72.00
	D5-1919	砖砌雨水进水井　单平箅(680×380)　井深 1.0 m		座	72.00
	D5-255	HDPE 管道铺设　公称直径(mm)300 以内		100 m	5.832
	D5-784	管道闭水试验　管径(mm)400 以内		100 m	5.832

路灯工程：

序号	项目编码	项目名称	项目特征描述	计量单位	工程量
1	040801006001	落地式控制箱　路灯分支箱(含基础、配件等)		台	1.00
	C4-312 换	成套配电箱安装　落地式～换：路灯分支箱 含基础、配件等)		台	1.00
2	040303002001	混凝土基础　(C25 独立基础)		m^3	32.40
	C4-1989 换	路灯基础制作　C20　无筋混凝土基础～换：商品混凝土(砾石)C25		m^3	32.40
3	040801032001	铁构件制作、安装　(螺栓 M22)		kg	544.697472
	A6-101	其他钢构件制作、安装　小型零星构件　制作		t	0.5447
	A6-102	其他钢构件制作、安装　小型零星构件　安装		t	0.5447
4	040805001001	常规照明灯　普通单臂路灯　臂长 2 m　安装高度 12 m　NG400 高压钠灯		套	48.00
	C4-2008	单臂悬挑灯架安装　顶套式　成套型　臂长(m)3 以内		10 套	4.80
	C4-2087	照明器件安装　高(低)压钠灯泡		10 套	4.80
	C4-2096	照明器件安装　电容器		10 套	4.80

续上表

序号	项目编码	项目名称	项目特征描述	计量单位	工程量
5	040805001002	常规照明灯　交叉路口普通单臂路灯　臂长 2 m　安装高度 15 m　3×NG400　高压钠灯		套	12.00
	C4-2008	单臂悬挑灯架安装　顶套式　成套型　臂长(m)3 以内		10 套	1.20
	C4-2087	照明器件安装　高(低)压钠灯泡		10 套	3.60
	C4-2096	照明器件安装　电容器		10 套	1.20
6	040205001001	手孔井		座	60.00
	D6-138 * A1.1 换	滤料铺设　碎石~人工×1.1		10 m^3	0.63504
	D5-5 * A1.1 换	垫层　混凝土~人工×1.1		10 m^3	0.42336
	D5-1882	非定型井砌筑　砖砌　矩形		10 m^3	0.83242
	D5-1885	非定型井砖墙勾缝		100 m^2	0.672
	D5-1897	非定型钢筋混凝土井盖、井圈(箅)制作　井盖		10 m^3	0.17971
	D5-1902	非定型检查安装井　混凝土井盖、座		10 套	6.00
	D9-1	非预应力钢筋制作安装　现浇圆钢(直径 mm)ϕ10 以内		t	0.02796
	D11-107	现浇构筑物及池底　矩形池壁(隔墙)　木模		10 m^2	2.9952
	D3-329	塑料排水管　PVC　进水口安装直径 ϕ110		10 个	6.00

续上表

序号	项目编码	项目名称	项目特征描述	计量单位	工程量
7	040205001002	人孔井		座	6.00
	D6-138 * A1.1 换	滤料铺设　碎石~人工×1.1		10 m^3	0.13838
	D5-5 * A1.1 换	垫层　混凝土~人工×1.1		10 m^3	0.09226
	D5-1882	非定型井砌筑　砖砌　矩形		10 m^3	0.17267
	D5-1885	非定型井砖墙勾缝		100 m^2	0.1536
	D5-1897	非定型钢筋混凝土井盖、井圈(箅)制作　井盖		10 m^3	0.0318
	D5-1902	非定型检查安装井　混凝土井盖、座		10 套	0.60
	D9-1	非预应力钢筋制作安装　现浇圆钢(直径 mm)ϕ10 以内		t	0.00409
	D11-107	现浇构筑物及池底　矩形池壁(隔墙)　木模		10 m^2	0.52992
	D3-329	塑料排水管　PVC　进水口安装直径 ϕ110		10 个	0.60
8	040101002001	挖沟槽土方		m^3	331.31028
	D1-4	人工挖沟槽、基坑土方　普通土深度在 2 m 以内		100 m^3	3.3131
9	040102002001	挖沟槽石方		m^3	196.00
	D1-91	液压破碎锤凿石　沟槽、基坑坚硬岩		100 m^3	1.96
10	040103001001	回填方		m^3	593.60
	D1-21	人工填土夯实　槽、坑		100 m^3	5.936
11	040103001002	回填方　石屑		m^3	254.40
	D2-30	铺筑垫层料　石屑　厚度 10 cm		100 m^2	25.44
12	030408002001	控制电缆 ZR-YJV-5×2		m	200.00
	C4-756 换	铜芯电力电缆敷设　电缆(截面 mm^2)35 以下~实际芯数(适用于 5 芯及以上电缆)：5~一般山地地区敷设		100 m	2.00
	C4-782	户内干包式电力电缆头制作、安装 1 kV 以下干包终端头(截面 mm^2)35 以下		个	6.00

续上表

序号	项目编码	项目名称	项目特征描述	计量单位	工程量
13	030411001001	配管　PC50		m	120.00
	C4-1377	塑料管埋地(承插箍胶黏接口)公称直径(mm)50以内		100 m	1.20
14	030408002002	控制电缆　YJV-3×6		m	3200.00
	C4-756换	铜芯电力电缆敷设　电缆(截面 mm^2 以下)35~实际芯数(适用于5芯及以上电缆):3		100 m	32.00
15	030411001002	配管　PC100		m	2120.00
	C4-1379	塑料管埋地(承插箍胶黏接口)公称直径(mm)100以内		100 m	21.20
16	030409001001	接地极		根	60.00
	C4-893	角钢接地极制作、安装　普通土		根	60.00

4. 措施项目费

(1)总价(计项)措施项目清单计费表。

序号	项目编码	项目名称	计算基础	费率/%	金额/元
1	041109002001	夜间施工增加费	50000		50000
2	041109004001	冬雨季施工增加费	分部分项合计＋单价措施	0.16	自行计算
3	041109006001	地上、地下设施，建筑物的临时保护设施	50000		50000
4	041109007001	已完工程及设备保护	30000		30000
5	041108001001	地下管线交叉处理	30000		30000
6	ZJCS001002	工程定位复测费	10000		10000

(2)单价(计量)措施项目清单计费表。

序号	项目编码	项目名称	工程量表达式	计量单位	工程数量
1	041106001001	大型机械设备进出场及安拆	3	台·次	3
	J14-20	场外运输　履带式挖掘机 1 m^3 以内	1	台次	1
	J14-35	场外运输　压路机	1	台次	1
	J14-37	场外运输　沥青混凝土摊铺机	1	台次	1
2	041104001001	便道	7692.95	m^2	7692.95
	D11-297	施工便道　路基　宽 7 m	5	km	5
	D11-301	施工便道　便道维护　路基宽 7 m	5*3	km·月	15

(3)绿色施工安全防护措施项目费。

序号	项目编码	项目名称	工程量表达式	费率/%	金额
1	LSAQ001001	绿色施工安全防护措施项目费	分部分项人工费+分部分项材料费+分部分项机械费+单价措施的人工费+单价措施的材料费+单价措施的机械费-分部分项工程设备费其他	3.37	自行计算
其中	LSAQ001011	安全生产费	分部分项人工费+分部分项材料费+分部分项机械费+单价措施的人工费+单价措施的材料费+单价措施的机械费-分部分项工程设备费其他	2.63	自行计算

5. 其他项目费

序号	项目名称	计算公式	金额/元
1	暂列金额		汇总
1.1	不可预见费	分部分项工程费×2%	自行计算
2	暂估价		30000
2.1	材料(工程设备)暂估价		—
2.2	专业工程暂估价		30000
2.2.1	原水渠移位复位费 2×2×250 m		30000
3	计日工		—
4	总承包服务费		汇总
4.1	发包人发包专业工程服务费	分部分项工程费×2%	自行计算
5	索赔与现场签证		—
6	优质工程增加费	(分部分项合计+单价措施+绿色施工安全防护措施项目费+总价措施费)×1.6%	
7	安全责任险、环境保护税	(分部分项合计+单价措施+绿色施工安全防护措施项目费+总价措施费)×0.6%	

6. 工料机汇总计算

价格文件：下载并载入湖南省怀化市最新的信息价。

7. 结果

造价：______________________

________________________工程

考核项目		考核内容	标准分	评分标准	得分
课堂表现（100分）		到课情况	30	旷课1节扣5分，迟到1次扣2分，早退1次扣3分，扣至0分为止	
		认真听讲，积极操作	40	上课不操作一次扣5分，扣至0分，本次考核分数减半	
		维护教室卫生不乱扔垃圾	30	乱丢垃圾扣5分，离开教室没带自己的垃圾扣5分，不打扫卫生扣10分，扣完为止	
成果（100分）	新建建设项目	正确新建项目计价文件	2	每错一项扣1分，扣至基本分为止	
	项目信息与费率	正确输入基础信息； 正确选择技术、计算参数； 正确设置费率及其他取费	2	每错一项扣1分，扣至基本分为止	
	添加分部分项工程清单项及输出项目特征	清单列项正确，不重不漏； 工程量填写/计算正确； 正确输出项目特征信息； 正确整理清单； 正确选取单价构成文件	7	每错一项扣1分，扣至基本分为止	
	定额子目的直接套用	正确正确选择定额子项；正确定义取费类别；能正确理解项目与定额子目的关系	10	每错或漏一项扣1分，扣至基本分为止	
	定额的调整换算	正确换算定额	20	每错一项扣2分，扣至基本分为止	
	独立费用的计算	正确计算协商项目费	7	每错一项扣1分，扣至基本分为止	
	补充定额的添加	正确添加补充定额	6	每错一项扣2分，扣至基本分为止	
		正确添加补充材料	10	每错一项扣1分，扣至基本分为止	
	措施项目的计算	正确计算单价措施项目； 正确计算总价措施项目	6	每错一项扣1分，扣至基本分为止	
	其他项目的计算	正确计算其他项目费用	6	每错一项扣1分，扣至基本分为止	
	工料机单价计算	正确调整市场价格	7	每错一项扣1分，扣至基本分为止	
		正确载入信息价文件	2	每错一项扣2分，扣至基本分为止	
	调价	正确调价	3	每错一项扣1分，扣至基本分为止	
	数据文件导出	正确导出数据文件	2	每错一项扣2分，扣至基本分为止	
	造价结果	单价正确，结果在±5%以内	10	每错一项扣2分，扣至基本分为止	

课堂表现得分：________________

本次考核成果得分：________________

模块三　市政工程实务

【知识目标】

能熟练地运用软件编制计价文件。
通过实际案例实务，加强对市政造价的应用。

【能力目标】

熟练掌握市政造价软件的应用。
能有效地识读施工图，并运用造价软件对其进行计价。

【素质目标】

增强专业实战能力，提高与专业水准。
增强职业精神。

任务 17　土石方工程

课后实训

班级：　　　　　　学号：　　　　　　姓名：　　　　　　日期：

实训目的	理实一体相结合。 职场能力素养：掌握必要的软件操作技巧及专业基础知识，能够结合软件的操作技巧及专业基础知识并根据设计图纸要求进行清单计价文件编制，有效完成工作中市政工程造价文件编制的任务。践行爱国、敬业、诚信、友善等价值观。 思维能力提升目标：通过大量的案例练习，掌握造价文件的编制技巧，善于利用软件的技能解决工程计价文件编制中的实际问题。锤炼尊重事实、谨慎判断、公正评价、善于探究的思维品格。 自主学习完善目标：树立正确的人生观、价值观、世界观，具有明确的学习目标，能够有效规划学习时间和学习任务，运用恰当的操作技能，选择合理的施工工艺，采取恰当的方式方法进行学习，在行业的不断发展中，不断精进自己的专业能力
实训项目	根据湖南省长沙市家园路土石方工程图表，完成该项目土石方工程的招标控制价编制
实训信息	图纸信息见：《路基土石方数量表》，图号 DLC-20
课后实训小结	

起讫公里号	挖方数量／立方米								填方数量／立方米						挖余／立方米		计价方总数量／立方米			总运量／立方米公里
	总数量		土			石			总数量		利用方		填缺							
	土	石	Ⅰ	Ⅱ	Ⅲ	Ⅳ	Ⅴ	Ⅵ	土	石	土	石	土	石	土	石	土	石	合计	
1	2	3	4	5	6	7	8	9	10	11	12	13	14	15	16	17	18	19	20	21
K0+000-K1+000	17093	68207		12740	4354	13061	55146		17311				17311		17093	68207				
K1+000-K1+200	1575	24674			1575	4725	19949		3366				3366		1500	29374				
合计	18668	92881		12740	5929	17786	75095		20677				20677		18593	97581				

勘察设计研究院

院出图章:

（本图未盖章无效、复印件无效）

注册执业章:

建设单位	
工程名称	
图名	路基土石方数量表
勘察设计阶段	
工程编号	

专业	道路工程	图号	DLC-20
版次	01	日期	

任务18　道路工程

课后实训

班级：　　　　　　学号：　　　　　　姓名：　　　　　　日期：

实训目的	理实一体相结合。 职场能力素养：掌握必要的软件操作技巧及专业基础知识，能够结合软件的操作技巧及专业基础知识并根据设计图纸要求进行清单计价文件编制，有效完成工作中市政工程造价文件编制的任务。践行爱国、敬业、诚信、友善等价值观。 思维能力提升目标：通过大量的案例练习，掌握造价文件的编制技巧，善于利用软件的技能解决工程计价文件编制中的实际问题。锤炼尊重事实、谨慎判断、公正评价、善于探究的思维品格。 自主学习完善目标：树立正确的人生观、价值观、世界观，具有明确的学习目标，能够有效规划学习时间和学习任务，运用恰当的操作技能，选择合理的施工工艺，采取恰当的方式方法进行学习，在行业的不断发展中，不断精进自己的专业能力
实训项目	根据湖南省长沙市家园路道路工程图表，完成该项目路面工程的招标控制价编制
实训信息	图纸信息见： 《路面工程数量表》，图号DLC-24； 《路面结构图》，图号DLC-25； 《人行道无障碍设计图》，图号DLC-26、DLC-27
课后实训小结	

序号	起止桩号	路线长	机动车道及非机动车道							人行道				备注
			4 cm 细粒式改性沥青砼 AC-13C	乳化沥青粘层油(0.5L/平方米)	8 cm 粗粒式沥青砼 AC-25C	1 cm SBS 改性沥青同步碎石封层	乳化沥青透层油(1.0 L/平方米)	20 cm水泥稳定级配碎石(5.0%)	20 cm水泥稳定级配碎石(4.5%)	6 cm 透水砖	3 cm 中粗砂	15 cm C20 透水混凝土	10 cm 砂砾垫层	
		km	m^2	m^2	m^2	m^2	m^2	m^2	m^2	m^2	m^2	m^2	m^2	
1	2	3	4	5	6	6	6	6	6	7	8	9	10	
2	K0+000~K1+200	1.200	17077	17077	17077	17077	17077	17077	17991	8459	8459	8459	8459	

序号	起止桩号	路线长	路缘石						盲沟		备注
			A型花岗岩路缘石(100 cm×30 cm×15 cm)	花岗岩镶边石(100 cm×15 cm×10 cm)	花岗岩平石(100 cm×25 cm×10 cm)	平均3 cm厚M7.5水泥砂浆	C20砼靠背B	C20砼靠背C	φ10 透水软管	反滤土工布	
		km	m	m	m	m	m	m	m	m^2	
1	2	3	4	5	6	7	8	9	10	11	
2	K0+000~K1+200	1.200	2380	2300	2380	2380	2380	2300	2380	7140	

勘察设计研究院

院出图章：

（本图未盖章无效，复印件无效）

注册执业章：

建设单位			
工程名称			
图 名	路面工程数量表		
勘察设计阶段			
工程编号			
专 业	道路工程	图 号	DLC-24
版 次	01	日 期	

勘察设计研究院
院出图章:
注册执业章:
(本图未盖章无效，复印件无效)
建设单位
工程名称
图名 断面结构图
勘察设计阶段
工程编号
专业 道路工程
图号 DLC-25
版次 01
日期
第 1 页 共 2 页
4 cm 细粒式SBS改性沥青砼(AC-13C)
乳化沥青粘层油(0.5 L/平方米)
8 cm 粗粒式沥青砼(AC-25C)
1 cm SBS改性沥青同步碎石封层
乳化沥青透层油(1.0 L/平方米)
20 cm 水泥稳定级配碎石(5.0%)
20 cm 水泥稳定级配碎石(4.0%)
花岗岩平石(100 cm×10 cm×25 cm)
2 cm厚M7.5水泥砂浆
A型花岗岩路缘石 (100 cm×30 cm×15 cm)
2 cm厚M7.5水泥砂浆
C20砼靠背B
6 cm厚透水砖
3 cm厚中粗砂
15 cm C20透水混凝土
10 cm厚碎石垫层
花岗岩锁边石 (100 cm×15 cm×10 cm)
2 cm厚M7.5水泥砂浆
C20砼靠背C
人行道
1.5%
300
25
17
10
10
防渗土工布
φ10透水软管
5
10
15
14
10%
机动车道非机动车道
1.5%
附注:
1.本图尺寸以cm计，比例为1:100；
2.基层密实度基层不小于97%，底基层不小于96%。

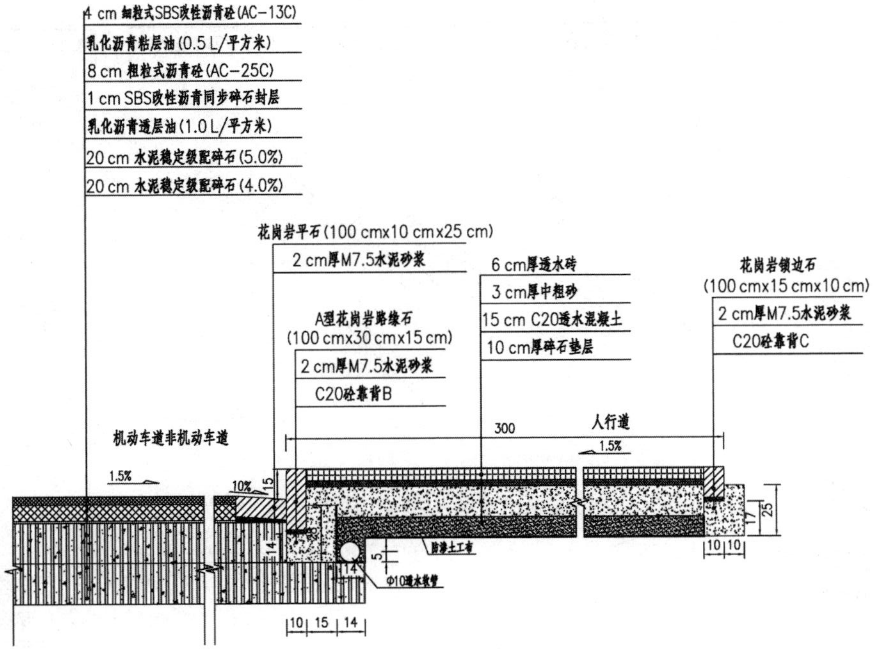

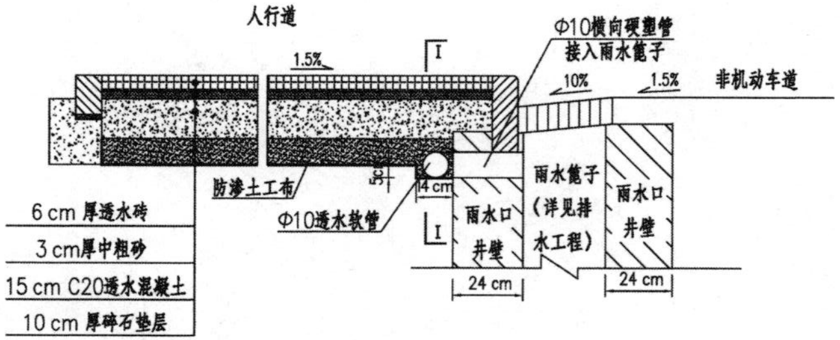

雨水篦子处人行道大样图 1：20

K0+220~K2+058.457

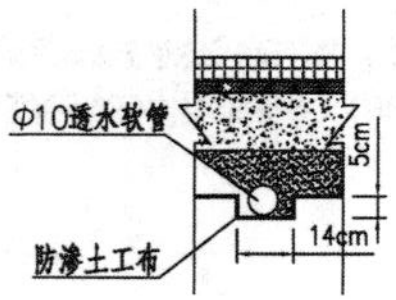

I－I 大样图 1：20

K0+220~K2+058.457

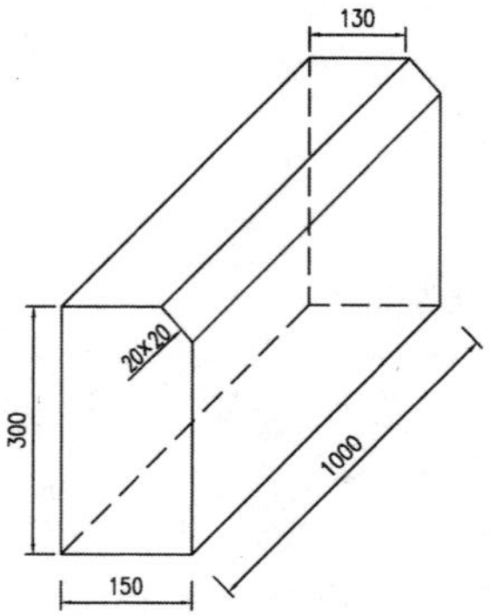

A型花岗岩路缘石(100 cmx30 cmx15 cm)

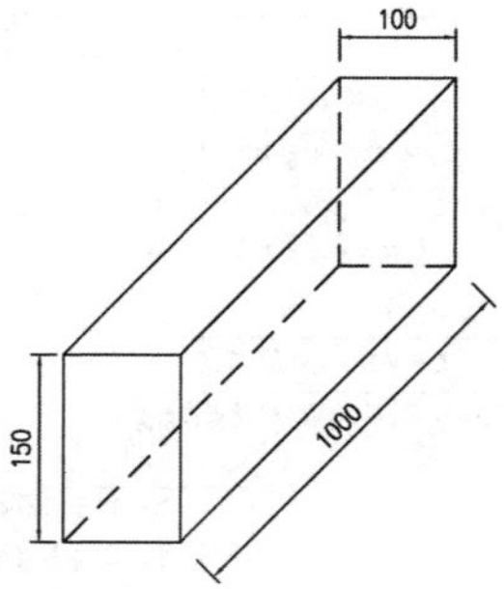

花岗岩锁边石(100 cmx15 cmx10 cm)

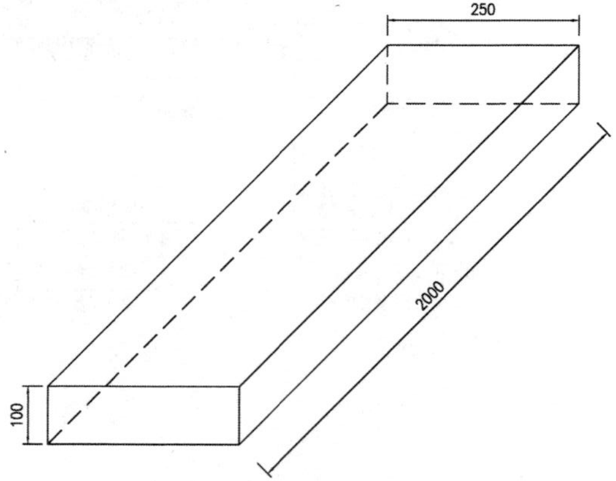

花岗岩平石(100 cmx10 cmx25 cm)

附注：

本图尺寸单位除注明外，其余均以mm计。

勘察设计研究院

院出图章:

（本图未盖章无效、复印件无效）

注册执业章:

建设单位			
工程名称			
图 名	路面结构图		
勘察设计阶段			
工程编号			
专 业	道路工程	图 号	DLC−25
版 次	01	日 期	

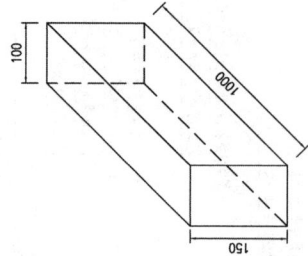

第 1 页 共 2 页

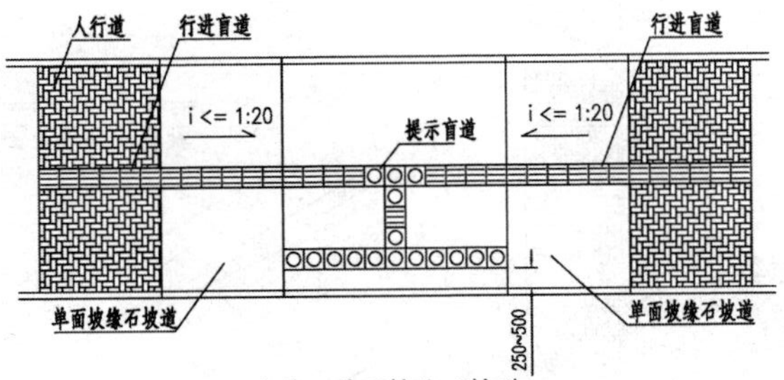
人行道
行进盲道
行进盲道
i <= 1:20
i <= 1:20
提示盲道
单面坡缘石坡道
单面坡缘石坡道
250~500

小路口单面坡缘石坡道

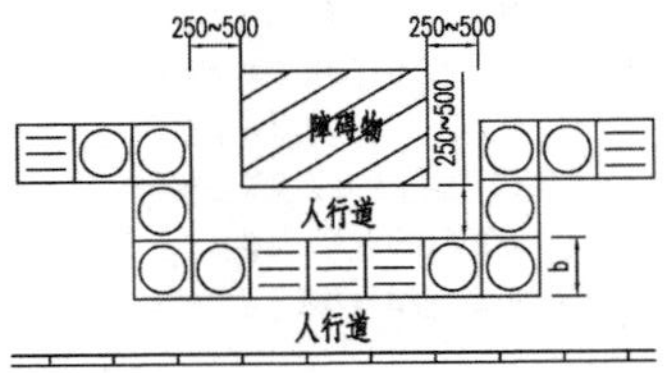
250~500
250~500
障碍物
250~500
人行道
人行道
b

人行道障碍物的提示盲道

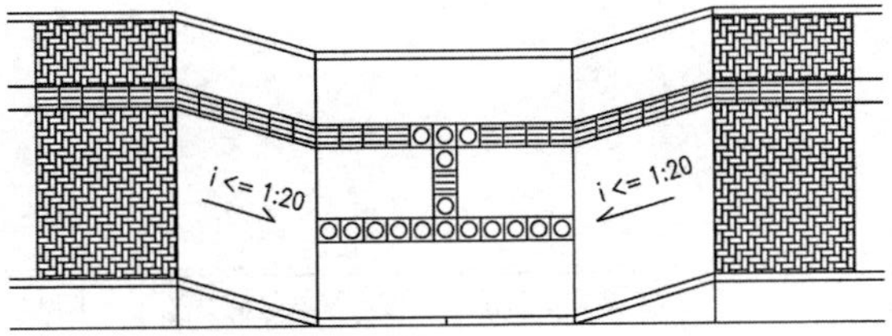
i <= 1:20
i <= 1:20

透视图

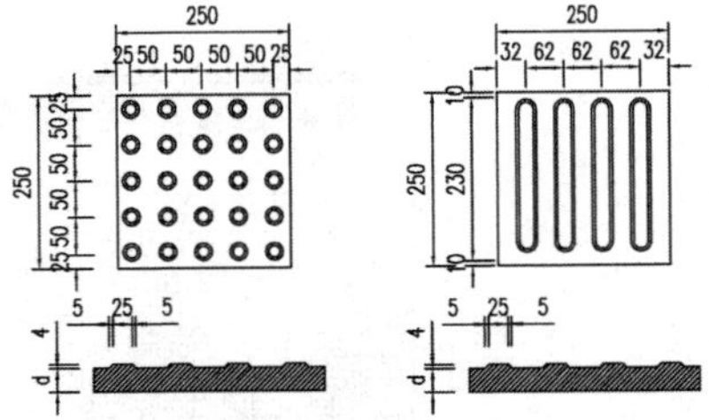
250
25 50 50 50 50 25
250
32 62 62 62 32
230
10
5 25 5
4
d

行进盲道提示盲道大样图

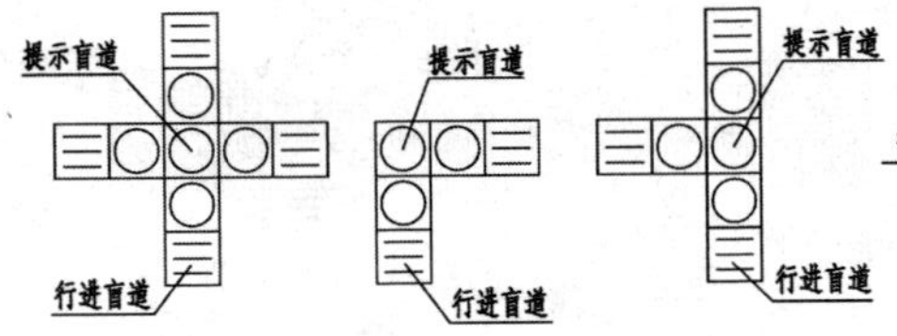
提示盲道
行进盲道
提示盲道
行进盲道
提示盲道
行进盲道

提示盲道交叉型式

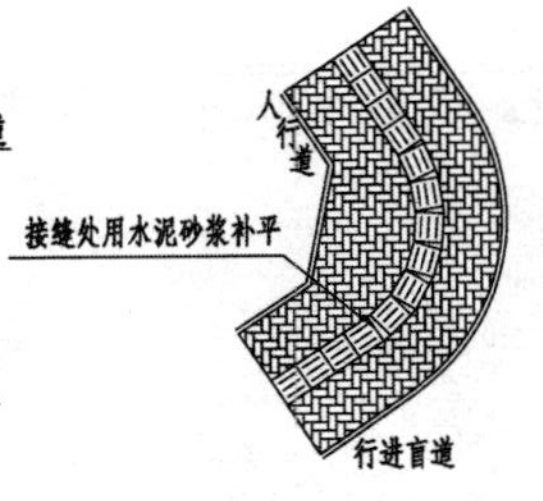
人行道
接缝处用水泥砂浆补平
行进盲道

弧线型行进盲道

附注：

1.本图尺寸除注明者外，其余均为cm；
2.盲道应连续，中途不得有电线杆、拉线、树木等障碍物，盲道宜避开井盖设置；
3.本项目人行道全线设盲道，盲道宽50 cm，采用两块盲道砖拼接；
4.缘石坡道下口高出车行道的路面边缘应＜10 mm；
5.盲道砖的颜色宜为中黄色，平均抗折强度不低于4.0 MPa；
6.盲道砖的厚度应与人行道砖一致，其材质、尺寸与人行道砖相匹配。

勘察设计研究院

院出图章：

（本图未盖章无效、复印件无效）

注册执业章：

建设单位			
工程名称			
图 名	人行道无障碍设计图		
勘察设计阶段			
工程编号			
专 业	道路工程	图 号	DLC-27
版 次	01	日 期	

第 2 页 | 共 2 页

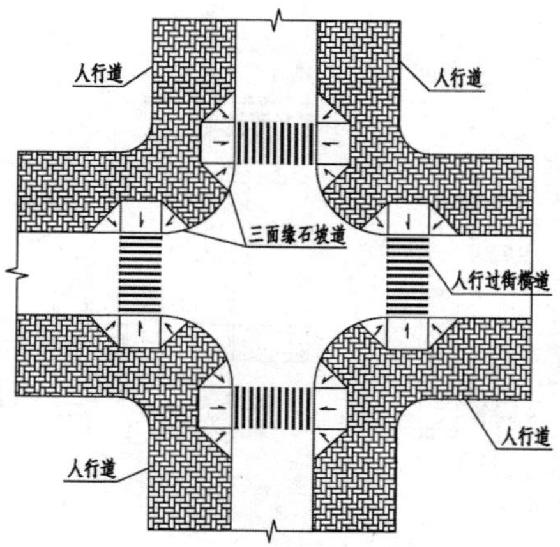

设于道路十字交叉口转角处人行道三面坡缘石坡道

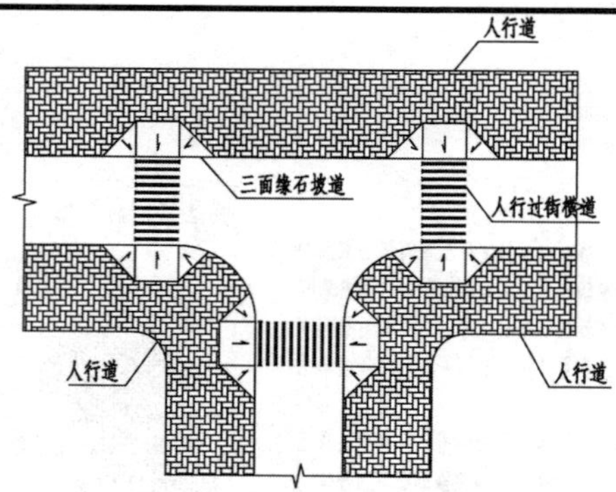

设于道路T型交叉口转角处人行道三面坡缘石坡道

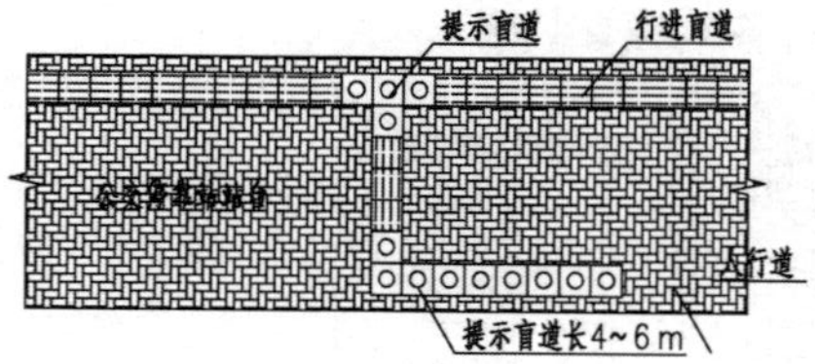

公交停靠站提示盲道平面示意图

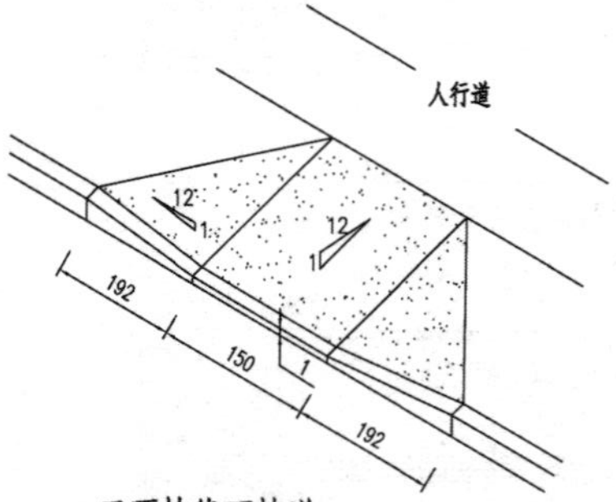

三面坡缘石坡道

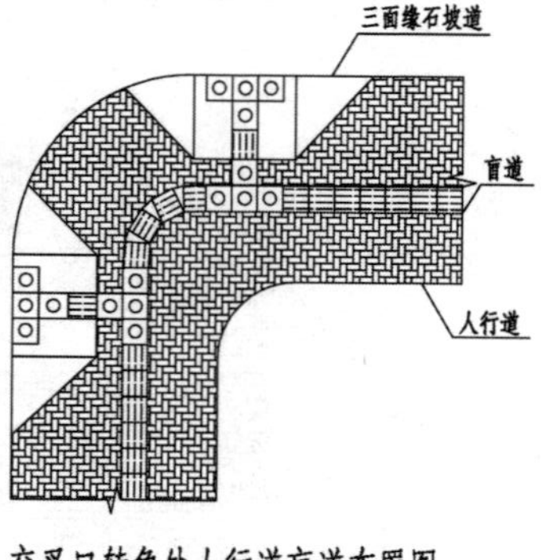

交叉口转角处人行道盲道布置图

附注：

1.本图尺寸除注明者外，其余均为cm；

2.人行横道、支路路口及重要公共建筑出入口附近均应设置缘石坡道,并应与人行道相对应，缘石坡道的坡面应平整，且不应光滑；

3.人行道成弧线形路线时，行进盲道宜于人行道走向基本一致，并根据实际情况选用折线形行进盲道。

勘察设计研究院

院出图章:

（本图未盖章无效、复印件无效）

注册执业章:

建设单位			
工程名称			
图 名	人行道无障碍设计图		
勘察设计阶段			
工程编号			
专 业	道路工程	图 号	DLC-26
版 次	01	日 期	

任务 19　桥涵工程

课后实训

班级：　　　　学号：　　　　姓名：　　　　日期：

实训目的	理实一体相结合。 职场能力素养：掌握必要的软件操作技巧及专业基础知识，能够结合软件的操作技巧及专业基础知识并根据设计图纸要求进行清单计价文件编制，有效完成工作中市政工程造价文件编制的任务。践行爱国、敬业、诚信、友善等价值观。 思维能力提升目标：通过大量的案例练习，掌握造价文件的编制技巧，善于利用软件的技能解决工程计价文件编制中的实际问题。锤炼尊重事实、谨慎判断、公正评价、善于探究的思维品格。 自主学习完善目标：树立正确的人生观、价值观、世界观，具有明确的学习目标，能够有效规划学习时间和学习任务，运用恰当的操作技能，选择合理的施工工艺，采取恰当的方式方法进行学习，在行业的不断发展中，不断精进自己的专业能力
实训项目	根据湖南省长沙市家园涵洞工程图表，完成该项目涵洞工程的招标控制价编制
实训信息	图纸信息见： 《箱涵一览表》，图号 QHC-01； 《箱涵工程数量表》，图号 QHC-02； 《K0+170.774 箱涵布置图》，图号 QHC-04
课后实训小结	

箱涵一览表

序号	中心桩号	结构型式	孔数 – 跨径 (n–m)	交角 /(°)	涵底纵坡 /%	涵洞长度/m			进出口型式		备注
						上游	下游	合计	进口	出口	
1	K0+170.774	箱涵	1–4.5x4m	125	0.0	42.0	43.0	85.0	顺接现状驳岸	顺接现状驳岸	排水、新建

勘察设计研究院

院出图章:

(本图未盖章无效、复印件无效)

注册执业章:

建设单位	
工程名称	
图名	箱涵一览表
勘察设计阶段	
工程编号	

专业	桥涵工程	图号	QHC–01
版次	01	日期	

第 1 页　共 1 页

勘察设计研究院

院出图章:

（本图未盖章无效、复印件无效）

注册执业章:

箱涵工程数量表

序号	中心桩号	交角/(°)	填土高度/m	孔数及孔径(孔-m)	结构类型	长度/m	进出口形式		主体		垫层	边坡喷播	挖石方	挖土方	洞口				八字墙砂浆抹面	监测点	橡胶止水带	镀锌钢板止水带	聚氨酯密封膏	聚乙烯泡沫板	涵身沥青防水层	备注
							进口	出口	钢筋	混凝土					铺石	顺接挡墙	洞口铺砌与截水墙									
									HRB400	C30	C15混凝土	C20细石砼			C20砼	M7.5浆砌MU30片石	砂砾垫层	M7.5浆砌MU30片石	M10砂浆							
									kg	m3	m3								m2	处	m	m	m3	m2	m2	
							1	2	3	4	5	6	7	8	9	10	11	12	13	14	15	16	17	18	19	20
1	K0+170.774	125.0	12.25	1-4.5x4m	箱涵	85.0	挡墙		267750.0	1071.0	115.2	200.0	6400.0	29100.0	1.39	71.5	2.1	11.0	214.5	8	198.0	170.0	0.36	54.6	2771.0	排水、新建
合计									267750.0	1071.0	115.2	200.0	6400.0	29100.0	1.39	71.5	2.1	11.0	214.5	8	198.0	170.0	0.36	54.6	2771.0	

小注：箱涵回填材料及数量详见道路路基专业。

建设单位			
工程名称			
图 名	箱涵工程数量表		
勘察设计阶段			
工程编号			
专 业	桥涵工程	图 号	QHC-02
版 次	01	日 期	

第 1 页 共 4 页

箱涵立面图(1:300)

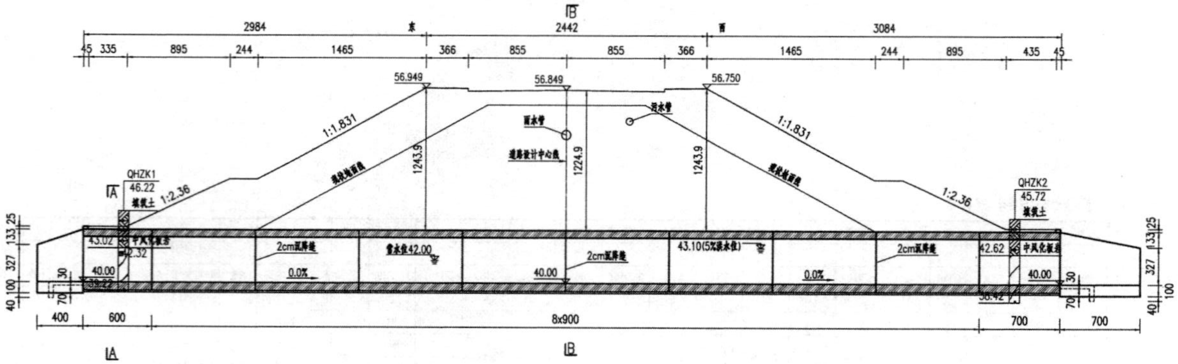

箱涵平面图(1:300)

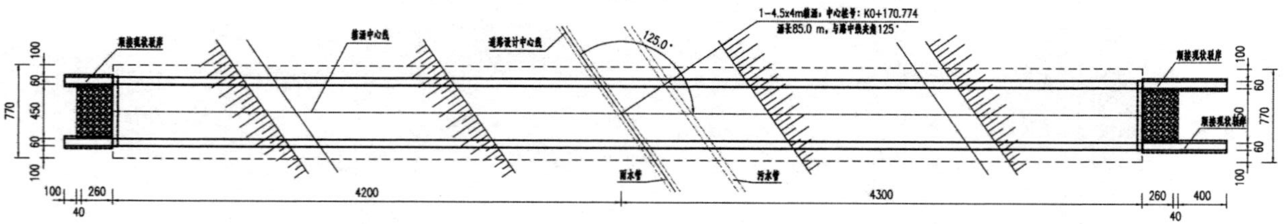

附注:

1.本图尺寸除标高、里程桩号以米计外，其余均以厘米计；

2.荷载等级:城−B级，地基承载力要求不小于320 kPa；

3.箱涵进、出水口接顺现状驳岸夹角可根据现场做适当调整；

4.施工单位进场施工前须对现状沟渠进、出水高程进行复测，若与设计图纸存在较大差值，应及时反馈设计单位进行调整；

5.沉降缝按6~9 m设置一道，缝宽2 cm，缝间设置止水带。

勘察设计研究院

院出图章:

（本图未盖章无效、复印件无效）

注册执业章:

建设单位	
工程名称	
图 名	K0+170.774 箱涵布置图
勘察设计阶段	
工程编号	

专 业	桥涵工程	图 号	QHC−04
版 次	01	日 期	

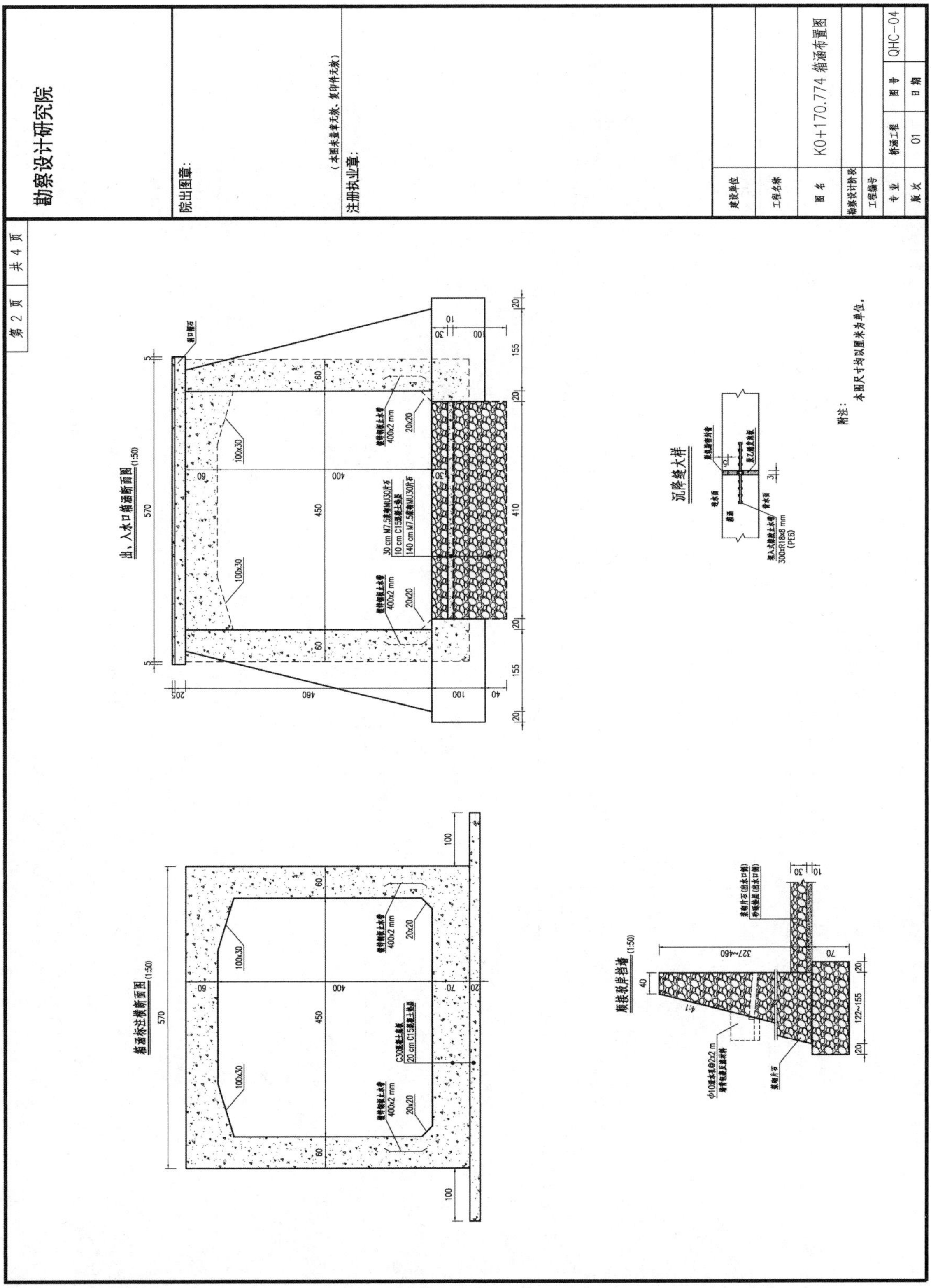
勘察设计研究院
院出图章:
(本图未盖章无效，复印件无效)
注册执业章:
建设单位
工程名称
图名
K0+170.774 箱涵布置图
勘察设计阶段
工程编号
专业
桥涵工程
图号
QHC-04
版次
01
日期
第 2 页
共 4 页
出、入水口箱涵断面图 (1:50)
箱涵标注横断面图 (1:50)
沉降缝大样
附注:
本图尺寸均以厘米为单位。

第 3 页 共 4 页

A—A 开挖断面示意图

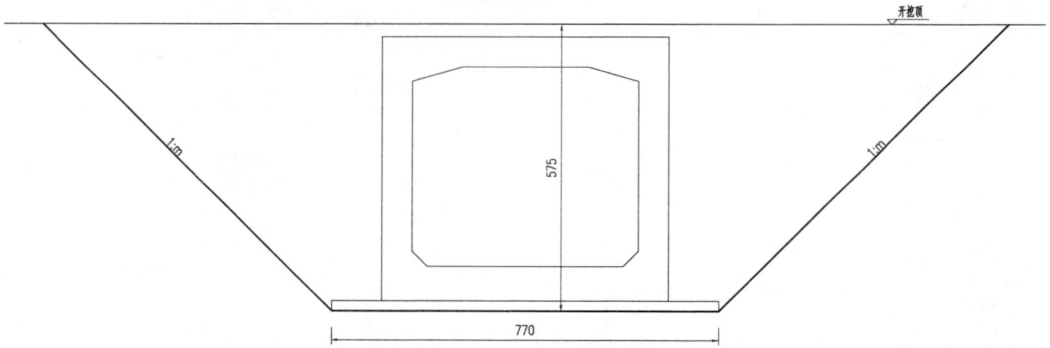

台背回填断面示意图

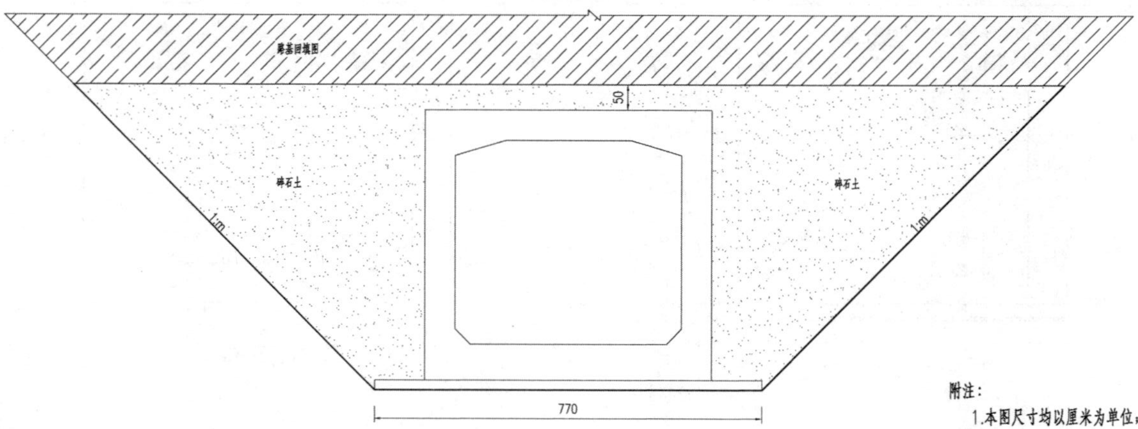

附注：

1.本图尺寸均以厘米为单位；
2.喷锚按8 cm厚计量。

勘察设计研究院

院出图章：

（本图未盖章无效、复印件无效）

注册执业章：

建设单位			
工程名称			
图 名	K0+170.774 箱涵布置图		
勘察设计阶段			
工程编号			
专 业	桥涵工程	图 号	QHC−04
版 次	01	日 期	

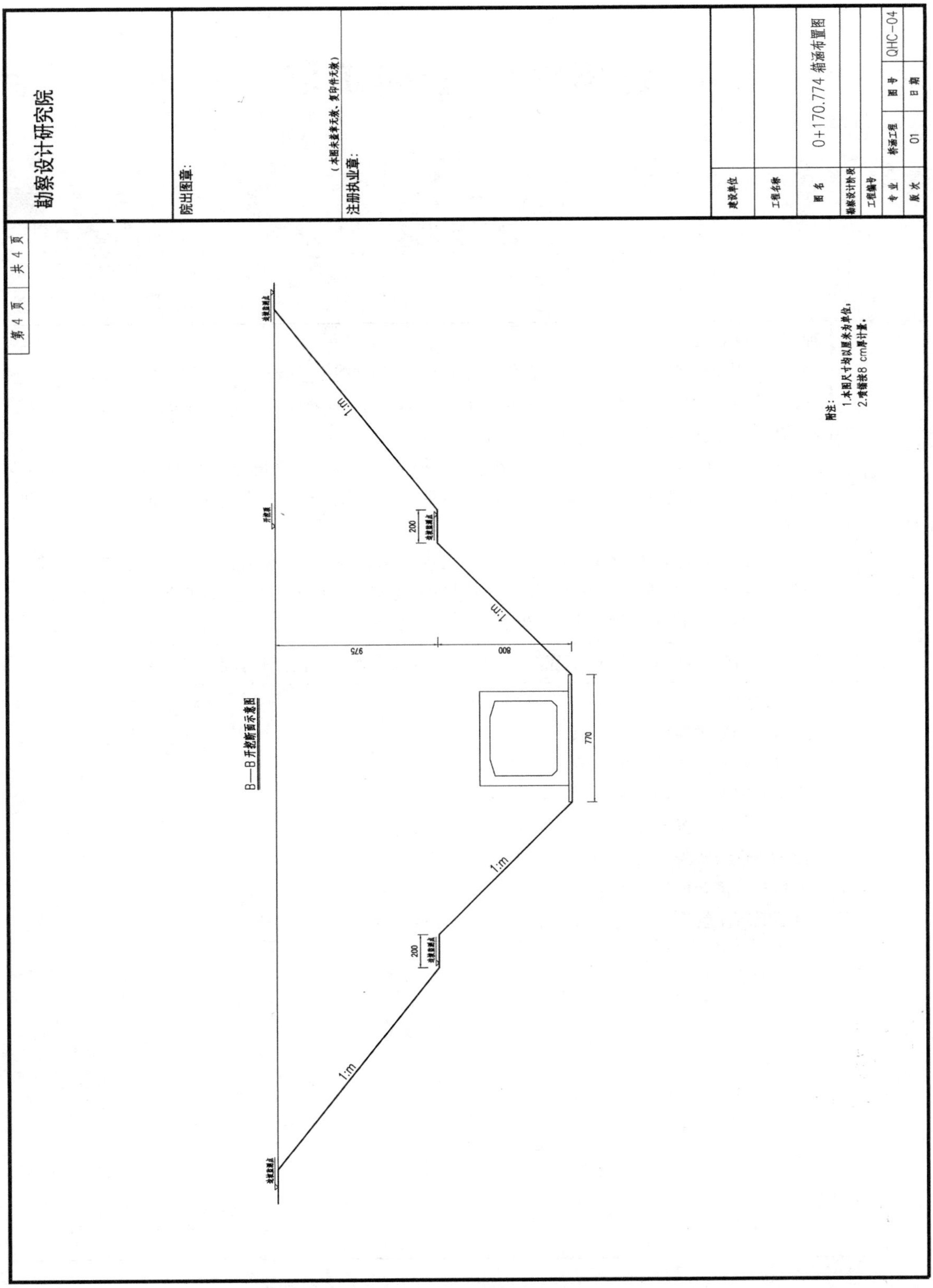

勘察设计研究院
院出图章:
（本图未盖章无效，复印件无效）
注册执业章:
建设单位
工程名称
图名
0+170.774 箱涵布置图
勘察设计阶段
工程编号
专业
桥涵工程
图号
QHC-04
版次
01
日期
第 4 页
共 4 页
B—B开挖断面示意图
1:m
1:m
1:m
1:m
200
200
975
800
770
附注:
1.本图尺寸均以厘米为单位，
2.垫层按8 cm厚计量。

任务 20　管网工程

课后实训

班级：　　　　学号：　　　　姓名：　　　　日期：

实训目的	理实一体相结合。 职场能力素养：掌握必要的软件操作技巧及专业基础知识，能够结合软件的操作技巧及专业基础知识并根据设计图纸要求进行清单计价文件编制，有效完成工作中市政工程造价文件编制的任务。践行爱国、敬业、诚信、友善等价值观。 思维能力提升目标：通过大量的案例练习，掌握造价文件的编制技巧，善于利用软件的技能解决工程计价文件编制中的实际问题。锤炼尊重事实、谨慎判断、公正评价、善于探究的思维品格。 自主学习完善目标：树立正确的人生观、价值观、世界观，具有明确的学习目标，能够有效规划学习时间和学习任务，运用恰当的操作技能，选择合理的施工工艺，采取恰当的方式方法进行学习，在行业的不断发展中，不断精进自己的专业能力
实训项目	根据湖南省长沙市家园管网工程图表，完成该项目管网工程的招标控制价编制
实训信息	图纸信息见： 《排水工程数量表》，图号 PSC-1； 《雨水井表图》，图号 PSC-10； 《污水井表图》，图号 PSC-11； 《车行道新型防沉降井盖安装大样图》，图号 PSC-12； 《球墨铸铁防坠落井盖》，图号 PSC-13； 《塑料管沟槽开挖与回填详图》，图号 PSC-14； 《钢筋混凝土管沟槽开挖与回填详图》，图号 PSC-15
课后实训小结	

第1页 共1页

系统	序号	标准或图号	名称	规格/mm	材料	单位	数量	备注
雨水管	1		Ⅱ级钢筋混凝土管	d300	混凝土	米	461	承插管
	2		Ⅱ级钢筋混凝土管	d600	混凝土	米	469	承插管
	3		Ⅱ级钢筋混凝土管	d800	混凝土	米	504	承插管
	4		Ⅱ级钢筋混凝土管	d1000	混凝土	米	212	承插管
	5		Ⅱ级钢筋混凝土管	d1200	混凝土	米	156	承插管
	6	06MS201-3,页126	沉泥井	ϕ1250	混凝土	座	1	
	7	06MS201-3,页17	沉泥井	ϕ1500	混凝土	座	1	
	8	06MS201-3,页34	沉泥井	1650x1650	混凝土	座	1	
	9	06MS201-3,页36	沉泥井	2000x1500	混凝土	座	2	
	10	06MS201-3,页36	沉泥井	2200x1700	混凝土	座	2	
	11	06MS201-3,页34	沉泥井	2200x2200	混凝土	座	1	
	12	06MS201-3,页36	沉泥井	2700x2050	混凝土	座	1	
	13	06MS201-3,页12	检查井	ϕ1000	混凝土	座	22	
	14	06MS201-3,页15	检查井	ϕ1250	混凝土	座	11	
	15	06MS201-3,页17	检查井	ϕ1500	混凝土	座	3	
	16	06MS201-3,页32	检查井	1100x1100	混凝土	座	1	
	17	06MS201-3,页32	检查井	1500x1100	混凝土	座	2	
	18	06MS201-3,页34	检查井	1650x1650	混凝土	座	1	
	19	06MS201-3,页34	检查井	2200x2200	混凝土	座	1	
	20	06MS201-9,页4	排出口	D=1200		个	1	
	21	16S518,页12	雨水口	1450x380	砖砌	个	68	
污水管	1		聚乙烯(PE)中空缠绕管	d400	塑料	米	590	S>10 kN/m^2
	2		聚乙烯(PE)中空缠绕管	d600	塑料	米	577	S>10 kN/m^2
	3	06MS201-3,页124	沉泥井	ϕ1000	混凝土	座	4	
	4	06MS201-3,页126	沉泥井	ϕ1250	混凝土	座	4	
	5	06MS201-3,页21	检查井	ϕ1000	混凝土	座	35	

勘察设计研究院

院出图章:

（本图未盖章无效、复印件无效）

注册执业章:

建设单位			
工程名称			
图名	排水工程数量表		
勘察设计阶段			
工程编号			
专业	排水工程	图号	PSC-1
版次	01	日期	

第1页 共2页

序号	井编号	横坐标Y	纵坐标X	井底标高/m	井深/m	规格/mm	井图号
1	Y1	423837.331	3247295.755	53.196	2.57	ϕ1250	06MS201-3,页15
2	Y2	423823.646	3247266.608	53.132	2.737	ϕ1250	06MS201-3,页15
3	Y3	423808.771	3247234.926	52.162	4.014	1650x1650	06MS201-3,页34
4	Y3-1	423819.633	3247229.826	52.822	3.174	ϕ1000	06MS201-3,页12
5	Y3-2	423797.908	3247240.026	52.822	3.174	ϕ1000	06MS201-3,页12
6	Y4	423793.895	3247203.245	52.692	3.817	ϕ1250	06MS201-3,页15
7	Y5	423785.395	3247185.141	52.652	4.047	ϕ1250	06MS201-3,页15
8	Y6	423774.770	3247162.511	51.602	5.335	2200x2200	06MS201-3,页34
9	Y6-1	423738.563	3247179.511	51.802	4.535	2200x2200	06MS201-3,页34
10	Y6-2	423743.783	3247194.663	51.642	4.518	D=1200	06MS201-9,页4
11	Y7	423762.020	3247135.355	53.654	3.568	1500x1100	06MS201-3,页32
12	Y8	423747.145	3247103.674	54.179	3.376	1500x1100	06MS201-3,页32
13	Y9	423732.270	3247071.992	54.104	3.784	2700x2050	06MS201-3,页36
14	Y9-1	423743.132	3247066.892	55.364	2.344	ϕ1000	06MS201-3,页12
15	Y9-2	423721.408	3247077.092	55.364	2.344	ϕ1000	06MS201-3,页12
16	Y10	423717.395	3247040.310	55.254	2.967	ϕ1500	06MS201-3,页17
17	Y11	423702.520	3247008.628	55.604	2.95	ϕ1500	06MS201-3,页17
18	Y12	423687.644	3246976.947	55.354	3.533	2200x1700	06MS201-3,页36
19	Y12-1	423698.507	3246971.847	56.414	2.293	ϕ1000	06MS201-3,页12
20	Y12-2	423676.782	3246982.047	56.414	2.293	ϕ1000	06MS201-3,页12
21	Y13	423672.769	3246945.265	56.504	2.717	ϕ1250	06MS201-3,页15
22	Y14	423657.894	3246913.583	56.854	2.7	ϕ1250	06MS201-3,页15
23	Y15	423643.019	3246881.902	56.604	3.283	ϕ1250	06MS201-3,页126
24	Y15-1	423653.881	3246876.802	57.464	2.243	ϕ1000	06MS201-3,页12
25	Y15-2	423632.157	3246887.002	57.464	2.243	ϕ1000	06MS201-3,页12
26	Y16	423628.144	3246850.220	57.754	2.466	ϕ1000	06MS201-3,页12
27	Y17	423613.269	3246818.538	58.104	2.449	ϕ1000	06MS201-3,页12
28	Y18	423567.617	3246735.359	58.818	2.638	1100x1100	06MS201-3,页32
29	Y18-1	423586.613	3246768.920	58.471	2.604		
30	Y19	423549.593	3246705.357	59.133	2.656	ϕ1250	06MS201-3,页15

勘察设计研究院

院出图章：

（本图未盖章无效、复印件无效）

注册执业章：

建设单位			
工程名称			
图 名	雨水井表图		
勘察设计阶段			
工程编号			
专 业	排水工程	图 号	PSC-10
版 次	01	日 期	

第2页 共2页

序号	井编号	横坐标Y	纵坐标X	井底标高/m	井深/m	规格/mm	井图号
31	Y20	423531.568	3246675.355	58.848	3.274	2000x1500	06MS201-3,页36
32	Y20-1	423541.855	3246669.175	59.708	2.234	ϕ1000	06MS201-3,页12
33	Y20-2	423521.282	3246681.535	59.708	2.234	ϕ1000	06MS201-3,页12
34	Y21	423513.544	3246645.353	59.728	2.727	ϕ1250	06MS201-3,页15
35	Y22	423496.133	3246614.997	60.008	2.781	ϕ1250	06MS201-3,页15
36	Y23	423480.825	3246583.531	59.688	3.423	ϕ1500	06MS201-3,页17
37	Y23-1	423491.792	3246578.662	60.548	2.383	ϕ1000	06MS201-3,页12
38	Y23-2	423469.857	3246588.399	60.548	2.383	ϕ1000	06MS201-3,页12
39	Y24	423467.755	3246551.070	60.593	2.622	ϕ1000	06MS201-3,页12
40	Y25	423456.987	3246517.775	60.699	2.364	ϕ1000	06MS201-3,页12
41	Y26	423447.568	3246478.911	60.500	2.352	ϕ1000	06MS201-3,页12
42	Y27	423441.897	3246444.381	60.324	2.344	ϕ1000	06MS201-3,页12
43	Y28	423438.655	3246409.538	59.348	3.135	2000x1500	06MS201-3,页36
44	Y28-1	423450.635	3246408.845	60.208	2.095	ϕ1000	06MS201-3,页12
45	Y28-2	423426.675	3246410.231	60.208	2.095	ϕ1000	06MS201-3,页12
46	Y29	423436.993	3246374.578	59.738	2.56	ϕ1250	06MS201-3,页15
47	Y30	423435.362	3246339.616	59.528	2.586	ϕ1250	06MS201-3,页15
48	Y31	423433.732	3246304.654	58.518	3.412	2200x1700	06MS201-3,页36
49	Y31-1	423445.719	3246304.095	59.578	2.172	ϕ1000	06MS201-3,页12
50	Y31-2	423421.745	3246305.213	59.578	2.172	ϕ1000	06MS201-3,页12
51	Y32	423432.101	3246269.692	58.978	2.767	ϕ1500	06MS201-3,页17
52	Y33	423430.471	3246234.730	58.838	2.723	1650x1650	06MS201-3,页34
53	Y33-1	423413.116	3246229.807	58.784	2.49		
54	Y34	423429.586	3246215.751	58.762	2.699		

勘察设计研究院

院出图章:

(本图未盖章无效、复印件无效)

注册执业章:

建设单位			
工程名称			
图名	雨水井表图		
勘察设计阶段			
工程编号			
专业	排水工程	图号	PSC-10
版次	01	日期	

序号	井编号	横坐标Y	纵坐标X	井底标高/m	井深/m	规格/mm	井图号
1	W1	423855.344	3247323.533	53.326	2.437		
2	W2	423840.469	3247291.851	53.431	2.269	ϕ1000	06MS201-3,页21
3	W3	423825.594	3247260.170	53.536	2.3	ϕ1000	06MS201-3,页21
4	W4	423810.719	3247228.488	53.041	3.115	ϕ1250	06MS201-3,页126
5	W4-1	423817.508	3247225.300	53.974	2.07	ϕ1000	06MS201-3,页21
6	W4-2	423795.783	3247235.500	54.029	2.015	ϕ1000	06MS201-3,页21
7	W5	423793.719	3247192.280	53.761	2.776	ϕ1000	06MS201-3,页21
8	W6	423778.844	3247160.599	53.866	3.004	ϕ1000	06MS201-3,页21
9	W7	423763.968	3247128.917	53.971	3.232	ϕ1000	06MS201-3,页21
10	W8	423749.093	3247097.235	54.076	3.46	ϕ1000	06MS201-3,页21
11	W9	423734.218	3247065.553	53.581	4.288	ϕ1250	06MS201-3,页126
12	W9-1	423741.007	3247062.366	54.218	3.538	ϕ1000	06MS201-3,页21
13	W9-2	423719.283	3247072.566	54.263	3.493	ϕ1000	06MS201-3,页21
14	W10	423719.343	3247033.872	54.631	3.571	ϕ1000	06MS201-3,页21
15	W11	423704.468	3247002.190	54.981	3.554	ϕ1000	06MS201-3,页21
16	W12	423689.593	3246970.508	54.731	4.137	ϕ1250	06MS201-3,页126
17	W12-1	423696.382	3246967.321	55.368	3.387	ϕ1000	06MS201-3,页21
18	W12-2	423674.657	3246977.521	55.413	3.342	ϕ1000	06MS201-3,页21
19	W13	423674.718	3246938.827	55.781	3.42	ϕ1000	06MS201-3,页21
20	W14	423659.842	3246907.145	56.131	3.403	ϕ1000	06MS201-3,页21
21	W15	423644.967	3246875.463	55.881	3.986	ϕ1250	06MS201-3,页126
22	W15-1	423651.756	3246872.276	56.713	3.041	ϕ1000	06MS201-3,页21
23	W15-2	423630.032	3246882.476	56.768	2.986	ϕ1000	06MS201-3,页21
24	W16	423630.092	3246843.782	57.031	3.169	ϕ1000	06MS201-3,页21
25	W16-1	423610.762	3246801.011	57.500	3.136		
26	W17	423574.049	3246737.328	58.359	2.983	ϕ1000	06MS201-3,页21
27	W17-1	423593.905	3246765.842	58.255	2.722		
28	W18	423556.025	3246707.326	58.464	3.211	ϕ1000	06MS201-3,页21
29	W19	423538.001	3246677.324	57.969	4.039	ϕ1000	06MS201-3,页124
30	W19-1	423544.430	3246673.461	58.606	3.289	ϕ1000	06MS201-3,页21

勘察设计研究院

院出图章:

（本图未盖章无效、复印件无效）

注册执业章:

建设单位			
工程名称			
图 名	污水井表图		
勘察设计阶段			
工程编号			
专 业	排水工程	图 号	PSC-11
版 次	01	日 期	

第2页 共2页

序号	井编号	横坐标Y	纵坐标X	井底标高/m	井深/m	规格/mm	井图号
31	W19-2	423523.857	3246685.821	58.651	3.244	ϕ1000	06MS201-3,页21
32	W20	423519.977	3246647.322	59.078	3.262	ϕ1000	06MS201-3,页21
33	W21	423502.452	3246617.254	59.287	3.387	ϕ1000	06MS201-3,页21
34	W22	423486.971	3246586.223	58.895	4.109	ϕ1000	06MS201-3,页124
35	W22-1	423493.795	3246583.112	59.533	3.359	ϕ1000	06MS201-3,页21
36	W22-2	423471.957	3246593.069	59.588	3.304	ϕ1000	06MS201-3,页21
37	W23	423442.886	3246404.330	58.595	3.794	ϕ1000	06MS201-3,页124
38	W23-1	423450.377	3246403.972	59.233	3.044	ϕ1000	06MS201-3,页21
39	W23-2	423426.405	3246405.118	59.288	2.989	ϕ1000	06MS201-3,页21
40	W24	423441.255	3246369.374	59.055	3.15	ϕ1000	06MS201-3,页21
41	W25	423439.625	3246334.412	58.915	3.105	ϕ1000	06MS201-3,页21
42	W26	423437.994	3246299.450	57.775	4.061	ϕ1000	06MS201-3,页124
43	W26-1	423445.486	3246299.100	58.413	3.311	ϕ1000	06MS201-3,页21
44	W26-2	423421.512	3246300.218	58.458	3.266	ϕ1000	06MS201-3,页21
45	W27	423436.364	3246264.488	58.270	3.381	ϕ1000	06MS201-3,页21
46	W28	423434.733	3246229.526	58.165	3.302	ϕ1000	06MS201-3,页21
47	W29	423434.081	3246215.541	58.123	3.27		

勘察设计研究院

院出图章：

（本图未盖章无效，复印件无效）

注册执业章：

建设单位			
工程名称			
图名	污水井表图		
勘察设计阶段			
工程编号			
专业	排水工程	图号	PSC-11
版次	01	日期	

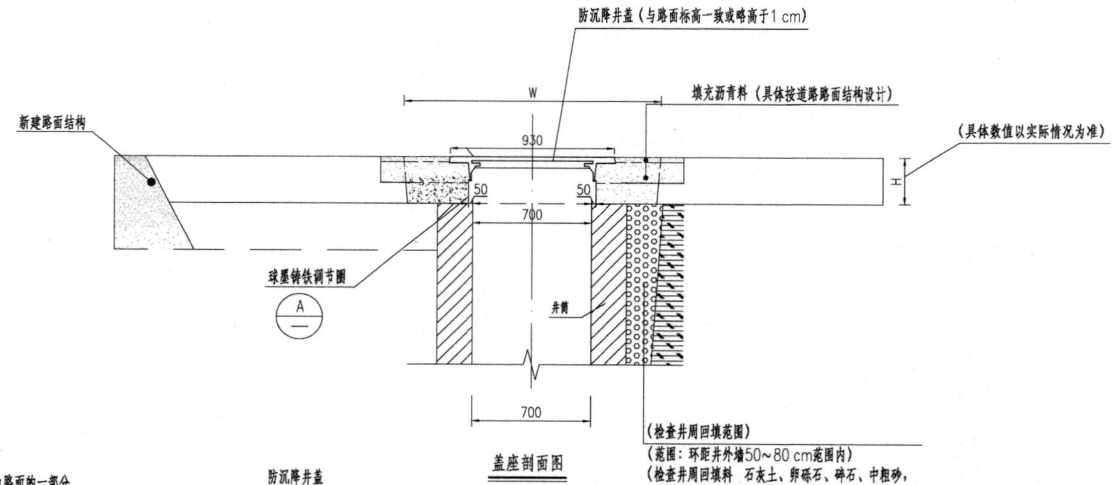

盖座剖面图

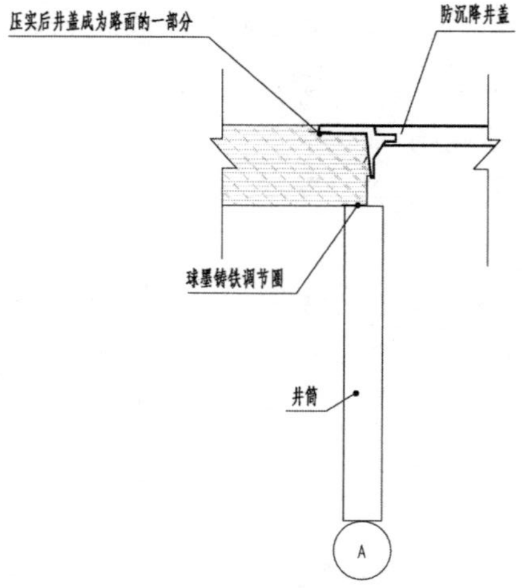

附注：

1.本图单位均以mm计，本图适用于车行道下排水井盖；

2.井盖材料：球墨铸铁，满足QT500−7的要求，球化度为85%以上，井盖均应设置防滑纹及限位凸块；

3.在工作面表面淋适量乳化沥青(PC−2)，洒布量1.1升/平方米,以增加填充沥青与基础的黏合度；

4.安砌防沉降井盖时，高度应略高于路面标高,即与安装限位井框相同的高度；

5.防沉降井盖安装时，应控制好沥青混凝土的铺筑温度、分层铺筑厚度及压实度,井盖与路面的高差不大于5 mm；

6.填充沥青层与层之间如果采用不连续施工（或已铺沥青层被污染），则要撒铺粘层油，再铺沥青层；

7.沥青料及路面相关指标参照道路路面结构大样图；

8.未尽事宜详见相关规范及施工工艺。

勘察设计研究院	
院出图章：	
（本图未盖章无效、复印件无效）	
注册执业章：	
建设单位	
工程名称	
图 名	车行道新型防沉降井盖安装大样图
勘察设计阶段	
工程编号	
专 业	排水工程	图 号	PSC−12
版 次	01	日 期	

第1页　共1页

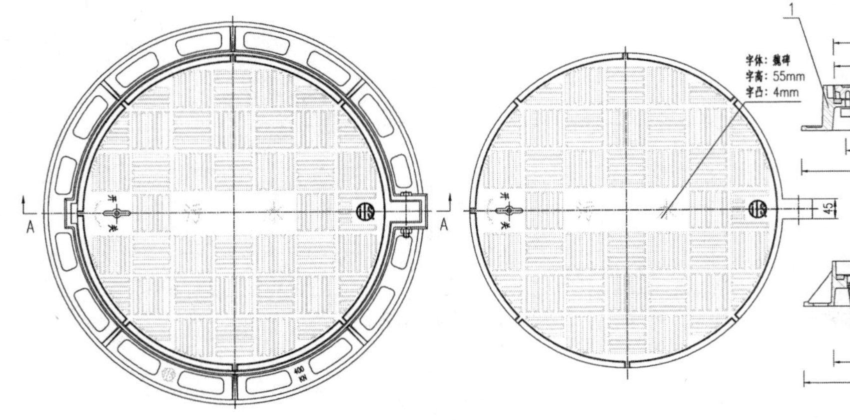

正面大样

井盖大样

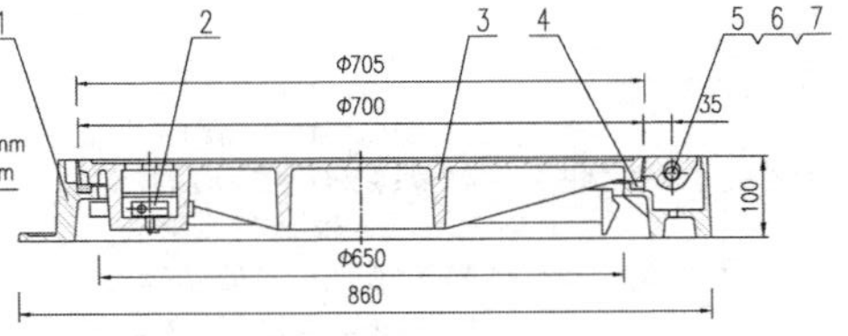

A—A

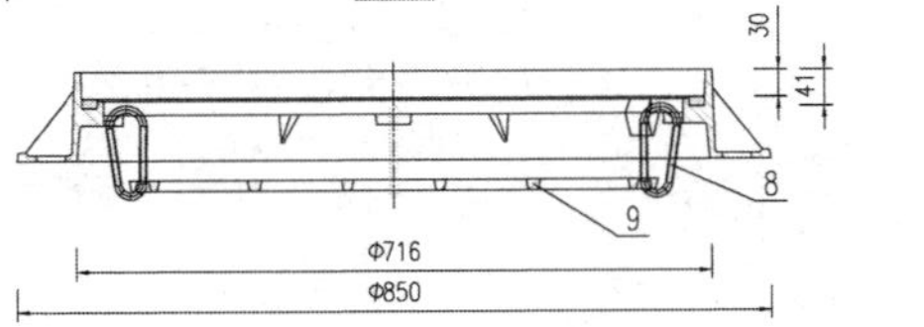

B—B 旋转

序号	名称	材料	数量	规格	备注
1	井座	QT500-7	1		
2	防盗锁具	组合件	1		
3	井盖	QT500-7	1		
4	柔性垫	复合材料	1		
5	六角头螺栓	Q235	1	M14×90	镀锌钝化
6	弹簧垫圈	65Mn	1	GB 93-87-14	
7	螺母	Q235	1	GB 6170-86-M14	镀锌钝化
8	安全扣	不锈钢	4		
9	防坠网	QT500-7	1		

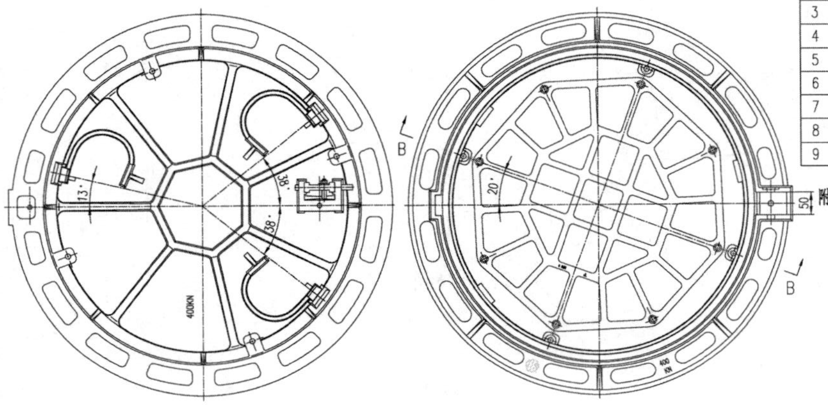

背面大样

井座与防坠网

附注：

1.执行标准GB/T 23858-2009，产品荷载等级D400级；
2.井盖具备弹性紧锁、减震消音、防盗、防坠落等功能；
3.井盖、井座与防坠网采用QT500-7球墨铸铁制作，性能符合GB/T 1348-2019的规定；
4.产品表面平整，花纹、字样清晰，不得有裂纹及影响产品使用性能的冷隔、缩松等缺陷，不得补焊；
5.井盖与井座配合结构尺寸符合GB/T 6414-2017，其公差等级不低于GB 6414-99CT10的规定；
6.井盖与井座接触面进行机加工，并嵌入柔性垫，确保配合平稳；
7.井盖与井座用铰链连接，井盖开启角度不小于120°；
8.产品表面防腐措施为涂沥青漆；
9.检查井盖应有"污水"来注明检查井性质。

勘察设计研究院

院出图章：

（本图未盖章无效、复印件无效）

注册执业章：

建设单位			
工程名称			
图名	球墨铸铁防坠落井盖		
勘察设计阶段			
工程编号			
专业	排水工程	图号	PSC-13
版次	01	日期	

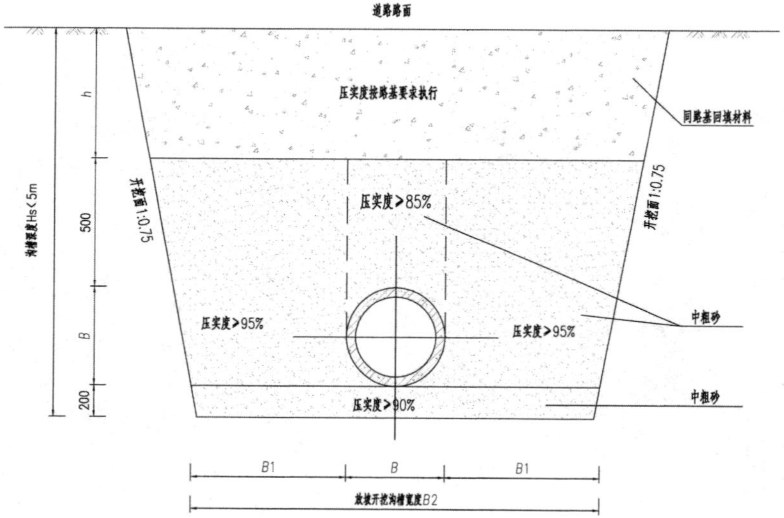

排水管道沟槽开挖图

排水管道沟槽开挖参数表

管道外径D_0	沟槽单侧工作面宽度$B1$/mm	放坡开挖沟槽宽度$B2$/mm
$D_0 \leq d500$	300	B+600
$d500 < D_0 \leq d1000$	400	B+800
$d1000 < D_0 \leq d1500$	500	B+1000

附注：

1. 本图尺寸除注明外以mm计；
2. 排水管道参数B值根据所采购管材确定；
3. 本图适用于挖方区放坡开挖管段深度Hs＜5 m路段；
4. 管道沟槽开挖时，应做好相应降排水措施，保证沟槽干燥；
5. 本图适用于塑料管道沟槽开挖及回填；
6. 本图开挖坡比仅为推荐值，具体施工过程中可根据地勘、施工经验结合施工规范作出调整；
7. 填方区采用道路土方回填至管顶以上0.5 m后，反开挖方式开挖沟槽，沟槽放坡坡比按1:0.33实施。

勘察设计研究院	
院出图章：	
（本图未盖章无效、复印件无效）	
注册执业章：	
建设单位	
工程名称	
图名	塑料管沟槽开挖与回填详图
勘察设计阶段	
工程编号	
专业	排水工程
图号	PSC-14
版次	01
日期	

第1页 共1页

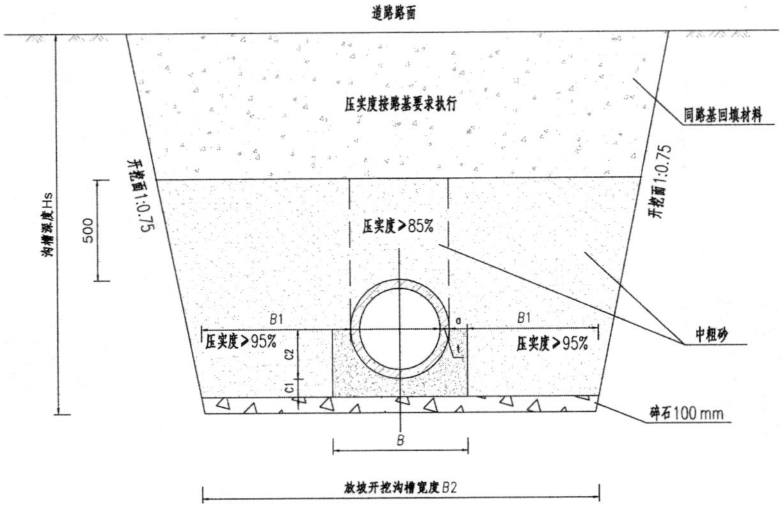

排水管道沟槽开挖图

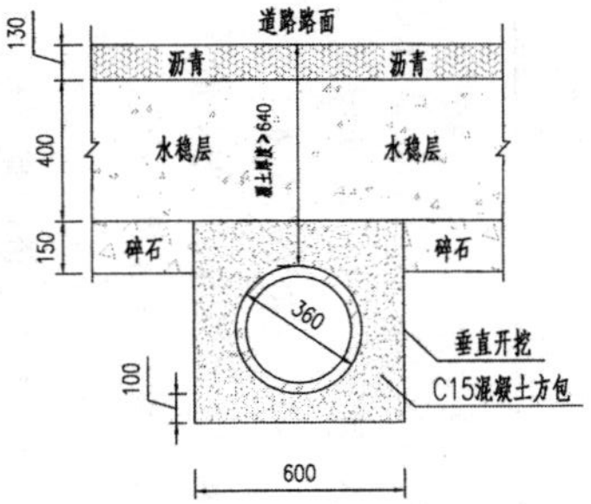

雨水口连接管开挖断面图

排水管道沟槽开挖参数表

管道外径D_0	沟槽单侧工作面宽度B1/mm	放坡开挖沟槽宽度B2/mm
$D_0 \leq d500$	400	D+2(B1+模板厚度)
$d500 < D_0 \leq d1000$	500	D+2(B1+模板厚度)
$d1000 < D_0 \leq d1500$	600	D+2(B1+模板厚度)

附注：

1.本图尺寸除注明外以mm计；
2.管基各参数详见06MS201−1−19；
3.本图适用于挖方区放坡开挖管段深度Hs＜5 m路段；
4.管道沟槽开挖时，应做好相应降排水措施，保证沟槽干燥；
5.本图适用于钢筋混凝土管道沟槽开挖及回填；
6.本图开挖坡比仅为推荐值，具体施工过程中可根据地勘、施工经验结合施工规范作出调整；
7.填方区采用道路土方回填至管顶以上0.5 m后，反开挖方式开挖沟槽，沟槽放坡坡比按1:0.33实施。

勘察设计研究院

院出图章：

（本图未盖章无效、复印件无效）

注册执业章：

建设单位			
工程名称			
图 名	钢筋混凝土管沟槽开挖与回填详图		
勘察设计阶段			
工程编号			
专 业	排水工程	图 号	PSC−15
版 次	01	日 期	

任务 21　交安工程

课后实训

班级：　　　　　　　学号：　　　　　　　姓名：　　　　　　　日期：

实训目的	理实一体相结合。 职场能力素养：掌握必要的软件操作技巧及专业基础知识，能够结合软件的操作技巧及专业基础知识并根据设计图纸要求进行清单计价文件编制，有效完成工作中市政工程造价文件编制的任务。践行爱国、敬业、诚信、友善等价值观。 思维能力提升目标：通过大量的案例练习，掌握造价文件的编制技巧，善于利用软件的技能解决工程计价文件编制中的实际问题。锤炼尊重事实、谨慎判断、公正评价、善于探究的思维品格。 自主学习完善目标：树立正确的人生观、价值观、世界观，具有明确的学习目标，能够有效规划学习时间和学习任务，运用恰当的操作技能，选择合理的施工工艺，采取恰当的方式方法进行学习，在行业的不断发展中，不断精进自己的专业能力
实训项目	根据湖南省长沙市家园交安工程图表，完成该项目交安工程的招标控制价编制
实训信息	图纸信息见： 《交通工程数量汇总表》，图号 JTC-01； 《单柱式标志杆件结构图》，图号 JTC-06； 《单悬臂式标志杆件结构图》，图号 JTC-07； 《标志基础设计图》，图号 JTC-08； 《人行信号灯设计图》，图号 JTC-12； 《交通信号灯杆设计图》，图号 JTC-13； 《电子警察杆件设计图》，图号 JTC-14； 《悬臂式信号灯及电子警察基础图》，图号 JTC-15
课后实训小结	

第 1 页 共 1 页

勘察设计研究院

交通设施主要工程数量表

序号	项目	单位	数量	备注	序号	项目	单位	数量	备注
1					26				
2	限速标志（单柱式）	套	5	ϕ0.6 m	27				
3	停车让行标志（单柱式）	套	5	○0.6 m	28				
4	人行道指示标志	套	10	□0.6 m×0.6 m	29				
5	路名牌（单柱式）	套	12	□1.5 m×0.45 m	30				
6	指路标志(臂长4.5米)	套	6	3.0 m×2.0 m	31				
7	振荡反光标线	平方米	450	车行道边缘线、单黄线	32				
8	热熔反光标线	平方米	394	斑马线、填充线、箭头等	33				
9	人行横道灯(单灯)	套	2	含灯具、控制线	34				
10	信号灯控制柜	套	1	智能信号控制机	35				
11	交安接线井	个	10		36				
12	交安通信管道	米	100	过路管道(不含借用路灯管)	37				
13	交安通信管道	米	400	穿人行道管道	38				
14	电子警察(5米/1像机)	套	5	1个高清像机，1个闪光灯，2个补光灯	39				
15	电子警察工控柜	套	3	含线缆等,图像接入交警支队指挥中心	40				
16	L形交通灯（5米/2灯）	套	4	含灯具、控制线等	41				
17	L形交通灯（5米/1灯）	套	1	含灯具、控制线等	42				
18	信号灯控制柜	套	1	智能信号控制机	43				
19	电缆线VV(3×10+1×6)mm^2	米	20	路灯电柜接至信号灯控制柜	44				
20	感应线圈(FVH1×2.5 mm^2屏蔽线)	组	10	含线圈、锯缝、馈线等	45				
21	人行栏杆	米	312		46				
22	警示墩	米	20	含混凝土和反光涂料	47				
23					48				
24									
25									

注：若相交路口等位置的交通标志、标线、信号灯、电子警察等交通设施已施工，则应根据实际情况计量。

院出图章：

（本图未盖章无效、复印件无效）

注册执业章：

建设单位			
工程名称			
图名	交通工程数量汇总表		
勘察设计阶段			
工程编号			
专业	道路工程	图号	JTC-01
版次	01	日期	

第 3 页 共 3 页

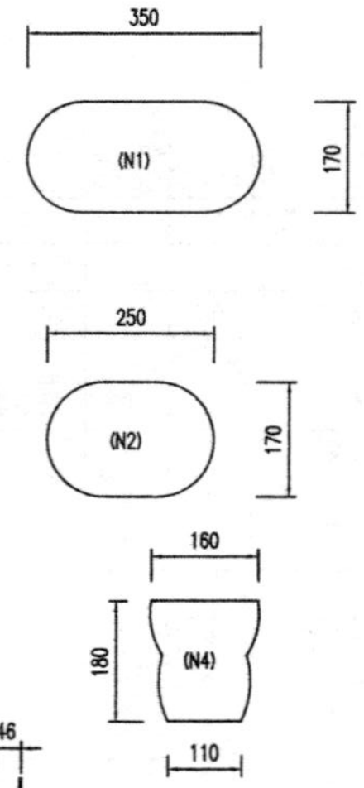

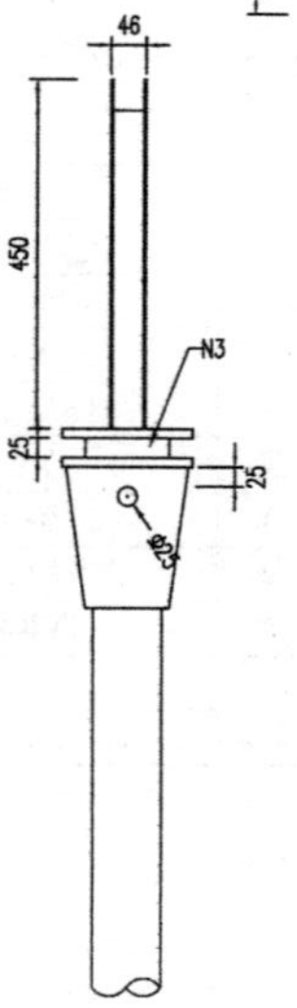

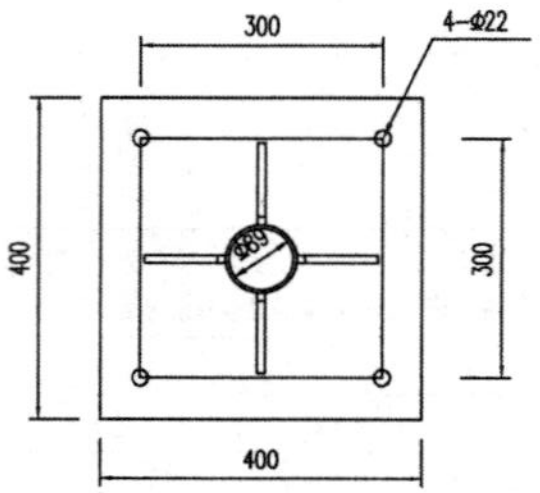

A-A

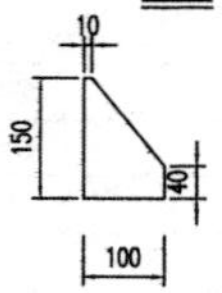

立柱法兰肋板

工程数量表

材料名称	规格/mm	数量/件	工程量/kg		备注
			单件	总重	
钢管立柱	φ89X5X2721	1	28.2	28.2	
标志板	1500X450X20	1	-		LF2-M铝
N1	350x170x12	1	5.6	5.6	
N2	250x170x12	1	4.0	4.0	
N3	φ110x25x0.45	1	0.3	0.3	
N4	(φ160+φ110)x180x0.45	1	11.54	11.54	
螺母	M18	4	-		45号钢
垫圈	垫圈18x3	4			
滑动螺栓	M18x80	4			
加劲法兰盘	400x400x10	1	12.56	12.56	
底座加劲肋	150x100x10	4	1.18	4.72	
反光膜(双面)	V类	1.35平方米			

注:
1、本图尺寸单位除注明外均以毫米计;
2、立杆钢结构制作完成后经热镀锌和喷塑处理。

勘察设计研究院

院出图章:

(本图未盖章无效、复印件无效)

注册执业章:

建设单位			
工程名称			
图名	单柱式标志杆件结构图		
勘察设计阶段			
工程编号			
专业	道路工程	图号	JTC-06
版次	01	日期	

第 1 页 共 4 页

勘察设计研究院

院出图章:

（本图未盖章无效、复印件无效）

注册执业章:

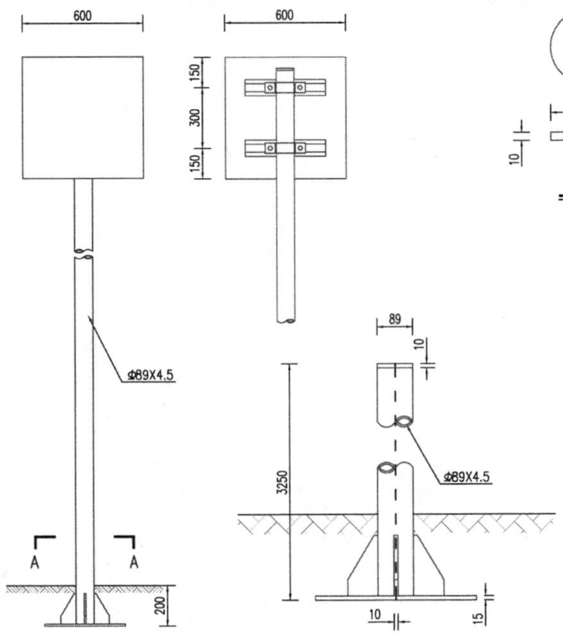

标志立面图 1:20

立面图 1:10

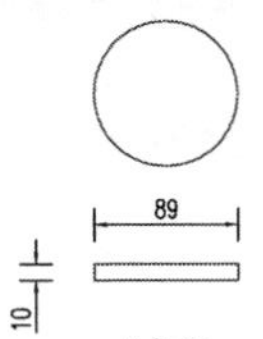

立柱帽 1:5

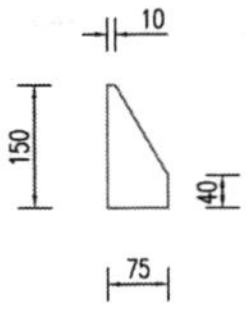

底座加劲肋 1:10

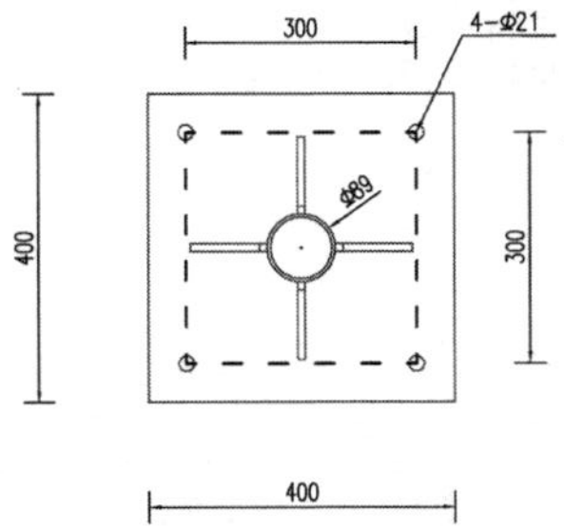

A—A 1:10

工程数量表

材料名称	规格/mm	数量/件	工程量/kg 单件	工程量/kg 总重	备注
钢管立柱	Φ89×4.5×3250	1	30.48	30.48	
标志板	600×600×3	1	2.94	2.94	3003铝
滑动铝槽	80×18×4×400	2	—		LC4铝
抱箍	310×50×5	2	0.61	1.22	
抱箍底衬	232×50×5	2	0.45	0.9	
螺母	M18	4	—		45号钢
垫圈	垫圈18×3	4			
滑动螺栓	M18×80	4			
加劲法兰盘	400×400×15	1	18.84	18.84	
柱帽	Φ89×10	1	0.62	0.62	
底座加劲肋	75×150×10	4	0.597	2.39	
反光膜	Ⅲ类		0.36 m²		

附注：

1.本图尺寸除特殊说明外，均以毫米为单位；

2.立杆钢结构制作完成后经热镀锌和喷塑处理；

3.立杆配"标志基础（一）"。

单柱正方形标志结构图（60 cm×60 cm）

建设单位			
工程名称			
图 名	单柱式标志杆件结构图		
勘察设计阶段			
工程编号			
专 业	道路工程	图 号	JTC-06
版 次	01	日 期	

勘察设计研究院

院出图章:

（本图未盖章无效、复印件无效）

注册执业章:

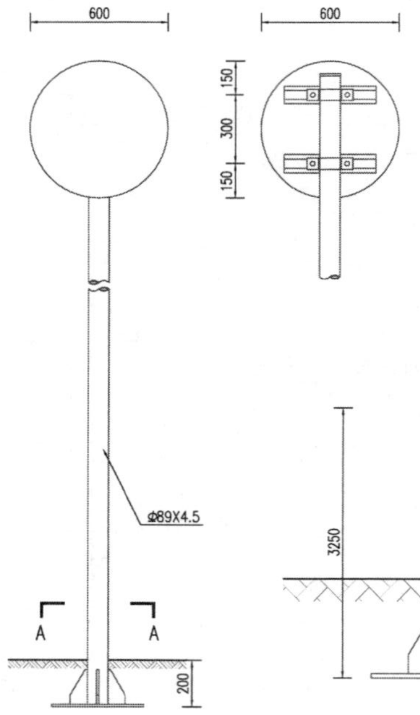

标志立面图

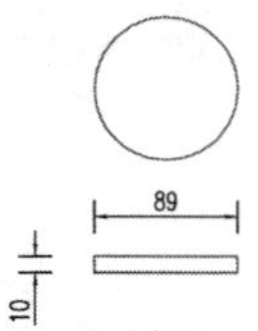

立柱帽 1:5

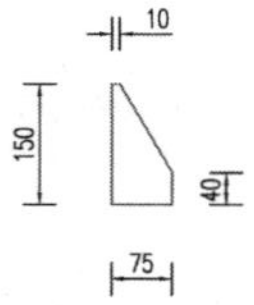

底座加劲肋 1:10

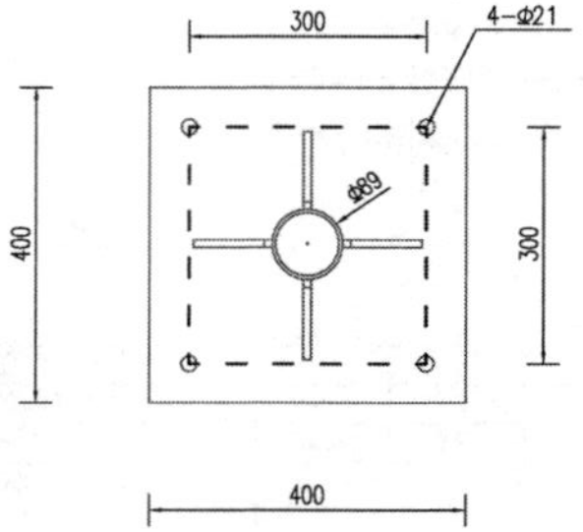

A-A 1:10

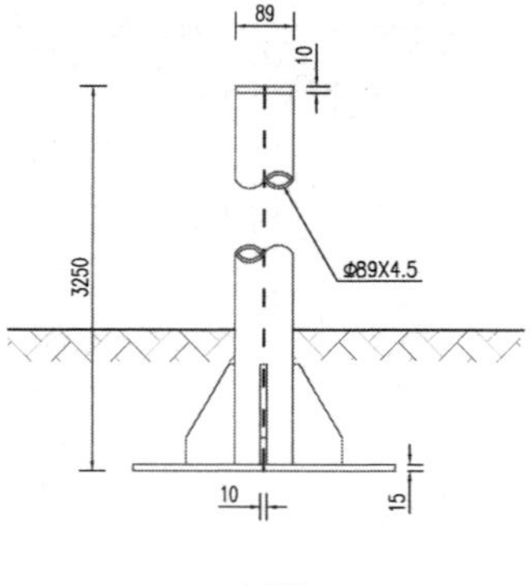

立面图 1:10

工程数量表

材料名称	规格 /mm	数量 /件	工程量/kg 单件	工程量/kg 总重	备注
钢管立柱	ϕ89×4.5×3250	1	30.48	30.48	
标志板	ϕ600×3	1	2.62	2.62	3003铝
滑动铝槽	80×18×4×400	2	-		LC4铝
抱箍	310×50×5	2	0.61	1.22	
抱箍底衬	232×50×5	2	0.45	0.9	
螺母	M18	4	-		45号钢
垫圈	垫圈18×3	4			
滑动螺栓	M18×80	4			
加劲法兰盘	400×400×15	1	18.84	18.84	
柱帽	ϕ89×10	1	0.62	0.62	
底座加劲肋	75×150×10	4	0.597	2.39	
反光膜	Ⅲ类		0.28 m^2		

单柱圆形标志结构图（ϕ60 cm）

附注：

1.本图尺寸除特殊说明外，均以mm为单位；
2.立杆钢结构制作完成后经热镀锌和喷塑处理；
3.立杆配“标志基础（一）”。

建设单位	
工程名称	
图 名	单柱式标志杆件结构图
勘察设计阶段	
工程编号	

专 业	道路工程	图 号	JTC-06
版 次	01	日 期	

第 3 页 共 4 页

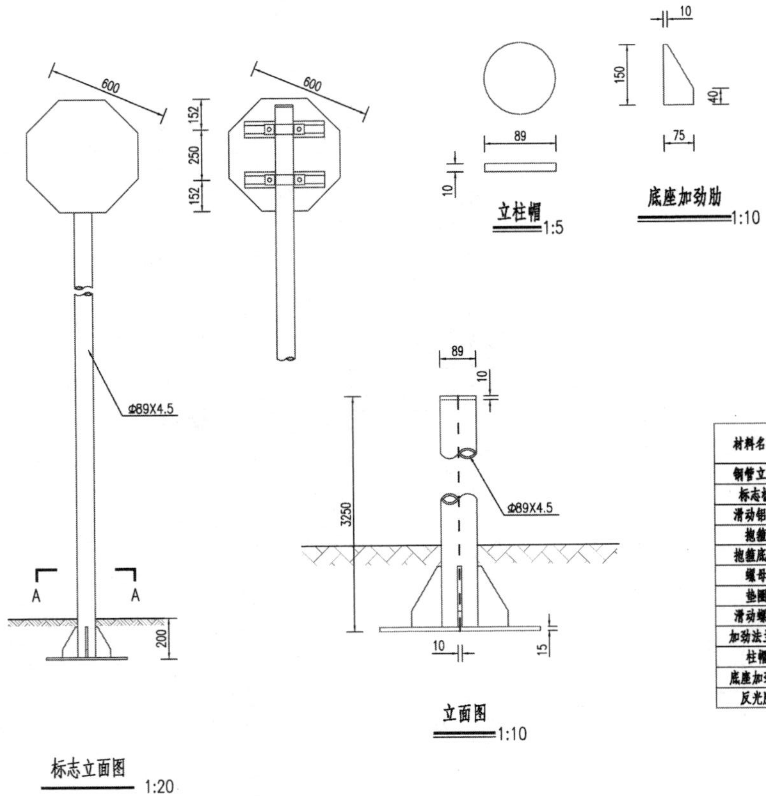

标志立面图 1:20

立柱帽 1:5

底座加劲肋 1:10

立面图 1:10

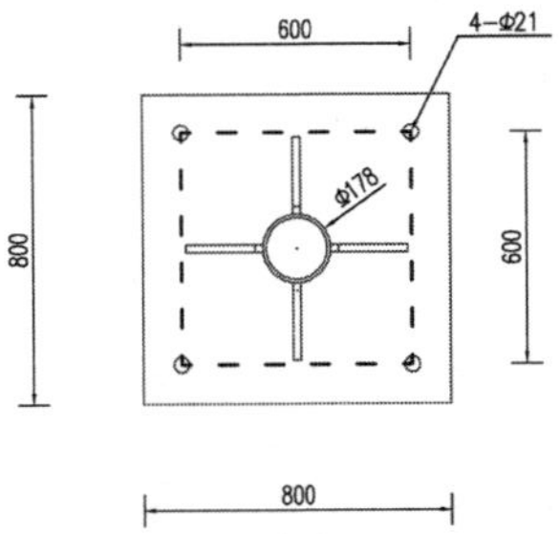

A-A 1:10

工程数量表

材料名称	规格 /mm	数量 /件	工程量/kg 单件	工程量/kg 总重	备注
钢管立柱	Φ89×4.5×3250	1	30.48	30.48	
标志板	Φ600×3	1	2.29	2.29	3003铝
滑动铝槽	80×18×4×400	2	—		LC4铝
抱箍	310×50×5	2	0.61	1.22	
抱箍底衬	232×50×5	2	0.45	0.9	
螺母	M18	4	—		45号钢
垫圈	垫圈18×3	4			
滑动螺栓	M18×80	4			
加劲法兰盘	400×400×15	1	18.84	18.84	
柱帽	Φ89×10	1	0.62	0.62	
底座加劲肋	75×150×10	4	0.597	2.39	
反光膜	Ⅲ类		0.25 m²		

附注：
1.本图尺寸除特殊说明外，均以mm为单位；
2.立杆钢结构制作完成后经热镀锌和喷塑处理；
3.立杆配"标志基础(一)"。

勘察设计研究院

院出图章：

（本图未盖章无效、复印件无效）

注册执业章：

建设单位			
工程名称			
图 名	单柱式标志杆件结构图		
勘察设计阶段			
工程编号			
专 业	道路工程	图 号	JTC-06
版 次	01	日 期	

勘察设计研究院

院出图章：

（本图未盖章无效，复印件无效）

注册执业章：

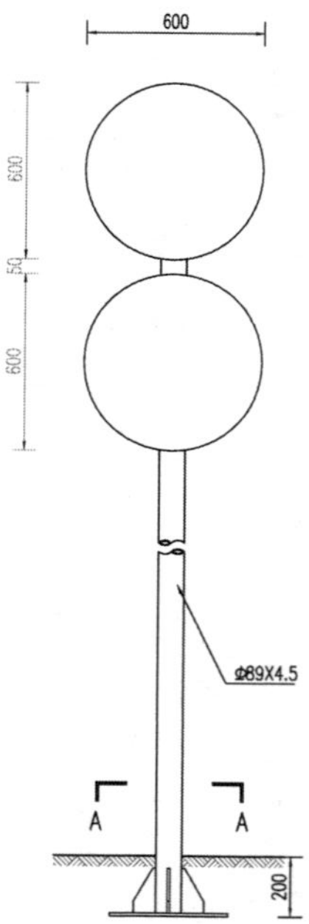

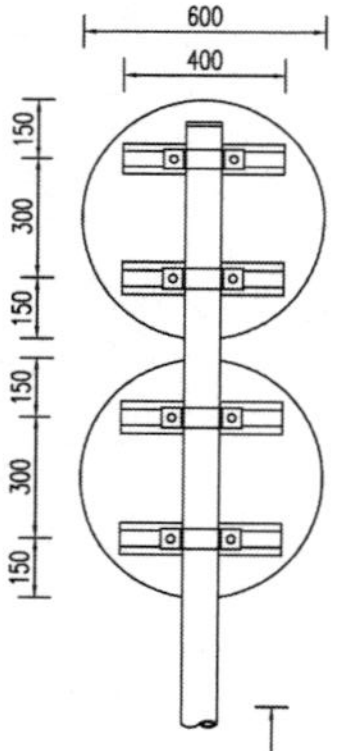

标志立面图

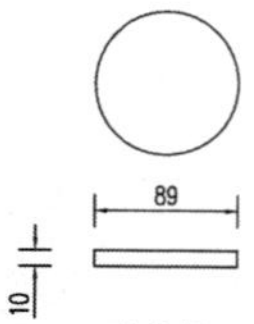

立柱帽 1:5

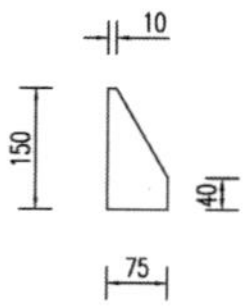

底座加劲肋 1:10

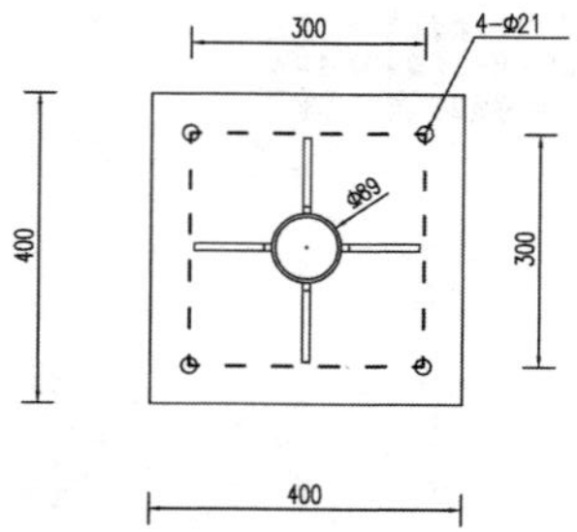

A—A 1:10

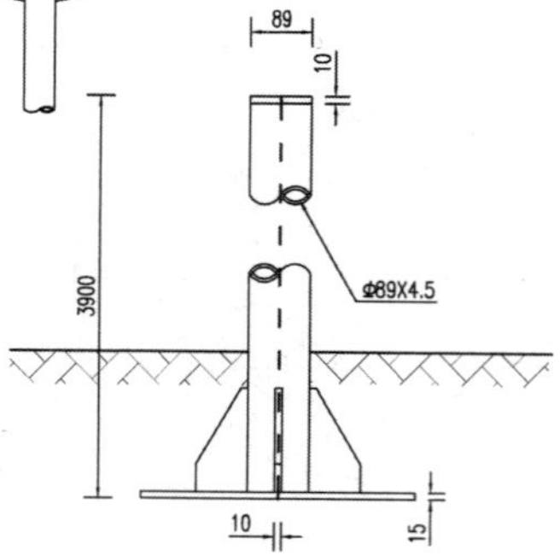

立面图 1:10

工程数量表

材料名称	规格/mm	数量/件	工程量/kg		备注
			单件	总重	
钢管立柱	ф89×4.5×3900	1	36.57	36.57	
标志板	ф600×3	2	2.29	4.58	3003铝
滑动铝槽	80×18×4×400	4	–		LC4铝
抱箍	310×50×5	4	0.61	2.44	
抱箍底衬	232×50×5	4	0.45	1.8	
螺母	M18	8	–		45号钢
垫圈	垫圈18×3	8			
滑动螺栓	M18×80	8			
加劲法兰盘	400×400×15	1	18.84	18.84	
柱帽	ф89×10	1	0.62	0.62	
底座加劲肋	75×150×10	4	0.597	2.39	
反光膜	Ⅲ类		0.56 m²		

附注：

1、本图尺寸除特殊说明外，均以mm为单位；
2、立杆钢结构制作完成后经热镀锌和喷塑处理；
3、立杆配"标志基础（一）"。

建设单位			
工程名称			
图名	单柱式标志杆件结构图		
勘察设计阶段			
工程编号			
专业	道路工程	图号	JTC-06
版次	01	日期	

第 1 页	共 1 页

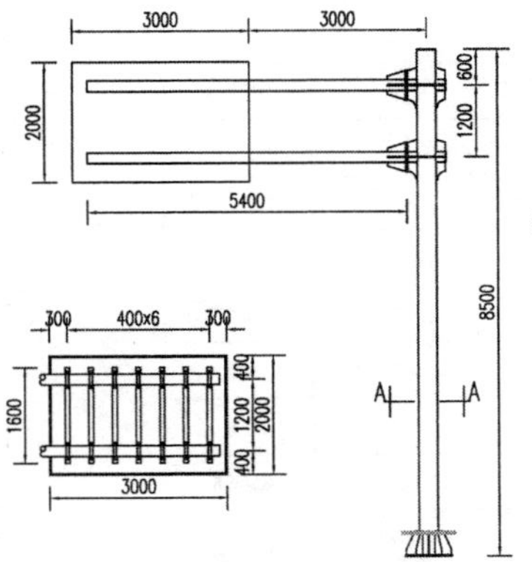

标志立面图 1:100

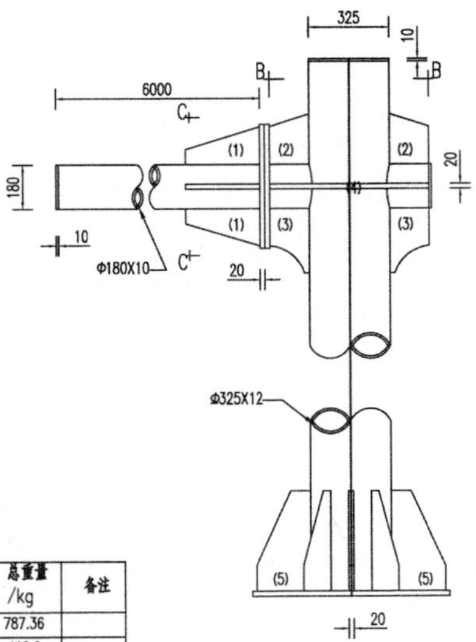

标志立面图 1:100

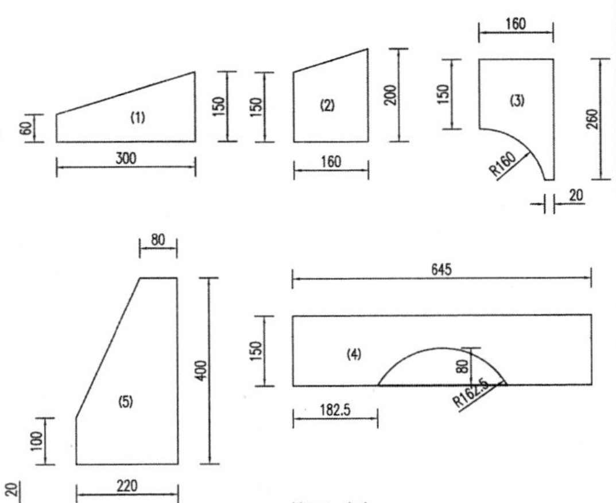

横梁加劲肋 1:10

材料名称	规 格 /mm	单件重 /kg	数量 /件	总重量 /kg	备注
钢管立柱	Φ325X12X8500	787.36	1	787.36	
钢管横梁	Φ180X10X6000	209.6	2	419.2	
	Φ180X10X670	28.09	2	56.18	
标志板	3000X2000X3		1		2020-T4铝
角铝	L25X20X3X10000		1		LC4铝
滑动槽铝	80X18X4X1600		7		LC4铝
抱箍	543X50X5	1.07	14	14.98	
抱箍底衬	357X50X5	0.70	14	9.8	
螺母(1)	M18	0.08	28	2.24	45号钢
螺母(2)	M30	0.17	24	4.08	45号钢
垫圈(1)	Φ18X3	0.02	28	0.56	45号钢
滑动螺栓	M18X80	0.19	28	5.32	
连接螺栓	M30X90	0.71	24	17.04	
垫圈(2)	Φ30X5	0.04	24	0.96	
横梁加劲肋	(1)300X150X20	7.07	4	56.56	
	(2)200X160X20	5.02	4	20.08	
	(3)260X160X20	6.53	4	26.12	
	(4)645X150X20	15.19	4	60.76	
横梁法兰盘	Φ550X20	47.49	4	189.96	
底座加劲肋	(5)400X220X20	13.82	8	110.56	
底座法兰盘	1200X800X20	150.72	1	150.72	
立柱帽	Φ325X10	8.29	1	8.29	
横梁帽	Φ180X10	2.54	4	10.16	
反光膜	Ⅴ类	6m²			

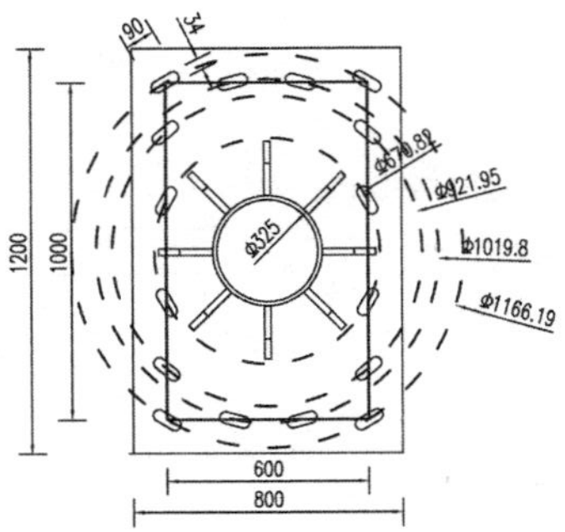

A–A 1:20

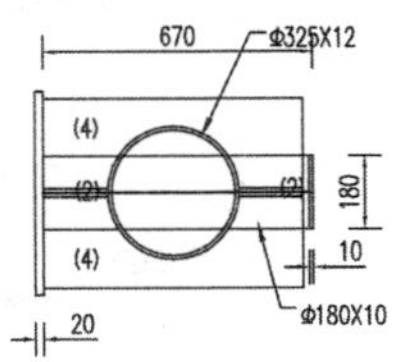

B–B 1:20

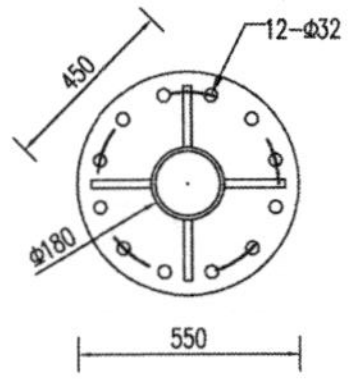

C–C 1:20

F型标志结构图(3000x2000)

附注：1、本图纸单位均以mm计，立杆配标志基础（四）；
2、本图适用于T形指路标志；
3、立杆钢结构制作完成后经热镀锌和喷塑处理。

勘察设计研究院

院出图章：

（本图未盖章无效，复印件无效）

注册执业章：

建设单位	
工程名称	
图 名	单悬臂式标志杆件结构图
勘察设计阶段	
工程编号	

专 业	道路工程	图 号	JTC–07
版 次	01	日 期	

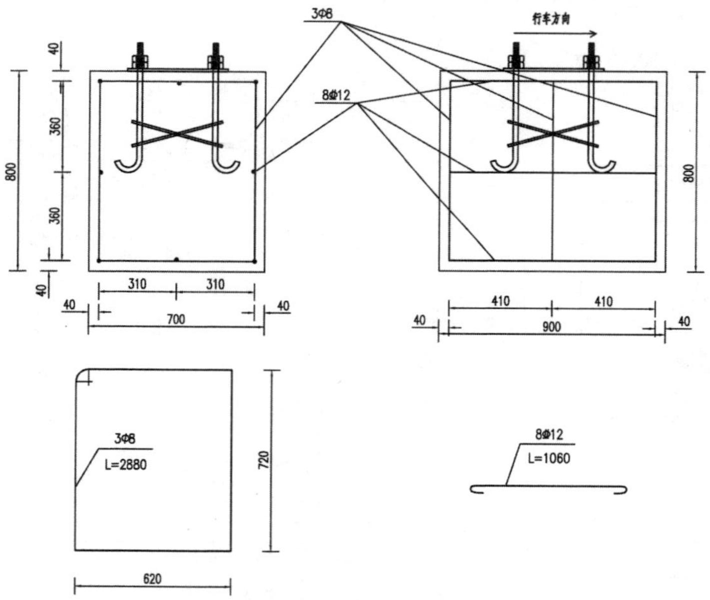

基础箍筋图 1:20

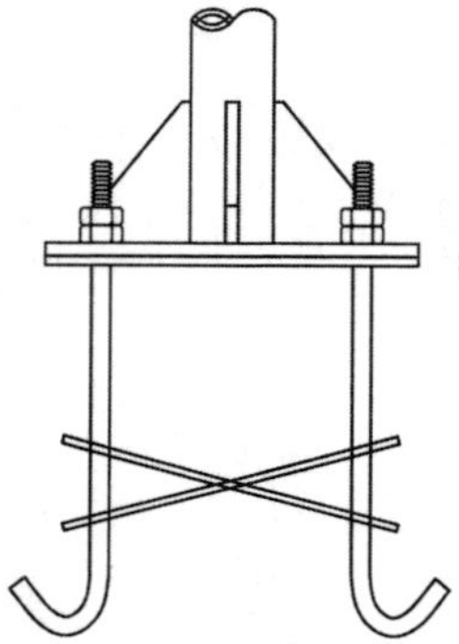

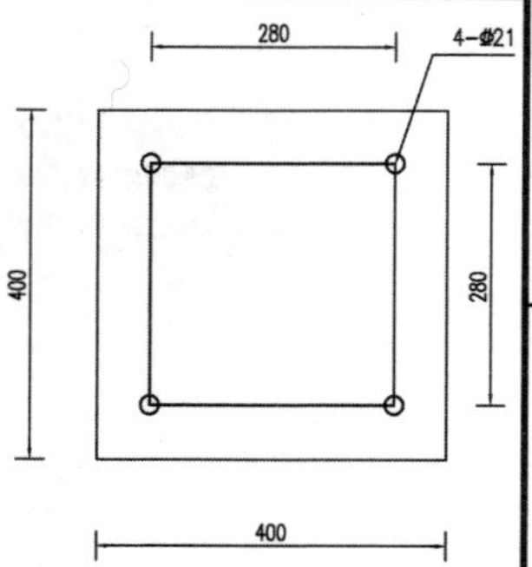

底座连接图 1:20

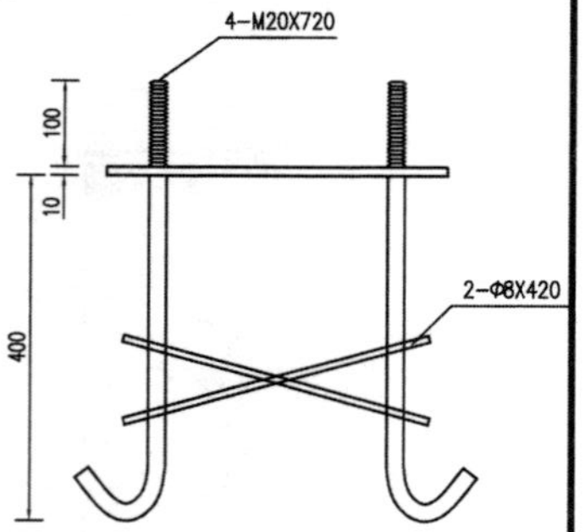

基础图 1:10

材料名称		规格 /mm	单件重 /kg	数量 /件	总重 /kg
地脚螺栓		M20X720	1.78	4	7.12
螺母		M20	0.09	8	0.72
垫圈		垫圈20X4	0.03	4	0.12
底座法兰盘		400X400X10	12.56	1	12.56
钢筋	Φ8	L=2880	1.14	3	3.42
	Φ8	L=420	0.17	2	0.34
	Φ12	L=1060	0.94	8	7.52
混凝土 /m^3		C25	0.504 m^3		

附注：

1.本图尺寸单位除注明外均以毫米计；
2.标志基础顶面下沉，地脚螺栓采用混凝土包封，不得外露；
3.本图为"标志基础（一）"设计图；
4.基础必须落在老土上，如遇回填土，则必须挖除，回填砂土分层夯实，基础持力层地基承载力特征值应大于150 kPa。

标志基础（一）

勘察设计研究院

院出图章：

（本图未盖章无效，复印件无效）

注册执业章：

建设单位			
工程名称			
图名	标志基础设计图		
勘察设计阶段			
工程编号			
专业	道路工程	图号	JTC-08
版次	01	日期	

第 2 页 共 3 页

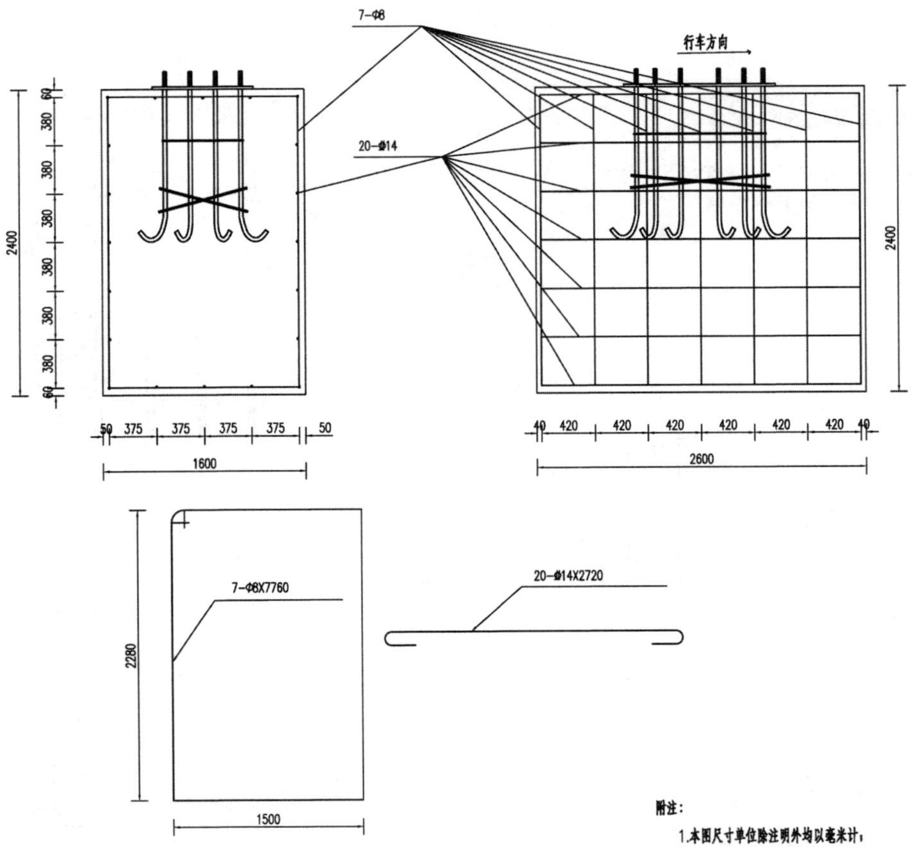

基础箍筋图 1:40

附注：

1.本图尺寸单位除注明外均以毫米计；
2.标志基础顶面下沉，地脚螺栓采用混凝土包封，不得外露；
3.本图为"标志基础（四）"设计图；
4.基础必须落在老土上，如遇回填土，则必须挖除，回填砂土分层夯实，基础持力层地基承载力特征值应大于150 kPa。

标志基础（四）

勘察设计研究院

院出图章：

（本图未盖章无效，复印件无效）

注册执业章：

建设单位			
工程名称			
图名	标志基础设计图		
勘察设计阶段			
工程编号			
专业	道路工程	图号	JTC-08
版次	01	日期	

勘察设计研究院

院出图章：

（本图未盖章无效、复印件无效）

注册执业章：

底座连接图 1:20

材料名称		规格 /mm	单件重 /kg	数量 /件	总重 /kg
地脚螺栓		M28X1570	7.59	16	121.44
螺母		M28	0.16	32	5.12
垫圈		垫圈28X4	0.06	32	1.92
底座法兰盘		800X1200X20	150.72	1	150.72
钢筋	Φ8	L=7760	3.07	7	21.49
	Φ8	L=3320	1.31	1	1.31
	⌀12	L=1220	1.08	2	2.16
	⌀12	L=1070	0.95	2	1.9
	⌀12	L=975	0.87	2	1.74
	⌀12	L=721	0.64	2	1.28
	⌀14	L=2720	3.29	20	65.8
混凝土 /m^3			9.984 m^3		

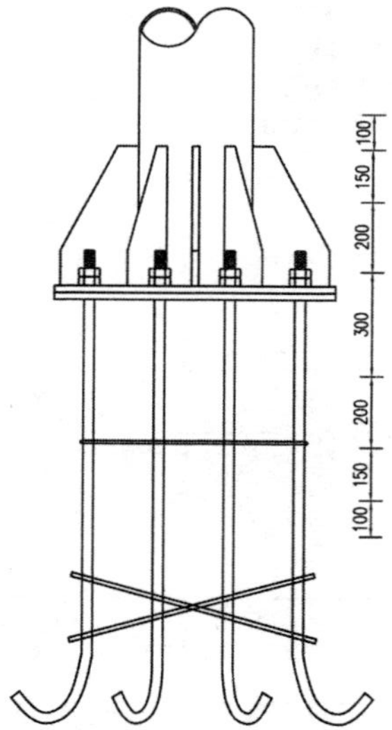

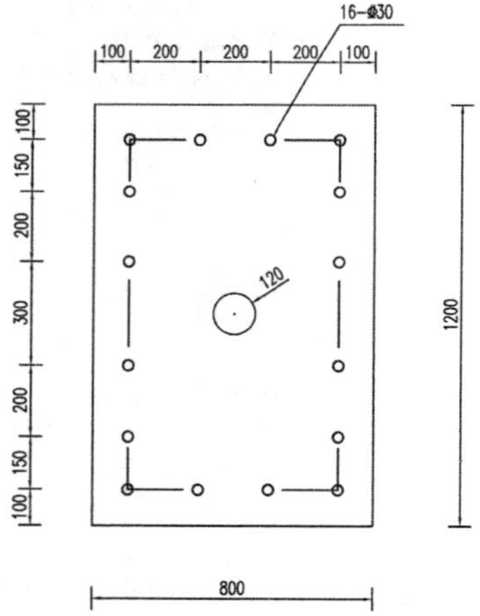

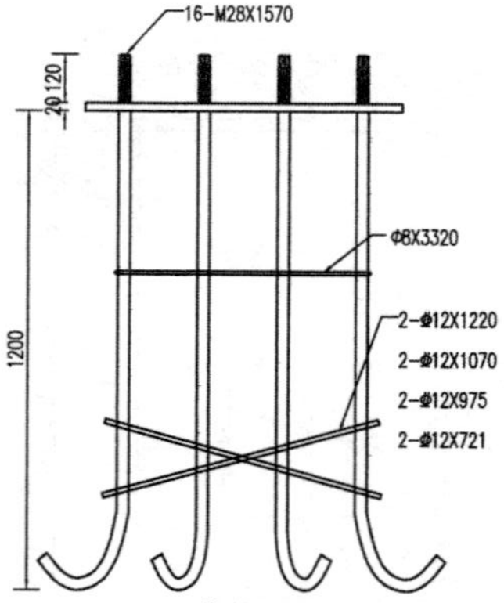

基础图 1:20

附注：

1.本图尺寸单位除注明外均以毫米计；

2.标志基础顶面下沉，地脚螺栓采用混凝土包封，不得外露；

3.本图为"标志基础（四）"设计图；

4.基础必须落在老土上，如遇回填土，则必须挖除，回填砂土分层夯实，基础持力层地基承载力特征值应大于150 kPa。

标志基础（四）

建设单位			
工程名称			
图名	标志基础设计图		
勘察设计阶段			
工程编号			
专业	道路工程	图号	JTC-08
版次	01	日期	

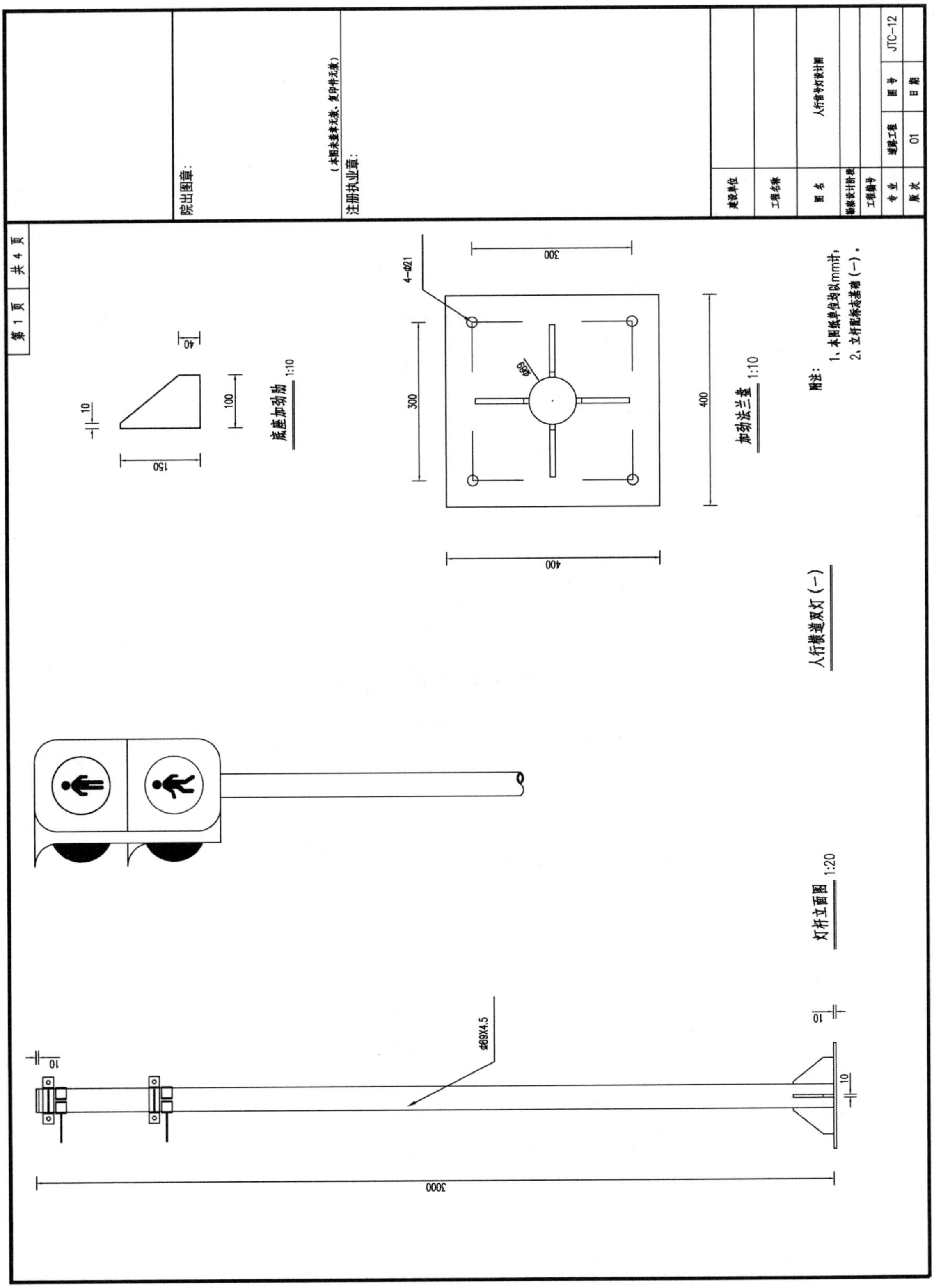
院出图章:
注册执业章:
建设单位
工程名称
图名
人行横道灯设计图
工程编号
专业
道路工程
图号
JTC-12
版次
01
日期
第 1 页 共 4 页
底座加劲肋 1:10
加劲法兰盘 1:10
4-Φ21
Φ89
300
400
150
100
10
40
附注:
1、本图纸单位均以mm计;
2、立杆配标志基础(一)。
人行横道双灯(一)
灯杆立面图 1:20
Φ89X4.5
3000

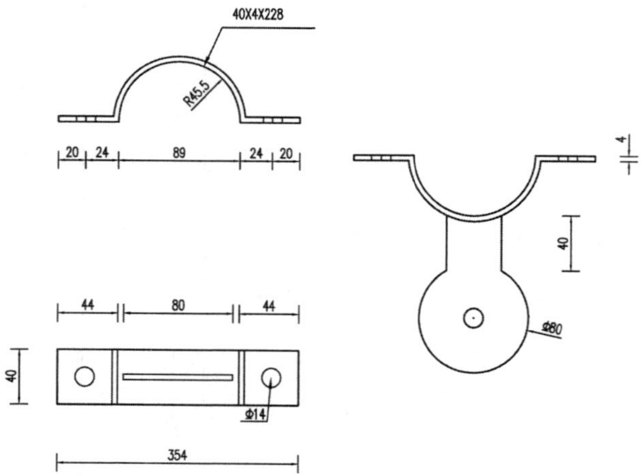

抱箍配件 1:5

立杆材料表

材料名称	规　格 /mm	单件重 /kg	数量 /件	总重量 /kg
钢管立柱	Φ89X4.5X3000	28.14	1	28.14
加劲法兰盘	400X400X10	12.56	1	12.56
抱箍	40X4X228	0.29	8	2.32
扁钢	40X4X40	0.05	4	0.2
钢板	Φ80X4	0.2	4	0.8
螺母	M12		8	
垫片	Φ12		8	
柱帽	Φ89X10	0.62	1	0.62
底座加劲肋	100X150X10	1.18	4	4.72
灯具			2	

人行横道双灯（二）

附注：
1、本图纸单位均以mm计；
2、立杆配标志基础（一）。

勘察设计研究院有限公司

院出图章：

（本图未盖章无效、复印件无效）

注册执业章：

建设单位			
工程名称			
图 名	人行信号灯设计图		
勘察设计阶段			
工程编号			
专 业	道路工程	图 号	JTC–12
版 次	01	日 期	

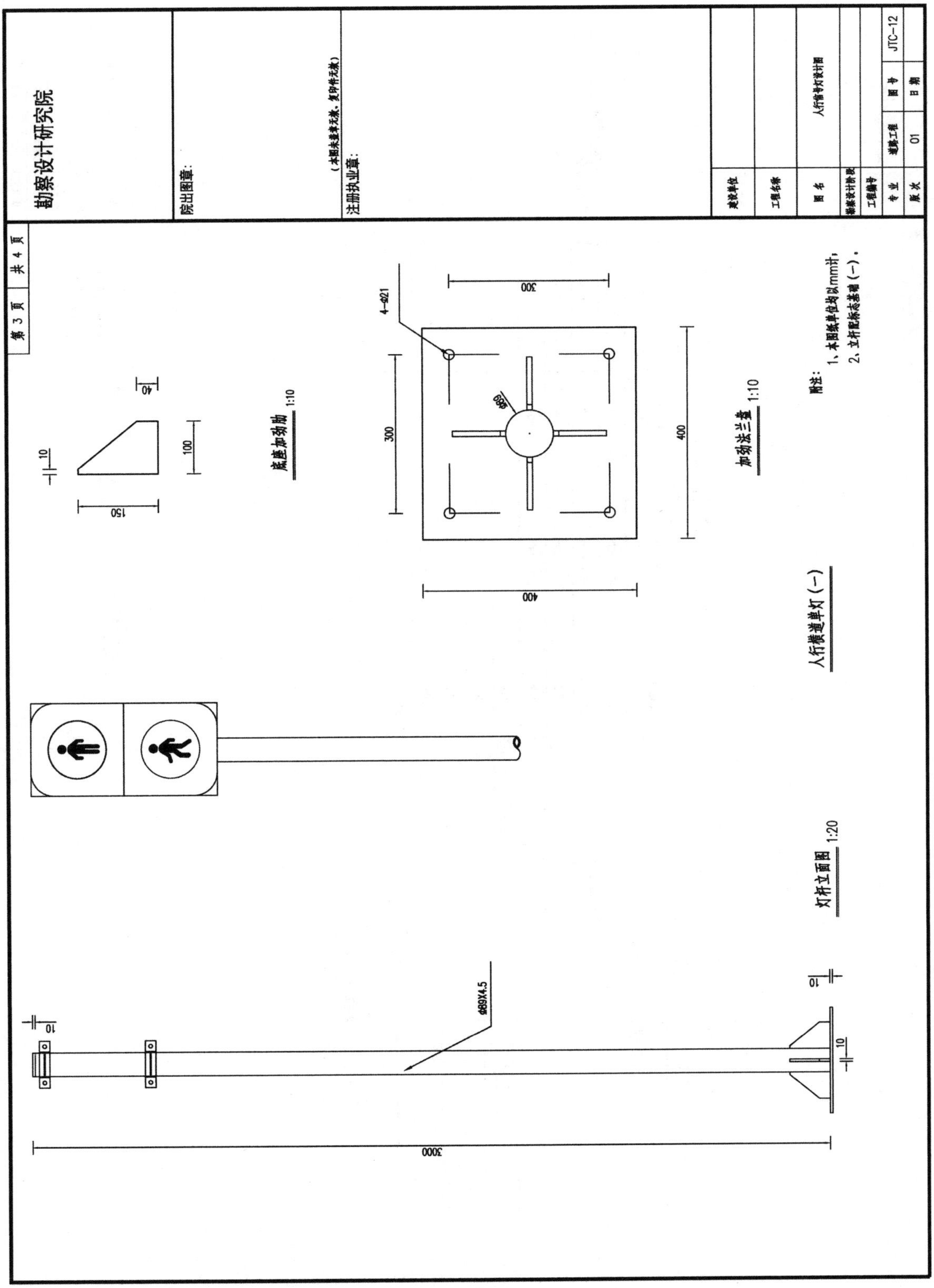
勘察设计研究院
院出图章:
（本图未盖章无效，复印件无效）
注册执业章:
建设单位
工程名称
图名
人行横道灯设计图
勘察设计阶段
工程编号
专业
道路工程
图号
JTC-12
版次
01
日期
第 3 页
共 4 页
底座加劲肋 1:10
150
100
10
40
加劲法兰盘 1:10
4-Φ21
Φ89
300
400
附注:
1、本图纸单位均以mm计;
2、立杆配标志基础（一）。
人行横道单灯（一）
灯杆立面图 1:20
Φ89X4.5
10
3000

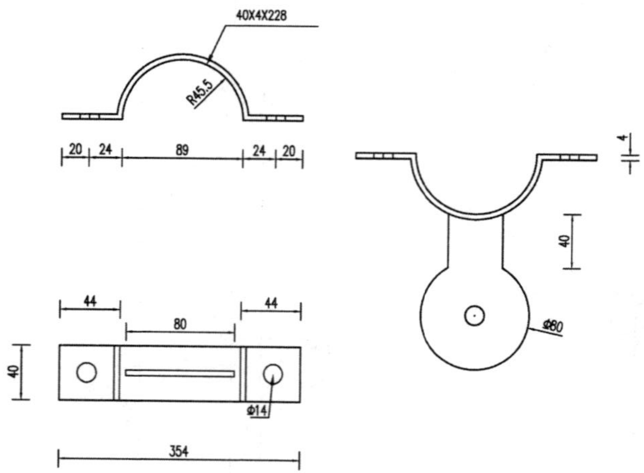

抱箍配件 1:5

立杆材料表

材料名称	规 格 /mm	单件重 /kg	数量 /件	总重量 /kg
钢管立柱	Φ89X4.5X3000	28.14	1	28.14
加劲法兰盘	400X400X10	12.56	1	12.56
抱箍	40X4X228	0.29	4	0.62
扁钢	40X4X40	0.05	2	0.1
钢板	Φ80X4	0.2	2	0.4
螺母	M12		4	
垫片	Φ12		4	
柱帽	Φ89X10	0.62	1	0.62
底座加劲肋	100X150X10	1.18	4	4.72
灯具			1	

人行横道单灯（二）

附注：

1、本图纸单位均以mm计；

2、立杆配标志基础（一）。

勘察设计研究院

院出图章：

（本图未盖章无效、复印件无效）

注册执业章：

建设单位			
工程名称			
图 名	人行信号灯设计图		
勘察设计阶段			
工程编号			
专 业	道路工程	图 号	JTC-12
版 次	01	日 期	

第 1 页 共 1 页

勘察设计研究院

院出图章：

（本图未盖章无效、复印件无效）

注册执业章：

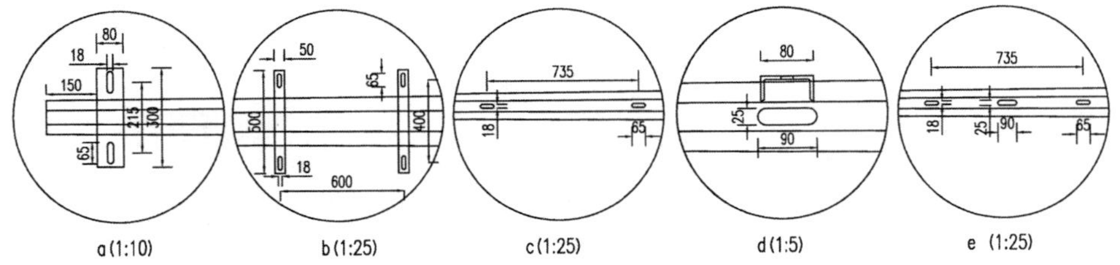

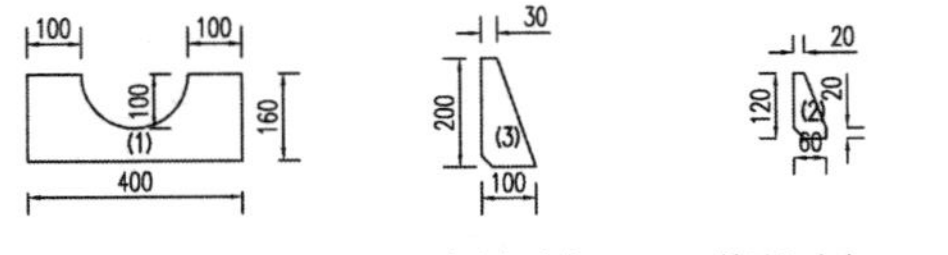

横梁加劲肋 1:15

底座加劲肋 1:15

横梁加劲肋 1:15

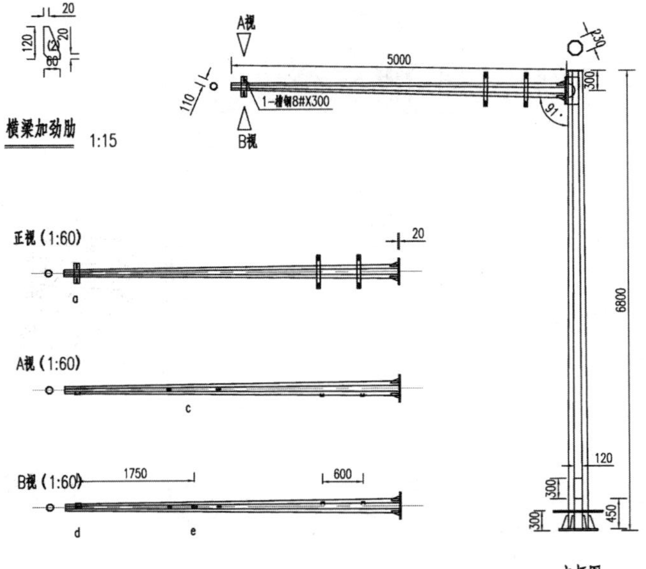

立杆图 1:60

横梁法兰盘 1:20

底座法兰盘 1:20

材料名称	规格 /mm	单件重 /kg	数量 /件	总重 /kg
八方锥立杆	6800X8	348.99	1	348.99
八方锥悬臂	5000X6	100.19	1	100.19
底座法兰盘	Φ580X25	66.02	1	66.02
悬臂法兰盘	400X400X20	25.12	2	50.24
寸角（1）	400X160X20	10.05	2	20.1
寸角（2）	120X60X20	1.13	4	4.52
寸角（3）	200X100X20	3.14	8	25.12
立杆顶盖	Φ230X10	4.15	1	4.15
悬臂端盖	Φ110X10	0.95	1	0.95
5#角钢	500	1.89	2	3.78
8#槽钢	300	2.41	1	2.41
门盖	120X300X5	1.41	1	1.41
螺杆	M24X75	0.4	9	3.6
	M16X50	0.15	2	0.3
螺母	M24	0.1	18	1.8
	M16	0.07	2	0.14
垫片	Φ24X5	0.02	9	0.18
	Φ16X3	0.02	2	0.04

交通信号灯杆图（H-6.8 m L-5 m）

附注：

1、本图单位除注明外均以mm计；

2、信号灯立杆钢结构制作完成后经热镀锌喷塑处理。

建设单位	
工程名称	
图 名	交通信号灯杆设计图
勘察设计阶段	
工程编号	

专 业	道路工程	图 号	JTC-13
版 次	01	日 期	

勘察设计研究院

院出图章:

（本图未盖章无效、复印件无效）

注册执业章:

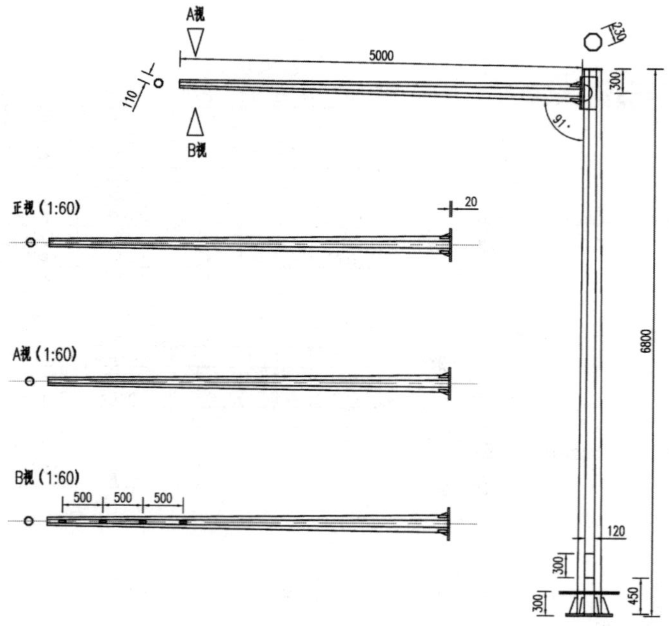

立杆图 1:60

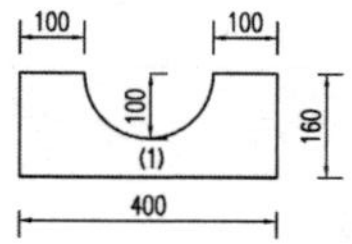

横梁加劲肋 1:15

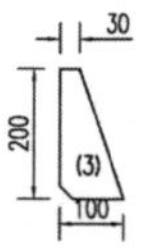

底座加劲肋 1:15

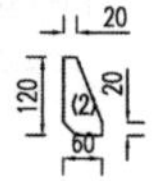

横梁加劲肋 1:15

材料名称	规 格 /mm	单件重 /kg	数量 /件	总重 /kg
八方锥立杆	6800X8	348.99	1	348.99
八方锥悬臂	5000X6	100.19	1	100.19
底座法兰盘	Φ580X25	66.02	1	66.02
悬臂法兰盘	400X400X20	25.12	2	50.24
寸角(1)	400X160X20	10.05	2	20.1
寸角(2)	120X60X20	1.13	4	4.52
寸角(3)	200X100X20	3.14	8	25.12
立杆顶盖	Φ230X10	4.15	1	4.15
悬臂端盖	Φ110X10	0.95	1	0.95
门盖	120X300X5	1.41	1	1.41
螺杆	M24X75	0.4	9	3.6
螺母	M24	0.1	18	1.8
垫片	Φ24X5	0.02	9	0.18

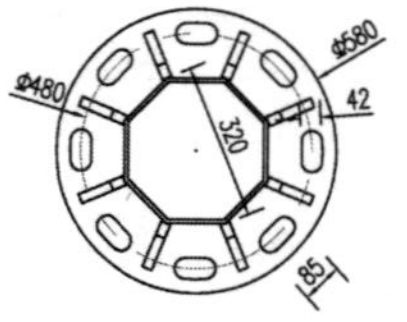

底座法兰盘 1:20

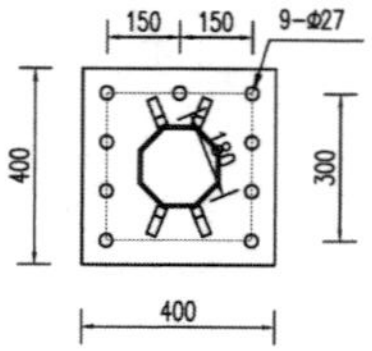

横梁法兰盘 1:20

电子警察杆图（H-6.8 m L-5 m）

附注:

1、本图尺寸除注明外均以mm计;

2、电子警察立杆钢结构制作完成后经热镀锌喷塑处理。

建设单位			
工程名称			
图 名	电子警察杆件设计图		
勘察设计阶段			
工程编号			
专 业	道路工程	图 号	JTC-14
版 次	01	日 期	

第 1 页 共 1 页

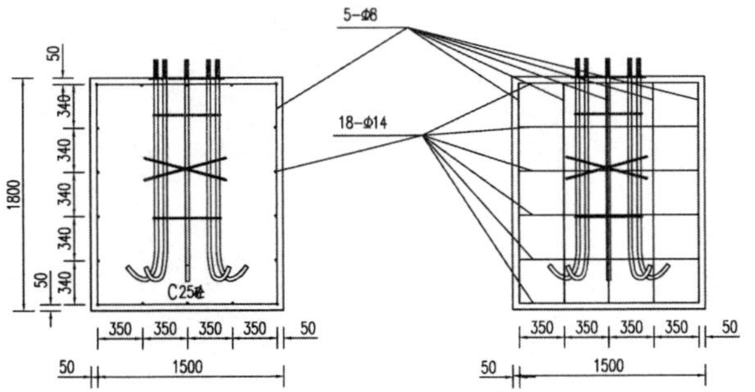

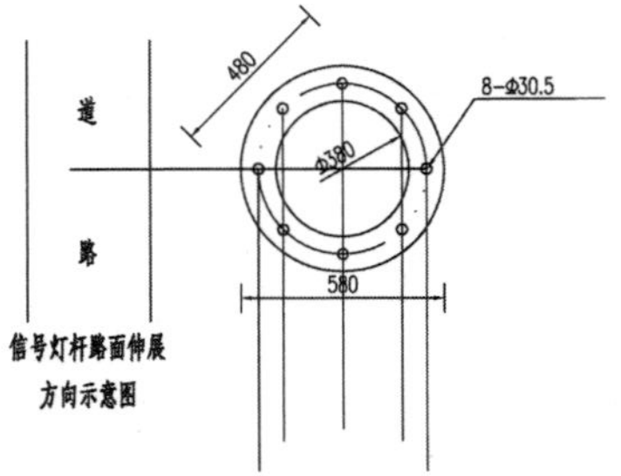

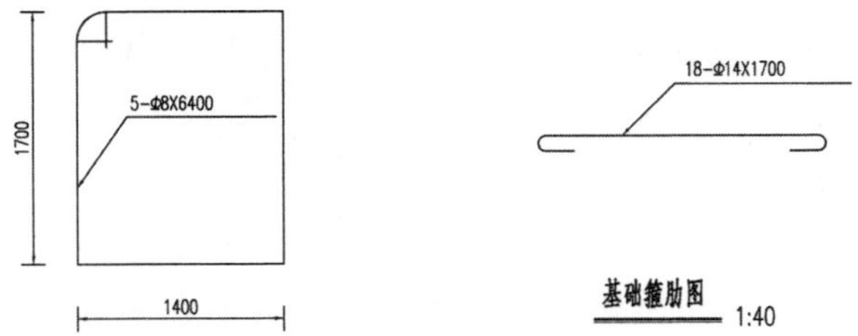

基础箍肋图 1:40

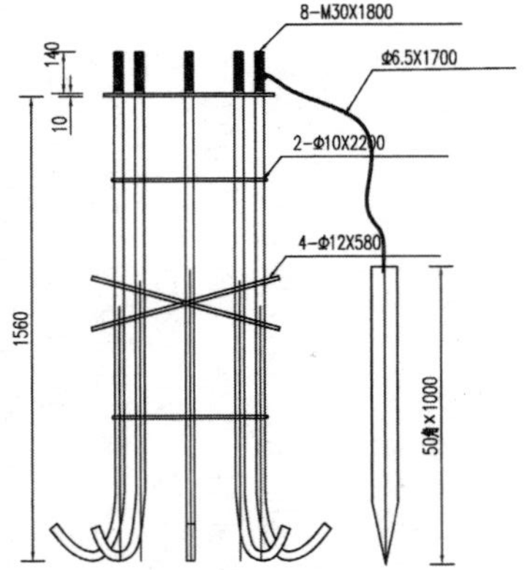

基础图 1:20

材料名称		规 格 /mm	单件重 /kg	数量 /件	总重 /kg
地脚螺栓		M30X1800	9.99	8	79.92
螺母		M30	0.17	16	2.72
垫圈		Φ30X5	0.04	8	0.32
底座法兰盘		Φ580X10	26.41	1	26.41
钢筋	Φ6.5	L=1700	0.44	1	0.44
	Φ8	L=6400	2.53	5	12.65
	Φ10	L=2200	1.36	2	2.72
	Φ12	L=630	0.52	4	2.08
	Φ14	L=1700	2.06	18	37.08
角钢		50X50X5X1000	3.77	1	3.77
混凝土/m^3		C25	4.05 m^3		

附注：

1、本图纸单位均以mm计；
2、矩形基础短边方向同道路中线的法线方向；
3、基础必须落在老土上，如遇回填土，则必须挖除，回填砂土分层夯实，基础持力层地基承载力特征值应大于120 kPa。
4、本图适用于横杆为7 m、5 m的单悬臂信号灯及电子警察基础。

勘察设计研究院

院出图章：

（本图未盖章无效、复印件无效）

注册执业章：

建设单位			
工程名称			
图 名	悬臂式信号灯及电子警察基础图		
勘察设计阶段			
工程编号			
专 业	道路工程	图 号	JTC–15
版 次	01	日 期	

参考文献

[1] 湖南省建设工程造价管理总站. 湖南省建设工程计价办法[S]. 北京：中国建材工业出版社，2020.
[2] 湖南省建设工程造价管理总站. 湖南省建设工程计价办法计附录[S]. 北京：中国建材工业出版社，2020.
[3] 中华人民共和国住房和城乡建设部. 市政工程工程量计算规范(GB 50857—2013)[S]. 北京：中国计划出版社，2013.
[4] 全国造价工程师职业资格考试培训教材编审委员会. 建设工程计价[M]. 北京：中国计划出版社，2019.
[5] 湖南省建设工程造价管理总站. 湖南省市政工程消耗量标准(2020 版)[S]. 北京：中国建材工业出版社，2020.
[6] 孙湘辉，周怡安. 工程造价软件应用[M]. 长沙：中南大学出版社，2019.
[7] 艾冰，肖颜. 公路工程概预算编制[M]. 长沙：中南大学出版社，2022.
[8] 肖芳. 建筑构造[M]. 北京：北京大学出版社，2021.
[9] 郭良娟. 市政工程计量与计价[M]. 北京：北京大学出版社，2017.
[10] 马行耀. 市政工程计价[M]. 北京：高等教育出版社，2023.
[11] 袁建新. 市政工程计量与计价[M]. 北京：中国建筑工业出版社，2018.
[12] 胡晓娟. 市政工程造价实训[M]. 北京：中国建筑工业出版社，2018.
[13] 杜贵成. 市政工程工程量清单计价编制与实例[M]. 北京：机械工业出版社，2016.
[14] 祝丽思，刘春霞. 市政工程工程量清单计价[M]. 北京：中国铁道出版社，2018.
[15] 刘志兵. 工程量清单计价实务教程[M]. 北京：中国建材工业出版社，2014.

图书在版编目(CIP)数据

市政工程造价软件应用 / 尚杨明珠主编. —长沙:
中南大学出版社, 2023.9

ISBN 978-7-5487-5536-4

Ⅰ. ①市… Ⅱ. ①尚… Ⅲ. ①市政工程—工程造价—
应用软件 Ⅳ. ①TU723.3-39

中国国家版本馆 CIP 数据核字(2023)第 166581 号

市政工程造价软件应用

尚杨明珠 主编

□**出 版 人** 吴湘华
□**策划组稿** 周兴武
□**责任编辑** 周兴武
□**责任印制** 唐 曦
□**出版发行** 中南大学出版社
社址: 长沙市麓山南路 邮编: 410083
发行科电话: 0731-88876770 传真: 0731-88710482
□**印 装** 长沙市宏发印刷有限公司

□**开 本** 787 mm×1092 mm 1/16 □**印张** 14.5 □**字数** 368 千字
□**互联网+图书 二维码内容** 视频 1 小时 32 分钟 PDF 5 个
□**版 次** 2023 年 9 月第 1 版 □**印次** 2023 年 9 月第 1 次印刷
□**书 号** ISBN 978-7-5487-5536-4
□**定 价** 48.00 元